U0138617

世界百大葡萄酒

Vinum Summus

The Top 100 Wines of the World

修訂版

陳新民◆著

MOSEL-SAAR-RUWER
MONOPOLE
1991
SOCIÉTÉ CIVILE DU DOMAINE DE LA ROMANÉE-CONTI
PROPRIÉTAIRE A VOSNE-ROMANÉE (COTE-D'OR) FRANCE
ROMANÉE-CONTI
APPELLATION ROMANÉE-CONTI CONTROLÉE
ANNÉE 1991
Mise en bouteille au domaine

天之美祿

——蔡榮泰 序

新民兄的《稀世珍釀——世界百大葡萄酒》一書終於在朋友們的企盼下寫成了！蒙新民兄力邀我擔任本書的「策劃人」，實在不敢當;我只是約略扮演了本書「催生」的角色罷了。事情的經過是這樣的：兩年前(一九九五年) 十月底，我們幾個時常在一起品酒的老友為慶祝新民兄當選「中華民國十大傑出青年」舉辦了一個晚宴，每個人各攜一瓶家藏葡萄美酒共襄盛舉。飛觴高論，暢快淋漓是當然之事。看到新民兄在席上和往常一樣，對各家名酒的來龍去脈如數家珍，我靈機一動，建議他何不撰寫一本類似「名酒指南」的書籍，以饗酒壇同好？這個提議一出，當場獲得熱列支持。新民兄似乎也感染了現場的氣氛，豪氣大興，於是本書的撰寫計劃拍板定案了。大家也指派了一個「艱鉅」的任務給我：把世界「百大」葡萄酒蒐齊，提供給本書拍照之用。經過整整一年餘的多方搜尋，「百大」全然蒐齊，而新民兄的大作也適時完成付梓。

新民兄是國內少見的法學俊彥，旅德三年，甫滿二十七歲就獲得慕尼黑大學的法學博士學位。返國後勤於著作，迄今已出版了七本公法學的專門著作，皆洛陽紙貴。此外，對於藝術、古董、美食、古典音樂也有極深的造詣。他撰寫這一本「非法學」的「酒學」大作，我姑且改寫清朝王士正詠《聊齋誌異》作者蒲松齡的一句對聯以誌其舉：「料應厭作皋陶語，愛聽陳摶頌酒詩」。希望這一本透過嚴謹分析、廣徵博引、文筆流暢，且總字數達十六萬字的鉅著，可以彌補國內葡萄酒資訊仍相當貧乏的文化斷層。

「酒乃天之美祿」本出於《漢書．食貨誌》，但自從宋真宗對於那些以「不能飲」來推辭賜飲的朝臣，頻頻用此句來「勸酒」之後，「酒」和「天之美祿」已成為同義詞。我謹在此祝賀新民兄大作的問世，也願與葡萄酒的同好們共同許下一個心願：大家為提昇台灣飲酒文化的精緻及風雅而努力，使「醇厚」之風不只存在美酒之內，也薰陶了飲酒之士。乾杯！

序於台北．翠華山居

一九九七年五月

自序

一九七九年十一月底，在我剛剛到達德國慕尼黑市留學不久的一個晚上，天上已經飄滿鵝毛般的細雪。一位德國朋友攜來一瓶萊茵河約翰山堡 (Schloss Johannisberg，見本書第72號酒) 遲摘級的葡萄酒為我洗塵。開瓶一嚐之後，我立刻被這瓶一九七六年份，碧綠中泛出金黃色光，芳醇至極的利斯凌美酒所征服，也讓我真正「感覺」到古人飲酒對「瓊漿玉液」的形容！日後在歐洲及美國多年的求學研究及旅行，每到一地我都是刻意、如蜜蜂尋蜜般的尋酒。對於品酒不敢說精於此道，但至少也有一點點心得！返國十餘年以來，看到國內葡萄酒資訊的缺乏，常常想寫點葡萄酒的東西，來和同好們切磋，分享飲酒經驗。但返國後也是我教學及研究法學生涯的開端，有形無形的精神壓力始終伴隨，等到稍微能喘一口氣，一晃眼十多年就這樣溜掉了！

我最敬佩的作家魯迅曾說過一句名言「文章是逼出來的 」，這本書是朋友們「盛情所逼」的產物，榮泰兄在前面《天之美祿 》的序言中已經有了很傳神的敘述。接下這個重擔後，我必須決定足以列入「百大」的名單。全世界的葡萄酒數量可以以萬種計，比擬如「恆河之沙」稍嫌過份，但實際上也相去不遠了。斟酌再三，我挑中了一本最新、一九九四年才由三位法國葡萄酒名人——卡薩馬約 (Pierre Casamayor)、都瓦士(Micheal Dovaz)及巴昌(Jean-François Bazin)合著的《瓊漿》(Edle Tropfen) 德文版 。這本皇皇鉅著挑選世界「百大」的方式其實很簡單，就是把世界四大葡萄酒市場——巴黎、倫敦、紐約及布魯塞爾——，從一九八九年至一九九一年每年上市平均售價最昂貴的葡萄酒中挑出一百種來。這種「以價定質」的挑選方法也正是法國波爾多排行榜在一八五五年的老標準。當然，價格不能完全反映一瓶葡萄酒的品質。品質不遜於「百大」 ，但價格較低的美酒一定所在多有，這恐怕是愛酒朋友最鍾情的對象了！同時，即使同產區一支酒能入選「百大」，但其他名氣較不顯著或價格較低廉的酒園佳釀，品質也未必遜色——例如布根地地區「小農制」形成的「小園林立」便極有這種可能！《瓊漿》一書的標準便頗有待商榷。另外英國出版的《酒》(Wein)月刊在一年前幾乎每期都有「百大」的決選，名為「好酒索引」(Fine Wine Index)。這個「索引」的評分偏重在品質，而非價錢，是由

三十位「行家」——多半是酒商——所組成的評審小組進行選擇。我把《瓊漿》和幾期的「好酒索引」相比較，發現有將近七、八成的重疊。因此，我決定再就一些品酒專家，如派克 (Robert M. Parker) 或休強生(Hugh Johnson) 的著作，以及葡萄酒專業雜誌——特別是美國出版的《酒觀察家》(Wine Spectator)月刊；英國出版的《醒酒瓶》(Decanter)月刊及德國出版的《一切為酒》(Alles über Wein)季刊——，找幾種評價極好，以及價格極昂的好酒，作為補充。相信入選本書的「百大」在品質上有絕對的水準，至於是否合乎每位愛酒之士個人的「百大標準」，那我當然不能打包票了！

本書在撰寫過程除參考《瓊漿》一書的內容，也大量的參考了德文及英文的酒書及專業雜誌。好在「酒學」是一門「經驗之學」，本書可以說是綜合了德語及英語世界飲酒文化的經驗，我也希望藉著這個資訊傳遞，可以讓我國讀者知道，在那些神秘又迷人的滴滴美酒裹面，蘊藏著多少「酒壇前人」的夢想、血汗和智慧。

本書能夠順利的和讀者見面，應該感謝蔡榮泰兄的促成及支持。鄉前輩國畫大師歐豪年教授慨為本書賜題書名，更使書扉增色不少，隆情盛意亦應在此致謝。同時我也要謝謝孔雀洋酒曾彥霖、國際熱帶林劉博文、敬鵬工業周治平及台北市議會陳俊源顧問諸位好友，他們給了我許多共嚐美酒的甜蜜回憶。

最後我也願意提供一點我個人的「飲酒哲學」與讀者分享。本書「百大」雖主要以「物美價昂」為特色，但是正如一位美食家並不會只以品嚐網鮑、排翅為樂事。能在平凡食物中發現不凡的美食及烹調高手，恐怕才是真正一流行家的功力及樂趣，品酒何嘗不也如此？這樣一來，世界上尚有幾萬種口味各異，且價格誘人的葡萄酒，正等待與您結緣，獲得您的賞識、肯定，我們何不懷有「飲遍天下」的壯志？

序於　台北・中央研究院

一九九七年五月一日

目 錄

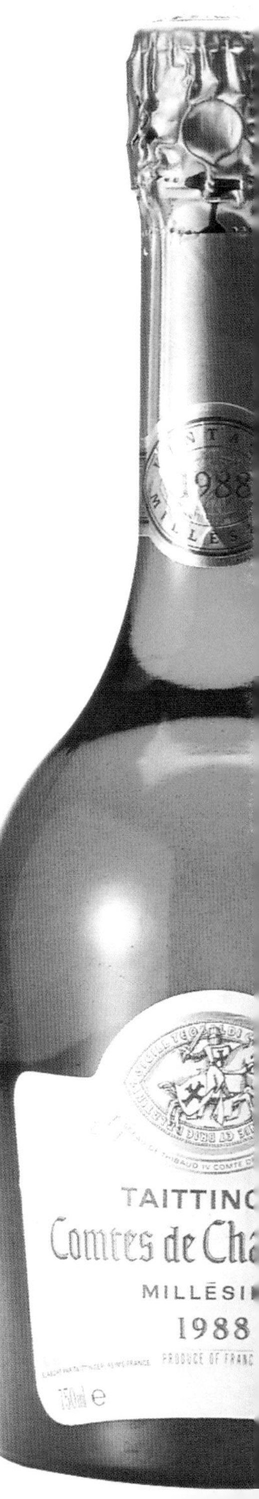

TAITTINC
Comtes de Cha
MILLÉSI
1988

法國甜白酒

匈牙利甜白酒

法國乾白酒

義大利乾白酒

第 3 篇 香檳與波特酒

法國香檳

葡萄牙波特酒

第1篇

紅　　酒

法國布根地紅酒

法國波爾多紅酒

法國隆河紅酒

美國紅酒

義大利紅酒

西班牙紅酒

澳洲紅酒

[illegible]Conti●La Tache●La Roman[illegible]●Richebour[illegible]●La Romanee Saint-[illegible]ant
[illegible]Echezeaux●Echezaux●La Grande Roe●Clos [illegible]Vougeot●Musigny
●[illegible]uses●Bonnes Mares●Clos Saint-Denis●Clos de Tart●Clos des Lambrays
●Clos de la Roche●Chambertin Clos de Beze●Griotte-Chambertin
●Clos des Cortons-Faiveley●Volnay Clos des Ducs●Chateau Petrus●Chateau Lafleur
●Le Pin●Vieux Chateau Certan●Chateau Certan de May●Chateau Trotanoy
●Chateau La Conseillante●Chateau L'Evangile●Chateau Chinet●Chateau Mouton●Rothschild
●Chateau Lafite-Rothschild●Chateau Latour●Chateau Pichon-Longueville, Comtesse de Lalande
●Chateau Pichon-Congueville Baron●Chateau Ducru-Beaucaillou●Chateau Leoville-Las-Cases
●Chateau Cos d'Estournel●Chateau Montrose●Chateau Margaux●Chateau Palmer
●Chateau Ausone●Chateau Cheval-Blanc●Chateau Figeac●Chateau Canon●Chateau de Valandraud
●Chateau Haut-Brion●La Turque●Hermitage "La Chapelle"●Diamond Creek Vineyards
●Grace Family Vineyards●Caymus Vineyards(Special Selection)●Stag's Leap Wine Cellars, Cask 23
●Pine Ridge Winery, Andrus Reserve●oseph Phelps Vineyards, Insignia and Eisele
●Robert Mondavi, Cabernet Sauvignon●Opus One●Dominus●Heitz Cellar, Marth's Vineyard
●Ridge, Montebello Cabernet Sauvignon ●Gaja, Sori Tildin●Ceretto (Bricco Roche)
●Biondi Santi, Riserva●Sassicaia●Antinori(Solaia)●Ornellaia●Vega Sicilia, Unico
●Penfolds,Grange Hermitage

1 La Romanée-Conti
羅曼尼·康帝

產地：法國·布根地地區
面積：1.8公頃
年產量：5,000至9,000瓶

世界百大名酒中各有獨占鼇頭的紅、白葡萄酒，這兩瓶傲世佳釀中的白酒是德國萊茵河「伊貢·米勒」酒廠精釀的「寶黴酒」；而位極紅酒首席者，則爲法國布根地地區的「沃恩·羅曼尼」(Vosne-Romanée)酒村中的「羅曼尼·康帝」酒園（Domaine de La Romanée Conti, DRC, 以下簡稱「康帝」)所釀產的「羅曼尼·康帝」(La Romanée Conti)。

布根地位於法國中部偏東，由第戎(Dijon)市往南到里昂北方不遠處的謝勒曼拉吉(Cheilly-les-Moranges)爲止，面積三萬九千五百公頃，有一千八百處酒園，年產二億五千萬公升的紅、白酒。其中紅酒占四分之三左右。本區由北至南依續可再劃分六個產區：莎布里(Chablis)、夜坡（Côte de Nuits)、邦內坡(Côte de Beaune)、莎隆內坡（Côte de Chalonnaise)；馬孔內(Mâconnais) 及薄酒內 (Beaujolais)。布根地六區中最精華的一區乃夜坡與邦內坡所構成的「黃金坡」(Côte d'Or)，前者以紅酒著稱，後者則以白酒爲尊。沃恩·羅曼尼酒村即位於黃金坡的夜坡之中心。此村在十七世紀是布根地公爵的打獵區，以後才闢爲葡萄園。目前居民五百餘名，全和造酒業有關。面積爲一百二十三·五公頃，共有大小酒園十六座，其中最受矚目的，非康帝酒園莫屬。在「頂級」(Grand Cru) 園區方面，共有七個，計有二十五公頃園區，其中康帝酒園除了獨自擁有二個完整的園區──「羅曼尼·康帝」與「塔希」(La Tâche)──外，也占有約半數的「李其堡」(Richebourg) 園區、三成園區的「大依瑟索」(Grands Échézeaux)、一成三園區的「依瑟索」(Échézeaux)、超過半數園區的「聖維望之羅曼尼」(Romanée-Saint-Vivant) 及白酒園區夢拉謝(Le Montrachet，本書第85號酒)，年

右頁／有「百萬富翁之酒，但卻是億萬富翁所飲之酒」之稱的──羅曼尼·康帝。背景是清末玄青地彩繡團鶴一品文官夫人短襖（作者藏品）。

MONOPOLE
1991
SOCIÉTÉ CIVILE DU DOMAINE DE LA ROMANÉE-CONTI
PROPRIÉTAIRE A VOSNE-ROMANÉE (COTE-D'OR) FRANCE
ROMANÉE-CONTI
APPELLATION ROMANÉE-CONTI CONTROLÉE
Bouteilles Récoltées
BOUTEILLE N° 02778
ANNÉE 1991
LES ASSOCIÉS-GÉRANTS
Mise en bouteille au domaine

產各種頂級酒九萬瓶左右。另外還有一些名列一級(Premiers Cru) 的紅、白酒。 除了康帝紅酒爲舉世之冠外，本園下屬的塔希、李其堡、大依瑟索、聖維望及夢拉謝皆入選「百大」之列，所以康帝酒園眞是滿園珠玉，享有「天下第一園」的美譽當之無愧！

這座名園的歷史也是一樁有趣的故事。羅曼尼・康帝是康帝酒園中最小，但也是最精華的葡萄園。可以算是在當今世上最古老的葡萄園區之一，西元十二世紀就已廣爲人知，是當地望族維吉(Vergy) 家族所有。一二三二年維吉家族將一塊地捐贈給附近的聖維望教會，其中包括了這座葡萄園。此後四百年，這座葡萄園一直爲天主教的產業，它所生產的佳釀大多流入了天主最虔敬的僕人──神父與修士──的腹中。

一九七二年份羅曼尼，康帝，我一九九八年夏天在巴黎品嚐時，熟透梅子的香氣十分濃郁，開瓶後四鄰盈香，果然是「天下第一紅」也。

一六三一年，教會爲響應狂熱基督教人士所發動的另一次十字軍東征巴勒斯坦的活動，就將本園賣給克倫堡家族 (Croonembourg)，以籌措鉅額軍費。不過，這項壯舉一直未能實現，因爲一二七〇年最後一次十字軍東征後，歐洲再也沒有染指回教地區的實力了。克倫堡家族同時也收購了鄰近的另一個葡萄園──塔希園，復將本園名稱改爲「羅曼尼」(Romanée)，這與當地其他幾個也稱爲「羅曼尼」的酒園一樣。羅曼尼本義爲「羅馬人」，但這些酒園卻與羅馬人無關。有人推測，這或許是紀念羅馬人在羅馬帝國時，將釀酒藝術傳來當時還稱爲「高盧」的蠻荒地帶的法國，而寓有飲水思源之意吧！

克倫堡家族經營本園歷四代之久，於一七六〇年再度易手。但此時本園已非吳下阿蒙，一躍爲整個布根地地區最著名，當然也是最昂貴的葡萄園。摩拳擦掌的問津者當然不少，不過當競標者瞧見兩位大人物也赫然在列時，沒有人敢不知趣的還硬要湊熱鬧，就此紛紛打退堂鼓。這二位成爲最後競爭者，女士是法王路易十五的情婦龐芭杜夫人 (Marguise de Pompadour)；男士則是法王的親戚，同屬波旁王朝支系，具親王身份與公爵頭銜的康帝公爵 (Louis-Francois de Conti)。本名爲

右／龐芭杜夫人畫像，由法國當年最著名的肖像畫家布歇（Francis Boucher,1703 -1770）在一七五六年所繪，顯示出三十五歲的龐芭杜夫人年華正茂的黃金歲月，四年後即發生競購本園的故事。現藏德國慕尼黑老美術館。

左／法國著名畫家德拉圖（Maurice Quentin Delatour,1704-1788）一七五二年至一七五五年之間所繪的龐芭杜夫人。現藏巴黎羅浮宮美術館。請注意夫人所穿的鞋子，現在流行的高跟鞋正是由於龐芭杜夫人當年愛穿此種鞋子，遂成時尚，高跟鞋因而有一個別稱：「路易十五高跟鞋」。

珍妮・安東尼特・波頌 (Jeanne-Antoinette-Poisson， 1721-1764) 的龐芭杜夫人，在芳齡二十四歲時 (一七四五年) 成爲法王路易十五的情婦。夫人美艷絕倫，是當時最受歡迎的模特兒。我在英國倫敦的維多利亞・愛伯特美術館 (Victoria & Albert Museum)、國家畫廊 (The National Gallery)、法國羅浮宮博物館及德國慕尼黑老美術館(Alte Pinakothek)都發現了她的倩影，這恐怕也是近代美術史上「入畫」最多的一位女士。

龐芭杜夫人不僅貌美、藝術鑑賞品味極高，同時在政治及歛財方面的手腕也是一流；作爲國王枕邊人，可說是權傾一時。而康帝公爵除了「血統」優良外，不僅是著名的藝術品收藏家、美食家；但更難得的是他的思想開通，在當時皇族中算是少見的。由於與法王的交情匪淺，康帝公爵常向法王進言。一山難容二虎，龐芭杜夫人爲此頗爲吃

不似龐芭杜夫人，康帝公爵流傳至今的肖像極少，這是公爵的銅版畫像，現藏法國巴黎市立Carnavalet 美術館。本照片由旅法油畫家陳英德先生提供。

味，據說兩人曾經在大庭廣眾下的凡爾賽宮走廊上冷言冷語的譏諷對方，一時之間傳爲笑談。

所以本來是單純一件羅曼尼酒園的買賣事件——當然不乏雙方策士們搬弄是非的因素在內——變成法王面前兩大紅人的競技場。當然全法國，甚至整個歐洲宮廷界都睜大眼睛、豎起耳朵來欣賞這場大賽到底是「男歡」還是「女愛」獲勝？不過，究竟還是公爵技高一籌！康帝公爵同時是酒園所在地「夜坡」的領主，對於領土內的酒園品質如數家珍，當然會拚足老命不讓龐芭杜夫人進逼到自己的老巢，何況是奪走最珍貴的羅曼尼園！所以，與其說是酒園之爭，倒不如說是面子之爭。另外一個令人咋舌的則是價格：公爵花了八千金幣 (Livres)。這是當時法國最好葡萄園的十五倍（參閱本書第44號酒)，這個葡萄園成爲世界最昂貴的葡萄園，就是從一七六〇年時獲得確認。

公爵擊敗了龐芭杜夫人入主名園，一時意氣風發、躊躇滿志。龐芭杜夫人一氣之下從此失去對紅酒的興趣，轉而獨鍾香檳，愛上了「唐・裴利農」香檳 (見本書第94號酒)。爲了彰顯此役的成功，公爵將葡萄園冠上了自己的姓：「羅曼尼・康帝」，這個名稱相沿至今。

自從康帝公爵擁有了此名園後，即視本園佳釀爲禁臠。除了貢奉皇室外，絕不餽贈他人，甚至好友懇請也毫不通融，簡直像守財奴一樣。以前在克倫堡家族經營時還能購得的本園美酒，自從在市面上絕跡後，想一親芳澤的人士只好退而求其次。那時也從克倫堡家族脫手 (但並非轉讓給康帝公爵) 的塔希酒，因此成爲全法國最熱門的布根地葡萄酒。但好景不常，康帝家族傳園僅兩代的三十二年後(一七九三年)，法國大革命的浪潮席捲布根地地區，園主康帝公爵之子亡命海外，「逆產」被革命政府沒收。革命政府畢竟識貨，深知與其讓酒園廢置荒蕪，不如賣個好價錢發一筆橫財，便煞有介事地昭告天下曰：擇期拍賣。並發表一份文情並茂的「鑑定書」，有下列的敘述：「這是一個非常精采的葡萄園，位於沃恩地區最好的地段，葡萄能達到最完美的成熟度。本園地理位置之佳，使得每天都能承受到太陽發出的第一道光芒，以及全天最柔和適中的熱量！……保證本園的葡萄絕不會像其他葡萄園一樣遭到霜凍與冰雹之侵蝕……。」不過，在實行恐怖政治的時代究竟無法令人安心大膽的投資作生意，富商巨賈莫不擔心隨時因「懷璧其罪」而被指爲保皇黨並且送上斷頭台。所以在一七九四年本園可以說是賤價賣給一位在拿破崙政府擔任司庫的銀行家，也在波爾多區、布根地等地區擁有數個酒廠(包括伏舊園)的歐瓦(Julien Ouvrard)。交易價格爲七萬八千法郎，折合每公頃爲四萬五千法郎，而居其次的塔希園以及李其堡，價錢都只有它的三分之一而已！

歐瓦家族於一八六九年將本園賣給一位在全法國擁有一流酒園，總面積超過一百三十公頃，也是位成功酒商的杜渥．布羅傑(Jacques Marie Duvault-Blochet)，本園總算又回到行家的手中。正像將名貴的玫瑰付託給園藝名匠，開出燦爛的花朵是指日可待的。杜渥．布羅傑家族自此未曾再轉賣，往後日子雖因繼承而歷經多次分割，但最終還是合併在一起。不過，一九四二年七月，樂花(Henri Leroy)家族購進布羅傑家族的一半產權，兩家族共同經營，並且在一九七四年成立董事會統籌酒園的運作與行銷，避免被瓜分的命運。目前代表布羅傑家族負責經營此園的歐伯特(Aubert)已是老布羅傑後的第五代掌門人了。

photo©Youyou

稱得上「世界第一名園」的羅曼尼・康帝園，可以用「寸土寸金」來形容其每一吋的土地。

本園的疆界自一七六〇年開始就維持到現在，歷經二百三十餘年，泥土會自然流失，必須由鄰近較低的地方，特別是南邊的塔希園來補充泥土。所種植的葡萄全部是皮薄色淡的皮諾娃 (Pinot Noir) 種葡萄。直至一九四五年爲止，本園都是種植純法國種葡萄，而其他葡萄園早就在一八六六年前後被一種由寄生在美國進口葡萄苗的根瘤蚜蟲所摧毀，唯獨本園不惜花上血本，例如使用昂貴的化學肥料取代可能會傳染幼蚜蟲的天然堆肥、利用本園苗圃進行壓條繁殖……，使得羅曼尼・康帝逃過世紀之劫，這也是本園足以傲世的能耐！不過，絕世名園終究敵不過第二次世界大戰這個更浩大的劫數。四年艱辛苦撐後的一九四五年，園主再也付不出爲維護純正血統株苗所需要的資金，而壯丁皆因從軍的從軍、死傷的死傷，人工極爲短缺。加上屋漏偏逢連夜雨，一九四五年春天的冰雹出奇的嚴重，風燭殘年的老根終於走到了生命中的盡頭，造成該年奇慘無比的收成：全園收成還不到五十箱(六百瓶)！所以在一九四六年只能引進鄰近的塔希園的葡萄種植，使得一九四六年至一九五一年並沒有任何的收穫。目前園中全是這些第一代葡萄樹，享壽已半世紀。

嚴格的說，本園及塔希園應不只是堂兄弟的關係，而是親兄弟 (同根同土)。但是葡萄酒就是那麼奇妙的東西，不僅葡萄品種關係至鉅，即使同個種類，甚至同一「血源」，也會因爲自然的土壤、氣候與人爲的栽培、照顧，甚至釀造過程的差異而有不同的風味。本園及塔希園雖爲同一血統，其釀造方法、栽種……，亦理應無太大的差異，但偏偏就是各擅其長。基本上，本園如同康帝酒園其他頂級園區一樣，木桶一定使用全新橡木桶，由酒園購進木材，風乾三年後才製桶。葡萄收穫量極低，每公頃平均種植一萬株葡萄，年產量每公頃二千五百公升，平均從每三株葡萄樹才釀出一瓶康帝園之頂級酒。

行家對羅曼尼·康帝酒的稱讚集中在具有多層次氣味的變化、高雅與一股莫名神秘的特質。它的園主歐伯特曾形容：它是帶有一種剛要凋謝的玫瑰花香味，使人著迷而忘掉時間的概念；也可以是當年謫仙飛返天上之際還「遺留在人間的東西」。而塔希酒及其他布根地的名酒，儘管有時可以釀出味道更濃烈，以及風味更富變化的佳釀，但在魅力上總是差上那一點點難以言明的感覺。

本園年產在五千瓶 (如一九九一年份) 到九千瓶 (如一九七二年份) 之間，以應全球富商巨賈及愛酒人士之需，當然是僧多粥少。酒學名師派克(Robert Parker) 曾有句極貼切的話來形容：羅曼尼·康帝酒是「百萬富翁之酒，但卻是億萬富翁所飲之酒」！，園方想出了一種搭售的方式。首先，必須購買康帝園所生產的任何酒五、六瓶，後來提高到一箱，方得搭售一瓶羅曼尼·康帝酒。單價亦極為驚人，例如一九八八年出產的廠價為一千三百法郎(折合新台幣約七千元)；一九八九年的出廠價升為三千法郎(折合台幣約一萬六千元)，繼續上漲的趨勢似乎是不可避免的「悲劇」，至少對購買者而言是如此。以一九九六年七月在台北以同行的優待價購買一瓶新上市年份 (一九九一年) 的羅曼尼·康帝，至少需新台幣三萬元，折算起來一西西 (ml) 正好四十元，珍貴得無與倫比。

因此，在葡萄成熟的八、九月間，整個康帝園門禁森嚴，如臨大敵，閒雜人等一律不得入內，避免影響那串串如珍珠般價格的葡萄。成熟時的採收方式也極為考究，由熟練的工人手挽竹籃，而非一般的背桶，逐串細心摘取；唯有絕對成熟的葡萄才採收。採收完後立即送到釀酒房，入房之前會由釀酒師再作一次嚴格挑選。在葡萄成長過程如遇天災、暴風雨侵襲，園方會派人進入本園 (及鄰近之塔希園及李其堡)，把受損果實剪除，避免影響其他未受損的果實！可知羅曼尼·康帝酒這位絕世佳人不僅是天生麗質，同時受到後天如公主般的照顧，才有令世人讚嘆的絕色！

2 La Tâche 塔希

- 產地：法國・布根地地區
- 面積：6.06公頃
- 生產量：20,000瓶

在前面提到羅曼尼・康帝酒時，塔希的名稱已一再地出現。塔希園在公爵競得康帝園後，是全法國最受歡迎及昂貴的酒園。可以說塔希酒成為法國最重要的葡萄酒，至少也有二百餘年歷史。塔希園和羅曼尼・康帝園的關係至為密切，也是有類似的命運。在十七世紀中，塔希園一度與羅曼尼・康帝園都是克倫堡家族的產業，只是後者被大名鼎鼎的康帝公爵奪為己有，而塔希園則被當地望族比微 (Joly de Bevy) 所收購。法國大革命時，比微與康帝家族因身為貴族而亡命海外，塔希園也遭到被沒收、拍賣的厄運。

羅曼尼園所產的塔希酒的酒標籤，與羅曼尼・康帝同一形式。

一八〇〇年，本園被一位從第戎市來的平民巴西 (Nicolais-Ciullaume Basire) 所購得，巴西先生傳其女卡萊瑟希 (Claire-Cecile)。卡萊瑟希結婚時，把塔希園當作陪嫁的嫁妝，於是隔壁羅曼尼酒園 (本書第3號酒) 的園主利澤・貝雷 (Louise Liger-Belair) 將軍一舉擁有名媛與名園，在當時還羨煞不少單身漢呢！一九三三年，因為繼承問題發生糾紛，塔希園才由利澤・貝雷家族的手中再度被康帝園園主杜渥・布羅傑家族購回，時間整整約隔了一百四十年，布根地地區兩大最好的葡萄園又歸同一個園主。本來眞正屬於塔希園的僅有一・四四公頃，較羅曼尼・康帝園略小，杜渥・布羅傑在一九三三年收購塔希園時，一併收購左上邊四公頃多較差的葡萄園高帝秀園 (Les Gaudichots)，並經法院判決使得可將上述新購葡萄園釀的酒皆掛上「塔希園」的招牌，所以目前本園的全部面積達到六・〇六公頃，超過先前的「純」塔希園達三倍之多。

塔希園及羅曼尼．康帝園僅「半箭之遙」，中間隔了僅一．六公頃屬於一級酒，一九九一年晉級爲頂級的「大街」園（La Grande Rue，見本書第8號酒)。理論上，自然環境應無太大的差距才是。一八九〇年塔希園的葡萄樹全部受到根瘤蚜蟲的侵蝕，必須完全剷除，重新種植的樹苗全由羅曼尼．康帝園移來，塔希園的「血統」已和羅曼尼．康帝一樣。半世紀後的一九四六年，輪到羅曼尼．康帝園必須自塔希園移植樹苗更新，同時該園流失的土壤也由塔希園補充；加上兩園的經營者都是同一人，所以釀造的方法、品管、橡木桶材料……也無二致，但兩者的口感還是不同。塔希酒較強勁、口味重、顏色深及集中，但羅曼尼．康帝酒香氣較足，較高貴、清雅雋永。但這些都必須再依憑個人口味的抉擇。基本上塔希是唯一可以挑戰羅曼尼．康帝「酒王」地位的紅酒，有些年份的「酒王」會敗陣也不令人吃驚！但以二者價錢巨大的差異，能品一下塔希，羅曼尼．康帝的滋味即可知一二了！

現在塔希園每年釀造二萬瓶有編號與簽名的酒，標籤格式和羅曼尼．康帝園極爲類似，價錢亦是極昂貴。一九八九年份的塔希酒在一九九六年首季美國的拍賣行情平均爲二百六十五美元，低於彼德綠堡的六百三十九美元，但高過於瑪歌堡的一百一十八美元、拉圖堡的九十一美元及拉費堡的九十九美元。

著名的品酒家休強生(Hugh Johnson)在一九八二年品嚐一瓶一九六二年份的塔希酒後，曾經有下列的評語：開瓶後立即可聞到一股強烈及濃厚的紫羅蘭香氣，繼而在二十分鐘內化爲陣陣果香，起先是橘子，次而是黑莓。開瓶之後三十

與羅曼尼．康帝是「同根同源」的塔希酒。

分鐘是氣味最豐富的時刻——炫爛及溫厚，酒精中庸並趨向柔和。飲用塔希酒眞是一種至爲奇妙的經驗——不僅是它那種變化的迅速及廣度而已。

休強生的描述，讓我回想起在一九九三年九月底一個秋高氣爽的晚上，與陳長文博士及孔雀洋酒的曾彥霖先生共品一瓶一九七五年份的塔希酒——雖然當年是布根地的「悲慘年份」，但當時我們仍然感到驚訝，此瓶酒不僅氣味，甚至(感覺上)顏色也會變化！由先前的暗橙色漸漸轉暗紅，味道也跟著會由先前的類似梅子味轉爲草菇與田野綠草般的氣息，記得我當時以「千面嬌娃」來形容塔希酒的「變化」；也讓我聯想起大陸川劇中的「變臉」絕活。塔希酒能夠名列世界紅酒的頂尖，妙處正在於每個人可以對其豐富的內涵賦予不同的想像。其多變的氣息嗅入了品酩者的心肺，使人的心情正像一隻在百花盛開的原野上自由飛翔及嗅蜜的蝴蝶或蜜蜂。品嚐本酒可以說是一個心裡完全自由及集合嗅覺與視覺感官的完美組合！

葡萄酒與藝術

酒醉的西努斯

巴洛克時代法蘭德斯大畫家魯本斯(P.P.Rubens, 1577—1640)在一六一七年繪製。西努斯(Silenus)是牧神潘恩的兄弟，自幼將酒神巴庫斯(Bacchus，希臘神話稱作戴奥尼索斯Dionysos)撫養長大，巴庫斯也由西努斯處學到飲酒的樂趣。圖中西努斯醉酒，舉步維艱，眾酒侶們在旁歡笑，老虎銜來一串葡萄給西努斯解酒。現藏德國慕尼黑國立老美術館。

3 La Romanée
羅曼尼

- 產地：法國．布根地地區
- 面積：0.85公頃
- 年產量：4,000瓶

在羅曼尼．康帝西鄰有一個全布根地地區最小的頂級酒園，叫做「羅曼尼」酒園。這個酒園本來是羅曼尼．康帝園的一部份，但一七六〇年康帝公爵購得東邊較低部份的園區後，兩者即分開，由幾個小農所有。光輝燦爛的拿破崙時代曇花一現後，一度是拿破崙帳前大將，並參與過所有的戰役的利澤．貝雷將軍卸甲歸田，於一八二七年將此地區六個小型葡萄園購入合併，形成現在的羅曼尼園。貝雷將軍也因夫人陪嫁而取得塔希園，成為布根地地區身價最高的家族。羅曼尼園一直是利澤．貝雷家族的產業，並沒有像塔希園一樣被杜渥．布羅傑家族收購。他去世之後，其侄子恩利(Henry)將軍為繼承人。

羅曼尼園數年來向由釀酒名家佛瑞(Forey)家族負責經營及釀酒。塔希園當年所購入的Les Gaudichots 園還剩下一部份園區，就由本家族所擁有。釀成後成桶運到邦內(Beaune)市的布歇父子 (Bouchard Père et Fils) 公司來裝瓶銷售。布歇公司自一九七六年開始取得獨家的銷售權，「肥水不落外人田」，可知道這兩個公司的老闆有親戚關係。目前有大約四分之一的葡萄樹超過五十歲。本世紀三十年代有三分之一的葡萄園被重新種植，其他部份隨時更新。

羅曼尼酒一九八三年份的酒標籤，標籤上清楚載明由布歇爾父子公司裝瓶。

這個葡萄園處於高達十六度的斜坡，

這支產自布根地最小園區的羅曼尼，顏色深，果香重，也是各方一致推崇的名酒。

故極不易耕作，土壤的黏土成份沒有東邊的羅曼尼・康帝園高，黑石灰土的深層有碎石以及磐石。酒的顏色較爲深，果香較重並集中，比較像其北鄰的李其堡，而不似東鄰的羅曼尼・康帝。釀成後會在全新的木桶中醇化二年。新釀完成時感覺較爲硬澀，但經過十五年至二十年會發生驚人的變化。羅曼尼酒在八十年代重新成爲名貴的酒，年產量僅僅四千瓶。目前在台灣已可購到這支名酒，普通年份，一瓶的價錢約在五千元上下。

葡萄酒與藝術

飲酒的嬰兒酒神

十七世紀義大利畫家雷尼（Guido Reni，1575-1642）一六二三年的作品。這幅描繪巴庫斯在嬰兒時就猛灌紅葡萄酒的傑作，令人不禁莞爾。酒神巴庫斯是希臘羅馬神話中主神宙斯與底比斯公主賽美莉的私生子，從小被牧神兄弟及山林女神收養，嬰兒時就耳濡目染學會了喝酒。現藏德國德勒斯登美術館。

4 Richebourg
李其堡

- 產地：法國・布根地地區
- 面積：8公頃
- 年產量：40,000瓶；其中12,000瓶產自康帝園

在羅曼尼園及羅曼尼・康帝園正東鄰有一個八公頃的園區叫李其堡，早在一五一二年成園，原為西都 (Citeaux) 修道院所有，日後產權分散。一七六〇年當康帝公爵購入羅曼尼園時，也順帶收購了一小部份（約〇・一三公頃）的李其堡，併入了康帝園，所以今日的羅曼尼・康帝園已摻雜了少許的李其堡血液。李其堡右鄰羅曼尼・康帝園，基本上土壤、天氣等自然環境並無不同。不過，其位置較陡，泥土較易流失，這也是羅曼尼・康帝園的問題之一。本來本園區僅有五公頃，但正如塔希園在一九三三年時的擴張一樣，本園區也在同時兼併了屬於一級酒園的 Les Veroilles 約三公頃的園區，並經法院許可掛上李其堡的招牌。目前李其堡雖有十家左右的小園區，但每個酒園所出產的李其堡品質卻相當一致，和本地區的其他名園——如聖維望之羅曼尼一樣，且都是每園的得意傑作。

本酒園年產近四萬瓶，但最受矚目的仍是占地三・五公頃的康帝園。康帝園之李其堡年產量約一萬二千瓶，味道十分飽滿、強力，許多品酒專家——例如派克——，對於李其堡的稱讚，並不亞於羅曼尼・康帝以及塔希。在一九九六年底，我曾與好友在來來飯店安東廳品嚐了一瓶一九八二

李其堡的味道飽滿、強勁，有著濃郁的果香及紫羅蘭和松露的香味，啜飲一杯令人回味無窮。

年份康帝園的李其堡。開瓶後此酒似乎像一部開不動的老車，氣味沈滯、「其貌不揚」，但放入醒瓶後一個鐘頭，就像甦醒的睡美人一樣，「舉座驚艷」！李其堡的品味平實不討巧，濃郁的果香、紫羅蘭以及松露味……使得同桌的另一瓶同年份、在波爾多聖特斯塔夫區響噹噹的孟特羅斯堡(Château Montrose，見本書第 38 號酒) 有如村姑之見貴婦般，「花容失色」得手足無所措！

另外兩家釀製李其堡的酒園：
上／傑・格厚斯—擁有○・四公頃的園區，樹齡四十五歲。
下／傑・格里佛—擁有○・三一公頃的園區，樹齡高達六十歲，每年產量不過二千瓶上下，都值得推薦。

李其堡比起其他沃恩地區的頂級酒都容易成熟，但最快也需要經過四、五年後才能飲用。飲一次李其堡，絕對是一個可以令人終生回憶的美事，妙哉，李其堡！

葡萄酒與藝術

幼年的巴庫斯

巴洛克時代法國畫家普桑(Nicolas Poussin，1594－1665）一六三八年的作品。圖中描繪牧神潘恩及山林女神在山林中扶養小酒神巴庫斯的情景。小酒神莫約兩三歲，活潑可愛，捧著牧神端給他的酒盤，津津有味的啜飲美酒。一邊躺著的是山林女神，四周還有幾個小玩伴及男女諸神。現藏巴黎羅浮宮美術館。

5 La Romanée Saint-Vivant
聖維望之羅曼尼

- 產地：法國．布根地地區
- 面積：9.4公頃
- 年產量：46,000瓶；其中30,000瓶產自康帝園

在羅曼尼．康帝園、羅曼尼園及李其堡東鄰是一片較大的葡萄園區，稱爲「聖維望之羅曼尼」，由名字可知，它本是教會的財產。聖維望 (Saint-Vivant) 是一個建立於西元九〇〇年的修道院，它的名稱是爲了紀念第一位在法國西部旺代省 (Vendee) 傳教的維望帝歐斯 (Viventius)，嗣後成爲本地區最重要的教會。教會興旺，許多教友捐贈土地。 當地的維吉家族 (Vergy) 在一二三二年捐贈了一大片葡萄園，一般稱爲聖維望園，連今日的康帝園都包括在內。

「聖維望之羅曼尼」(以下簡稱「聖維望」) 名稱首次出現於一七六五年。鄰近的康帝園在這時已非常有名，所以聖維望園多少因此沾光。一七九一年，大革命後葡萄園被賣給馬利 (Nicolas-Joseph Marey) 家族。因此，聖維望園在十九世紀被稱爲羅曼尼．馬利──孟史 (Romanée Marey-Monge)。產地總面積九·四四公頃，目前已分散爲十一個小園，其中康帝園擁有過半數的五公頃爲最大。康帝園自一九六六年起就承租釀製此園之酒，直至於一九八八年才獲得所有權。整個聖維望各園年產量約四萬六千至五萬瓶，雖皆列入頂級，但是水準相差甚大。一般公認最好的仍屬康帝園。康帝園年產聖維望酒約三萬瓶。本園的聖維望雖

康帝園所產的「聖維望之羅曼尼」是聖維望酒的代表作。

左／雷洛園自一九九一年釀製聖維望酒，一九九六年底該園一九九一年、九二年及九四年三個年份，在美國售價每瓶分別為二九○、二三○及三四○美元。

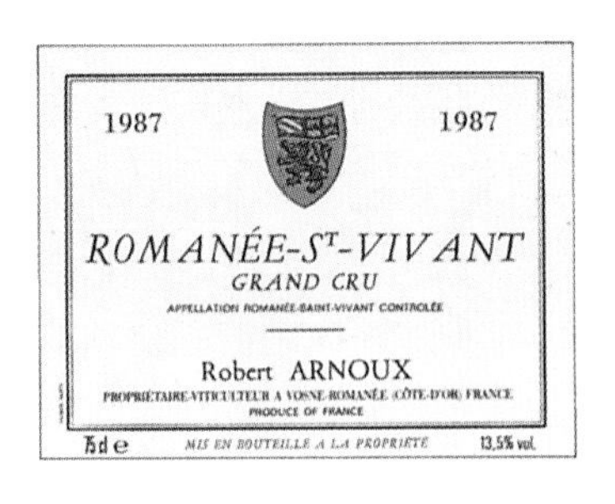

右／阿諾園 (Domaine Robert Arnoux) 在本區佔地僅○・三五公頃，年產量二千瓶上下。本園特點為樹齡頗老，已超過七十年，此老株聖維望恐怕快要走到生命盡頭了。

然比不上其他「同門師兄」——如羅曼尼・康帝、塔希、李其堡——，但至少在葡萄種植、採選及釀製方面還是一絲不苟，才會成爲聖維望的代表作。

不過，近年來由康帝園「出走」的雷洛 (Leroy) 園，以「精雕細琢」方式經營不到一公頃的園地，所釀出的聖維望已儼然成爲挑戰康帝園的勁敵。雷洛園年產量僅康帝園十分之一 (二千八百瓶)，高昂的價格即可反映出產量的稀少！聖維望的味道在複雜、高雅、芬芳方面當然不及羅曼尼・康帝及塔希；在飽滿、氣味集中及勁力方面又不及李其堡，但是「中庸、溫和」卻是其特點！我們可以以古典音樂家來比喻：將羅曼尼・康帝比擬雄偉淵博的貝多芬；塔希彷彿是天才橫溢奔放、不拘一格的莫札特；李其堡具有厚重、結實的特徵，比諸華格納或布拉姆斯，那麼聖維望就好像是孟德爾頌或舒曼，雖然不那麼容易馬上動人心弦，但細品之下，其韻味之豐富還是會令人難忘的。

> 酒是能使舌頭鬆綁、讓故事生動的魔術師。
>
> ——荷馬（希臘詩人）

6 Grands Échézeaux
大依瑟索

- 產地：法國・布根地地區
- 面積：9.14公頃
- 年產量：34,000瓶；其中12,000瓶產自康帝園

在名園萃集的沃恩・羅曼尼酒村上方，近伏舊園的弗拉吉 (Flagey) 鎮有一塊名爲「依瑟索」的園區，稱爲「弗拉吉・依瑟索」(Flagey-Échézeaux)，面積不及八十公頃。在十二世紀起就和伏舊園屬於西都修道院所有。修道院將園地交給佃農耕種，不加干涉，形同佃農的園地一樣，也因此在法國大革命時，幸未充公沒收。本酒園在十九世紀分成兩個部份，北部較傾斜的 (十三至十四度) 園區稱爲「依瑟索」，南部較平坦 (三至四度)、面積較小、僅九・一三公頃的部份，反而稱爲「大依瑟索」。兩個依瑟索在一九三七年七月三十一日公佈的評鑑表均名列頂級，但依瑟索也生產部份次一等的一等酒。依瑟索園的地理位置南方與伏舊園連接，因而兩地的土壤——以白堊沖積土及下方棕色泥質土構成——，都使土壤獲得良好的保溫功能。

如同一般布根地酒園，大依瑟索產區被二十來個所有人分割。較出名的園區占了三成，例如最有名的康帝園有三・五三公頃，以及葛洛 (Domaine Gros)、恩澤爾 (Réne Engel)、樂花園等。一九九〇年總產量約二萬八千公升，每年總產量約三萬四千瓶。康帝園所生產的大依瑟索的標籤樣式和其姊妹園如羅曼尼・康帝園、塔希園、李其

康帝園的大依瑟索與其姊妹園皆一樣，水準極高，但價格稍廉。對想一嘗康帝美酒的人士，倒是一瓶絕佳的「帶路酒」。

堡園……一樣，成爲大依瑟索的代表作，樹齡平均四十五歲，和李其堡園一樣，年產約一萬二千瓶。

孟傑・慕内拉園在布根地地區擁有二十公頃園地。這個甚有規模的酒園最傑出的產品即是大依瑟索，占地一・七公頃。所有大依瑟索會在全新木桶内醇化兩年才出廠。本酒園的大依瑟索時有和康帝園一搏高下的實力。

大依瑟索酒色呈淡淡的暗紅，果香中有些微的紫羅蘭與橡木味。裝瓶四、五年後才會眞正成熟。本酒是康帝園中——至少比起羅曼尼及塔希——價錢較低廉的一種 (但也絕對不便宜)，所以對於想一窺康帝園「味覺」奧秘的人士，大依瑟索無疑是一瓶很好的「帶路酒 」。「吃蝦可略知魚鮮味」，也是「無魚蝦也好」的正當理由！

> 協商時不妨喝酒，在最後作結果時應喝白開水。
>
> ——富蘭克林
>
> （美國政治家、開國元勳）

葡萄酒與藝術

酒桶上的巴庫斯

德國受到巴洛克時代的影響，直到上個世紀酒廠仍喜歡在木桶上精雕細琢。上圖小酒神坐在酒桶上，手拿萊茵河白酒杯，酒由下方牧神口中流出，匠心獨運。本酒桶現藏德國巴庫斯酒窖。

7 Échézeaux
依瑟索

產地：法國．布根地地區
面積：37.69公頃
年產量：180,000瓶；其中16,000瓶產自康帝酒園

弗拉吉鎮的依瑟索區，除了專門釀製頂級酒的大依瑟索酒外，還有一大部份屬於依瑟索的地區。依瑟索地區較大，其中三十七公頃在一九三七年的評鑑表中獲得頂級的榮耀。另外，還有三十公頃釀製次等的一級酒。一般人常以爲大依瑟索酒有一個「大」在前頭，品質必然優於依瑟索酒，其實同屬頂級的依瑟索酒不但品質不遜於大依瑟索酒，甚至有些還能超過，只是通常大依瑟索比較耐藏，也需要較長的成熟期。

頂級的依瑟索園三十七公頃產區，細分成二百五十個小園區，分由五十個小園主所有。其中占地最大的（四．六公頃）仍是康帝園。樹齡平均三十歲，年產一萬六千瓶，標籤樣式和其姊妹廠一樣易於辨識。整個頂級依瑟索區年產量可望達到約十八萬瓶。康帝園的依瑟索和大依瑟索雖是康帝園的「墊底貨」，仍十分出色。其他園區年產成百上千瓶，雖以「扳倒」康帝園爲努力方向，間也有成功例子；不過康帝園究竟是有「大園之風」，本園也和康帝其他名園一樣嚴格，每年六、七月葡萄開花後，會派人將每株葡萄的果實摘除七、八串，使得剩下來的少數果實能夠吸收最充足的養份。新酒每次釀好後，每五桶會倒入一個不鏽鋼桶內混拌後才裝瓶。這個一九八二年後才實行的「混桶法」可以儘量拉近每一瓶酒的品質。康帝園的依瑟索在這種品管下的水準，當然可以作爲依瑟索酒的典型代表。

康帝園的依瑟索釀製過程嚴謹，以確保一貫的高品質。

8 La Grande Rue
大街

- 產地：法國・布根地地區
- 面積：1.65公頃
- 年產量：5,500瓶

在沃恩村正中心，黃金地段的羅曼尼・康帝園、羅曼尼園及聖維望之羅曼尼三個名園正下方與塔希園和高帝秀園 (Les Gaudichots) 之間，隔著一個扁長形的小園。這個小園有一個堂皇的名稱——「大街」(La Grande Rue)，表示出其介於幾個偉大的葡萄園之間。大街園的土壤結構和北鄰的三大羅曼尼園 (康帝、羅曼尼及聖維望) 並無差異，氣候亦同，天賦異稟，要成爲一個名園問題應該不大，但是遲至一九九一年才被列入頂級行列。

大街酒的酒標籤，簡單大方。

本園是拉馬史酒園 (Domaine Lamarche) 獨家所擁有。拉馬史酒園是沃恩地區最有名的酒園之一，園區總面積雖只有八・五公頃之大，其中一半已列入頂級酒園，共有四個：大依瑟索 (〇・三公頃)、依瑟索 (一・一公頃)、伏舊園(一・三六公頃)及大街園，但是拉馬史園的頂級酒皆以品管嚴格著稱，其中被稱爲拉馬史園「王冠上的鑽石」便是「大街」。

大街園原是拉馬史酒園的創始人，也就是在一九八五年去世的亨利・拉馬史 (Henri Lamarche) 在一九三三年姞婚時，太太帶來的嫁妝。拉馬史夫人家族是葡萄酒世家，而亨利本人原是木材商。亨利獲得本園後，倒也戰戰兢兢經營。不過，在一九三七年評定本地區酒園的等級時，亨利認爲本園若由一級晉入頂級，除了會增加繳稅的壓力外，並無實益，所以也沒有積極爭取晉級的機會。最後評鑑結果，本園在四周都是超級頂級酒園的環繞下，還是維持一級酒園的頭銜。布衣一樣可以周旋在錦衣貴冑之間，在三〇年代至五〇年代，大街釀造出一批又一批極優秀的好酒，反而讓大家認爲「一級」頭銜屈辱了拉馬史酒園。但是在六〇年代以後迄八〇年代，本園逐漸走了下坡，似乎欲振乏力了。

一九八五年亨利去世後，兒子逢雙 (Francois) 接掌事業。新老闆娘 (一九七五年結婚的瑪麗Marie-Blanche) 精明能幹，掌控園內外一切大政，逢雙則全神貫注在提昇葡萄酒的品質之上。其中最強調的便是降低葡萄產量。頂級酒每公頃平均出產四千公升葡萄酒，一九九四年，大街每公頃且降至不到三千公升 (二千九百公升)。新酒全部會在全新木桶中醇化至少一年半以上才裝瓶。葡萄樹最老的已有四十二年，極少部份是一九八八年栽種。本來大街的位置已極優良，加上新東主的銳力復興，終於在一九九一年官方評鑑時，順利晉入頂級榜中，拉馬史園的大街終於名符其實的「正名」了！

物以稀爲貴，大街酒每年產量恆在五千瓶上下，一直是沃恩區價格僅次於康帝園的美酒，並且成爲行家們爭相蒐集的對象。一般認爲這支酒勢將成爲第二個塔希或李其堡，「炙手可熱」將是未來的寫照。

大街有一股極其清香的小紅莓香氣，開瓶一陣子會轉化成黑莓及淡淡田野草地的「野氣」，也彷彿可嗅到李其堡或塔希的香氣。

本酒至少要在裝瓶後八年才適於享用。在極好的年份，園主逢雙先生建議至少要等上十五、二十年，才不會辜負了上天對本酒的眷顧！一般人總是賣瓜說瓜甜，但這句話絕不適用在逢雙先生上述的建議！

拉馬史園的大街酒表現突出，產量稀少，早已成為各方爭相蒐集的名酒。

9 Clos de Vougeot 伏舊園

- 產地：法國・布根地地區
- 面積：50.59公頃
- 年產量：180,000瓶；其中5,000瓶產自雷洛園；12,000瓶產於卡木塞園

獲得一九八八年奧斯卡最佳外片獎的丹麥影片「芭比的盛宴」(Babette's Feast)是一個把美食、人生際運、情慾及宗教哲理融合於一個半鐘頭的傑作。片中敘述法國一代名廚芭比隱姓埋名逃難到丹麥一個小漁村，爲一對姊妹煮飯過活，一過就是十年。爲了答謝在落難時收容她，終身節衣縮食的老處女姊妹，特別把中了彩券得到的一萬法郎全數花掉，做了一桌眞正的法國大餐。一萬法郎在當時是不可思議的一筆數目，這一席當然代表了法國飲食最豪華與最講究的一面。我們不在此提她的菜單是如何的「誘人」，但宴席上所搭配的紅酒，正是一八四五年份的伏舊園。

伏舊園位於沃恩・羅曼尼村的上方，與大依瑟索園接壤，同處夜坡區。西元一一一〇年左右，天主教一支信奉「耕食苦修」的西都派教會來到一個名叫伏舊河 (Vouge) 的沼澤地及森林開墾。且在一二二七年至一三七〇年之間逐漸收購鄰地，形成了五十公頃的園區。上帝過於偏心，本園種的葡萄不僅收成出奇的好，所釀的酒亦極佳，伏舊園遂廣爲人知。例證之一是據說在教皇格萊哥利十三世在位時 (1572-1585)，某位主教投其所好地貢上三十桶伏舊佳釀，而獲教皇賞賜升任本區大主教。拿破崙興兵東征時，據說亦

雷洛的伏舊園購於一九五五年，位置之佳令人欽羨。一九九四年份的伏舊園一瓶，兩年後在美國上市的價格近二百美元。

曾遣人強索本園窖藏四十年的「鎮園之寶」，頗有骨氣的園主戈不理 (Don Goblet) 院長果然來個相應不理，要差人轉達：請皇帝自個兒來喝！另外一個令人津津樂道的傳奇，是有關於一位拿破崙麾下的比松（Bisson）少將，有一次他率隊經過伏舊園時，下令部隊致最敬禮。從此以後，每當法國部隊行軍經過時，無一不循例致敬，這是全法國唯一享有此殊榮的酒園。

photo©Youyou

法國，甚至全世界，唯一一個在部隊行經時會受到全軍軍禮致敬的酒園——伏舊園。

伏舊園在法國大革命時也遭充公拍賣，輾轉到一八一八年為銀行家歐瓦 (J-J Ouvrard) 所有，次年歐瓦更購得羅曼尼．康帝園。這位大發戰爭財的園主維持葡萄園的統一，直到一八八九年六位商人以六十萬法郎的代價購得。日後伏舊園就像肉販砧板上的豬肉，一片片的割賣出去。現在約有八十二人共有這座法國歷史上最重要的園區，其中十五人占有整個園區的六成，另外六十七位所有人共有二十公頃的土地。也因此，小農林立所造成品質不一的缺點暴露無遺。

伏舊園位於一個海拔二百四十至二百七十公尺的山坡上，坡度平緩，僅三至四度間延伸三百公尺。面積五十公頃，四周圍上一個五百年歷史的石牆。土質隨高度差異而有不同，據分析共有六種土壤，最高之處為棕土，多石灰石與礫石而少黏土，土壤僅四十公分厚；中段以下土壤厚達一公尺，但石愈少而黏土多，則愈影響排水效果，因此伏舊園品質也因高度而成正比。傳聞以前本園分釀三等級酒（Cuvée)：教皇、主教與教士。園區最上層即出產「教皇級」，作為進獻教皇的貢品；第二級「主教級」——有一說「國王級」，是進獻地位僅次於教皇的國王、主教及其他貴族之用；第三級才給教士及一約瑟夫・杜亨酒園是布根地地區最重要的酒園兼經紀商，共擁有將近二十六公頃園地，其中在伏舊園區也有〇・九公頃，且大多在園區最上層的黃金地段。惟樹齡尚輕(十五歲)，但來日行情絕對看漲。

般人飲用。即使在二次大戰前，聽說本園還是分級課稅，不過戰後就沒有這項傳言了。

本園久被所有品酒大師詬病的一點在於品質的良莠不齊。每年各園的產品，即使外在的環境——天候、雨量——不變，但是誰也不能保證相同的品質。最主要關鍵在於所有權的零星分散，不似波爾多區的大廠，可以將一級酒以正牌出售，其餘納入二軍。聰明的酒農與酒商卻將擁有園區較好的部份 (較上端園區) 與較差區域所產製的葡萄混同榨汁釀酒，使得品質一貫、利益均霑；這樣子當然使得伏舊園的金字招牌失去光澤。目前頂級伏舊園年產量約十八萬至二十萬之間。伏舊園「本園」石牆外仍有十六餘公頃園區，不列入頂級，故以「伏舊園一級」或乾脆只叫伏舊園。 另外，本區也產白酒，

訪伏舊園酒堡

當您走進酒堡巨大的木門，輕拉叫門的鈴鐺，沿著來時路兩旁種植的玫瑰花叢正散發一陣陣花香。鈴鐺長鍊末端是一截古老的葡萄藤，歷經前人手澤，光潤可人，在園內管事馴養的獵犬吠聲與鈴鐺聲中，您孤立門外，靜待管事跨過鋪以黃色石板的庭院前來應門。酒堡左右角樓高聳，堡身沈厚，古老的屋頂在右方與後方斜掠，幾達地面而止，支撐的樑柱以厚重木頭製成，顏色絳紫正如美酒本色。堡內藏有巨大的螺旋式榨汁機，以巨大的橡木與胡桃木製成，製成年代約為公元一千年左右，類此古物德國萊茵河流域尚有一部。二次大戰期間，德國曾將此堡徵為駐地。大戰末期，美軍更用來收容戰俘，寒夜漫漫，心情欠佳的德國戰俘曾想將它拆了燃火取暖，最後美軍司令下令在榨汁機四周圍以帶刺鐵絲網，才逃過焚琴煮鶴之厄運。

進入內院，有巨大之桶屋，往日用來陳放藏酒，目前則為品酒騎士團宴會會場。桶屋面積廣闊，可容舉辦五百人以上之盛宴。品酒騎士團成立於一九三四年，以暢飲布根地美酒、推廣知名度與銷路為宗旨，組成的成員為葡萄園主、酒出口商與對葡萄酒有興趣之各地的社會賢達、文人雅士。凡在布根地設立的酒業公

年產量不過五、六千瓶，品質平平。

列入頂級的伏舊園一般是以位置愈高，愈接近城堡的園區爲佳。其中最受矚目的是樂花園及卡木塞園。在本書前述康帝園時已提及樂花家族。亨利・樂花在一九二四年購進康帝園一半股份，三十年後的一九五四年將產權轉給二位女兒——保琳 (Pauline)及馬莎爾(Marcelle)，後者即爲大名鼎鼎的「拉魯」(Lalou) 女士。次年拉魯就和康帝園的另一股東布羅傑家族共同經營康帝園。同時自一九七二年起，她也經營家族事業。樂花商社 (Maison Leroy) 成立於一八六八年，不僅代理所有康帝園產品在美國及英國以外地區的經銷權，本身另外擁有分散於各酒區總計二十二公頃的園地。拉魯大權在握，驃悍異常，爲了籌措更多的資金，她讓

在布根地地區可呼風喚雨的「酒壇鐵娘子」—拉魯女士。

司，每一公司每年得推薦十人入會，品酒騎士團每年在此舉辦多次熱鬧的盛會，會員們身著紅袍，頭戴紅帽，項上的兩色絲帶繫掛的布根地式品酒銀碟，新入會者被引介至主席之前，大會先聽取有關入會者的簡介，然後擁吻其雙頰，頒酒銀碟，入會儀式便告完成。當所有入會儀式完畢後，宴會開始，騎士團以當地美酒名菜饗客，美酒頻添，祝飲連連，更有本地合唱團演唱布根地飲酒歌娛樂嘉賓，使得昔日浸淫於僧侶們清越聖詠的伏舊園，此時別有一番歡樂景象。品酒騎士團之座右銘為——「酒中至樂，永不徒然」(Always in Wine, Never in Vain)，使人想起《漢書・食貨志》中亦有「酒者，天之美祿……」名言，不得不為中西文化在此一時空中又一次偶然遇合而深感戚戚。

桶屋中巨大的樑柱為巨石雕就，上細下粗高達二十呎，上頂巨大之橫樑，石柱上飾有紋徽與有名之豐收年份，可遠溯一一〇八年。伏舊園向有布根地之 (雅典) 衛城 (Acropolis) 美譽，目前為品酒騎士團之產業。每年十二月，騎士團齊聚此地，品評該年份之布根地酒產，能得騎士團青睞的，得在商標上加印騎士團推薦榮銜，鯉躍龍門，身價自是不凡。

——黃應得，摘自《趣味生活》民國68年11月號

本是伏舊園「本堡正宗」的卡木塞伏舊酒，不少人將本酒視為伏舊酒復興的「代表作」。

日本高島屋集團於一九九〇年承購樂花股權的 33.6%。並且在附近大買農地，最後導致內鬨。酒園和拉魯打起官司，拉魯的姊姊和另一大股東布羅傑聯手將拉魯逐出公司。這便是酒界津津樂道的「康帝園政變記」。

拉魯女士被逐出康帝園自然怨憤異常，專營樂花商社自家酒園時，更是把康帝園的一套作風搬來，並擺明向康帝挑戰。在美國受到甚大的迴響，但在歐洲就稍遜色！樂花園在伏舊園區共有三片園地，二片由下層延到中坡，另一片則位於最上端，緊接伏舊園城堡。樂花園克服部份葡萄「先天」不良──在下坡──，接著不計成本的栽種及釀製方式──全新木桶及低收穫量──，加以拉魯女士的名氣及高昂的索價 (有時高過一般伏舊酒達五倍)，使樂花伏舊酒聲名大噪！

另外一個著名的酒園是美歐・卡木塞園 (Méo-Camuzet)。本園在布根地地區擁有十五公頃園區，列入頂級者三個，只有不到四公頃的面積，其中伏舊園即有三公頃。卡木塞家族在本世紀初曾擁有伏舊園城堡，一九四四年才售與「 品酒騎士團」，這是一個在一九三四年才成立，爲推廣當時滯銷的布根地酒所成立的品酒團體。卡木塞在伏舊園的園地正在城堡南邊，也是全園最好的部份。樹齡四成已七十五歲，其他在十五歲至三十歲之間，年產量約一萬二千瓶左右。在全新木桶醇化一年半後才出廠的卡木塞伏舊園，深沈的勁頭，有力的回應了外界對伏舊園頂級酒普遍缺點──酒體單薄、酒味鬆散──的批評。所以，卡木塞代表正宗的伏舊園酒，口味十分醇厚，有玫瑰、紫羅蘭、松露等香味，且回味力強，彷彿可以聞到春天的滋味。除了雷洛園及卡木塞園外，上一個出產「大街」酒的拉馬史酒園所生產的伏舊園也十分精采，平均每年生產四千餘瓶，也絕對擁有一流的品質！

伏舊園的原城堡燬於宗教戰爭，現在的城堡是西都教派在一五五一年所建的，原作爲堡壘之用。十九世紀末再度整建，在寸土寸金、一般園主都捨不得像波爾多地區一樣蓋起美輪美奐的城堡的布根地地區，伏舊園「堡」可謂異數了。城堡現在作爲「品酒騎士團」(Confrérie des Chevaliers du Tastevin) 的聚會所，每年十二月在此品評該年份布根地出產的酒，乃當地酒界盛事。

10 Musigny
木西尼

- 產地：法國・布根地地區
- 面積：10.86公頃
- 年產量：40,000瓶；其中15,000瓶產自臥駒公爵園

由伏舊園再往北，上邊緊接著一片海拔二百五十至三百公尺高的石質平台地，即到了木西尼酒園，隸屬香泊・木西尼(Chambolle-Musigny)鎮。這地方名字的「香泊」(Chambolle)是一個流經本地的小河，每當下了一陣暴雨後才會形成此小河(台灣稱為「荒溪型河流」)，流過經常被太陽「烤乾的田地」(Champ bouillant，香泊涼)，久而久之就改音為"Chambolla"(香泊)，一三〇二年才改為"Chambolle"。香泊鎮共有一百八十公頃，村鎮本身占了一半，其他的葡萄園中，頂級酒園區有二個，一南(木西尼)及一北(第12號酒的柏內・瑪爾)，共占地二十四公頃，剩下六十公頃則為一等酒園。

木西尼土質上層是紅黏土，下層則多石灰岩。其中夾雜二成以上的礫石，使得排水以及保溫功能良好。由於有十至十四度的坡度，雖不算太陡，但水土保持不易，每隔一段時間就要由山坡下將流失的土壤挖起填回山上。尤其是陰雨霏霏的初春，只要接連下個一星期的雨，就勢必非到山下取土不可。這也常發生在沃恩・羅曼尼。

木西尼酒園也是由西都教派的神父、修士所建，在十一世紀已出現，後來在十四世紀由一個木西尼家族擁有而得名，但是木西尼家族

臥駒公爵園的木西尼酒有如名駒慢馳，氣深味長，絕對有「味蕾貴族」的氣派。

後來沒有繼承人，只留下名字。本園在十七世紀時已被瓜分成數塊，而這也是布根地的通例。

木西尼園從西到東被一條小徑分成兩部份，因此便有大木西尼 (Grand Musigny) 與小木西尼(Petit Musigny) 之分。直到一九三六年九月十一日政府將這兩塊園地統一稱爲木西尼，但是市面上到現在仍然可見標明小木西尼 (les Petits Musigny) 產釀的酒。一九八九年重新整理木西尼產地時，確定的面積即爲今日的規模。在此之前，僅尾端兩段釀製的酒可稱爲木西尼，中間部份則不准使用。全部產地分屬十七個人所有，其中僅四位園主便已經擁有九成面積：包括木尼艾(Jacques-Frederic Mugnier, 10.5%)、普利歐 (Jacques Prieur, 7.5%)、杜亨(Joseph Drouhin,6.2%)；但最舉足輕重、占七成園區的臥駒公爵園 (Domaine Comte Georges de Vogüé)，共有六・七公頃園地，同時享有小木西尼獨產權。至於其他幾家品質亦佳，除了普列歐園產品時好時壞外，大致上本園區的水準較諸伏舊園是整齊得多了。

木尼艾佔有木西尼園一成的園區，也是產木西尼園的重要酒園。

臥駒家族從一四五〇年起一直居住在當地，一七六六年因婚姻關係取得了木西尼。這塊地在法國大革命中逃過一劫，是極少數沒有被沒收、並且現在以其名爲園名的酒園。喬治公爵 (1898-1987)有很長一段時間嚴格要求品質；他逝世後，女兒伊莉莎白 (Elisabeth de Ladoucette) 爲繼承人。臥駒家族不但在布根地擁有酒廠，在香檳區大名鼎鼎的木宜・商多 (Moet et Chandon，見本書第94號酒)的主人臥駒公爵，也屬同一家族。臥駒也是一個標準的酒園世家。

木西尼在一九七二年以前有一段輝煌的

歷史，但在一九七二年之後便盛極而衰。直至一九八六年一個新的釀酒隊伍重新投入爲止，十五年間只有一個年份(一九七八年）的木西尼獲得掌聲。眼看著名園即將蒙塵，新的釀酒大師米勒 (Francois Millet) 及高都 (Gerald Gaudeau) 適時的參加改革行列。米勒是一個年輕，但經驗豐富的專家，曾在布根地各有名酒園擔任釀酒顧問十二年。他針對每個園區土壤、葡萄成長情形決定採收時間及使用木桶全新的百分比（四成至七成之間），可以說是專心來照顧木西尼，終於再度回復了木西尼的聲譽。在一九九三年一個重要的評鑑會上，木西尼奪得了后冠。

木西尼嚴格選擇葡萄，以至於產量極少。例如年份極佳的一九九三年，每公頃僅僅收成二千五百公升，一九九一年遭冰雹之害，只收成一千五百公升。因此，平均每年僅供應一萬五千瓶酒，占整個木西尼產地的四萬瓶不到四成。並且貼上木西尼標籤者，都是自老株所結的葡萄所釀成，標籤上也會很得意標明「老株種」(Vieilles Vignes)。

除了在木西尼外，臥駒酒園在布根地產區還有四塊地皮，如在柏內·瑪爾有二·六公頃，在愛侶園 (Amoureuses，本書下一號酒）有〇·六公頃及生產白木西尼的〇·五公頃及普通「村酒」(香泊村酒) 一·八公頃，合計十二公頃。年產量共有四千箱，近五萬瓶。

臥駒公爵園除了生產紅酒外，也是本區唯一生產白酒者。生產「白木西尼」(Musigny Blanc)之園地只有半公頃，且全在「

屬於真正的酒園「玩家級」的臥駒公爵園白木西尼。

小木西尼」園區。白葡萄莎多內(Chardonnay)居然能在一個全部都種紅葡萄皮諾娃的環境中成長，並且獲得肯定，應歸功於園主喬治公爵的執著。否則放著穩定的紅酒生意不做，去嘗試生產別園所不敢的白酒，並且又完全不符合經濟效益，每年只釀造不超過二千瓶（一六〇箱），這絕對是個人主觀的決心所致了。本園所釀的白木西尼爲眞正內行人所蒐集的對象！不但耐存，味道雖包含著杏仁與紫羅蘭，但勁力隱約若現，故頗有寇東・查理曼（本書第89號酒　）的氣概！其價格就要比其「紅酒兄弟」貴上一倍了。

木西尼的味道初覺秀氣、不誇張，毫無火氣。故木西尼後被法國一個人形容爲「具有絲絨及蕾絲的感覺」，說明了其纖細的特徵。剛釀出的木西尼具有澄亮、溫柔的光澤，並且有一種新鮮、剛壓碎的草莓香味。好年份的木西尼至少要陳上十年才可以開瓶，成年後的木西尼風韻迷人，顏色轉趨渾厚，香氣亦然，同時氣味會如孔雀開屏般變幻，並且可隨品酩者自己的想像而給予不同的形容………。當法國國寶級的烹調大師包吉斯 (Paul Bocuse) 有一次在伊朗國王巴勒維前獻技，呈上拿手菜「春雞嫩烤」時，這位富甲天下、飲饌奢華的國王爲貴客們所挑選的配酒正是臥駒公爵的木西尼。

除了獨領風騷的臥駒園木西尼外，大名鼎鼎及野心勃勃的拉魯雷洛園也不甘寂寞。雷洛園在本區也有〇・二七公頃的小園地，百分之百全新木桶精釀，每年只不過五百至一千瓶的產量，更是行家眼中的星星——可望不可及。一瓶一九九四年份的木西尼，兩年後在美國的市價爲四百美元，仍不乏向隅者。

我們常聽說由水變成酒是項奇蹟。這個由上帝恩典造成的奇蹟每日都發生：天堂降下雨水到葡萄園，由樹根進入葡萄，變成酒。這是上帝愛我們，並樂見我們快樂的明證。

——富蘭克林
（美國政治家、開國元勳）

11 Les Amoureuses
香泊・木西尼(愛侶園)

- 產地：法國・布根地地區
- 面積：5.2公頃
- 年產量：20,000瓶，其中2,000瓶產自木尼艾園；2,500瓶產自臥駒公爵園；2,000瓶產於盧米園

如果有一個葡萄園取名爲「愛侶」——戀愛中的情侶（列・沙慕歐斯，Les Amoureuses)，那麼它出產的酒一定不會強勁、霸道。在木西尼園正西邊便出現這一座葡萄園區。

香泊鎮共有六十公頃園地被評定爲一級酒園，總共有二十四個酒園掛上了「香泊・木西尼・一級」的標誌，其中可以稱得上好酒的只有七個。而此七個酒園有三個集中在南邊，環繞在木西尼園的東方及東北方。這三個南方園區是愛侶園、列香園 (Les Charmes) 及列香播園 (Les Chabiots) ，列香園面積最大(五・八公頃)，列香播園最小，愛侶園居中。這三個「超級一級」酒園皆有資格晉級入頂級，主要的原因是其地理位置，以及泥土結構和木西尼毫無二致，沒有任何理由列入次一等的地位。最令人不服的是，幾乎和木西尼邊靠邊的愛侶園竟然不能掛上頂級酒園招牌，而其口味幾乎和木西尼不分軒輊，在所有盲目評鑑時，連品酒大師也不易分辨，所以愛侶園無疑有入選「百大」的資格。

愛侶園僅僅五・二公頃，卻分成十個左右的小園區。其中最有名的有三家：第一家是木西尼園主角臥駒公爵園，占地○・六公頃，年產約二千五百瓶；第二家則是盧米園 (Domaine Georges Roumier)，這個在一九二四年被

木尼艾園的香泊・木西尼產量極少，一年不過二千瓶而已，市場上很難見其芳蹤。

當作嫁妝進入盧米家族的園區，由當時喬治・盧米到今日當家的克里斯多夫(Christophe)已是第三代。園區也擴張到總面積十二公頃，其中分佈在九個不同酒區。盧米園在木西尼區也有小小的○・一公頃園地，可別小看這僅有十公畝的小園，葡萄樹齡已達六十六歲，年產量不過兩大桶(每桶二百二十八公升)，兩桶年裝不過六百瓶左右，在市場上早已絕跡！在伏舊園也有○・三二公頃，樹齡平均爲四十三歲，年產量不過二千瓶。在愛侶園的面積略大於伏舊園區(○・四公頃)，樹齡三十四歲，產量也在二千瓶上下。本園各園地平均每公頃年產接近三千公升，所以產量皆有限。

第三家著名的酒園是——木尼艾酒園(Domaine Jacques-Fréderic Mugnier)。木尼艾酒園在十九世紀七○年代是第戎(Dijon)市的酒商，販賣白蘭地及葡萄酒致富， 所以在香泊鎮及伏舊園兩處買了九公頃園地。到了一九四五年家園因分家而割裂，其中一支家族保有精華區，即是木尼艾園。園主弗萊迪 (Fredy) 本來是一個深海石油探測工程師，終年奔波在英國亞伯丁及非洲之間。一九八○年在巴黎當銀行家的父親去世後，遺留給他一片葡萄園。老木尼艾本身不管園務，只是託由總管照料。一九八五年，新東主弗萊迪趁休閒時返家視察園務，沒想到就決定放棄枯燥無趣的石油生涯，「務農」起來了。爲了了解葡萄酒行業，弗萊迪報名參加一個爲期六個月的密集課程，並且廣泛的交友、向鄰園的盧米園討教，不久，他就「出師」了！

木尼艾園目前共擁有四公頃園地，其中在木西尼 (一・一公頃)、愛侶園 (○・五三公頃)及柏內・瑪爾 (○・三六公頃) 較爲著名。總平均生產量是每公頃三千四百公升。但是對於頂級園區——木西尼及柏內・瑪爾——，以及愛侶園，每公頃不超過三千公

升，而後者則在二千五百公升左右。在上述園區方面，樹齡最老的在愛侶園，平均已超過四十歲，木西尼園接近四十歲，老株量少，使得木尼艾園生產的木西尼及愛侶園產量甚少，愛侶園年產量也只有二千瓶上下。

愛侶園酒如其名，都具有清澄的紅寶石顏色，非常突出的紫羅蘭、櫻桃及草莓味，感覺起來十分纖細，有吹彈欲破的體質！木尼艾園也仿效康帝園，橡木桶木材買回後會自然乾上三年才製桶儲酒。木尼艾不迷信全新橡木桶的功能──怕酒會沾上太重橡木味而失去清香──，所以每年只有二成五使用新桶，頂級酒也只有三成使用新桶。醇化期約一年半左右。

一串葡萄是美麗、靜止與純潔的，但它僅是水果而已；一旦壓榨後，它就變成一種動物，因為它變成酒之後，就有了動物的生命。

──威廉・楊格
（美國作家）

葡萄酒與藝術

愛侶圖

正巧和本號酒相陪襯。這幅標題爲愛侶圖的畫作，風格明顯流露出法國巴洛克時期的特色。畫家那提（Jean Mare Nattier, 1685 - 1766）生於巴黎，死於巴黎，在法國浮華達最頂峰的路易十五時代，成爲著名的宮廷畫家，並爲各國君王繪畫肖像。畫中一對愛侶共賞美酒，甜蜜無比，眞是只羨鴛鴦不羨仙。現藏德國慕尼黑國立老美術館。

12 Bonnes Mares
柏內·瑪爾

- 產地：法國·布根地地區
- 面積：15.5公頃
- 年產量：55,000瓶，其中6,000瓶產自杜亨·拉厚澤園；5,500瓶產自盧米園

位於香泊·木西尼北部與莫內·聖丹尼(Morey-St-Denis) 邊界上的柏內·瑪爾產區，共有十五·五公頃大。僅有二公頃不到是在聖丹尼之內，大半部是在香泊區內。和木西尼一樣，柏內·瑪爾也是本區的二個頂級產區之一。柏內·瑪爾本身就是一個好彩頭的名字，這個名稱來自於布根地的土話：瑪爾(marer la vigne) 即是「耕種」葡萄園的意思，若耕種「得宜」(bonnes，柏內)，則變成柏內·瑪爾(bonnes mares)。大體上，柏內·瑪爾的氣候和木西尼無太大的差異。土壤方面，柏內·瑪爾比南方的木西尼多些石灰岩及黏土，所以本區的酒就和北邊的莫內酒比較相似——單寧重，口感強勁，易言之，是有比較豪邁，而非較含蓄的酒質，且必須陳上十年以後才會成熟，在年輕時並不適合飲用。

左／釀製木西尼酒聞名的臥駒公爵園也生產極優秀的柏內·瑪爾酒，年產近一萬瓶。

柏內·瑪爾也是小園林立之地區，共總擁有十五·五公頃，卻有三十五個小葡萄園。其中由十家擁有大約七成的土地：香泊鎮重要酒園——例如臥駒園(二·六公頃)、

右／杜亨·拉厚澤園的葡萄樹已達六十歲之高齡，釀成的柏內·瑪爾酒仍豪邁雄勁，老而彌堅。

盧米園 (一・四六公頃)、木尼艾園 (〇·三六公頃) 都在此設園。但占地一·七四公頃的杜亨・拉厚澤 (Drouhin-Laroze) 園最值得一述。

拉厚澤家族 (Jean-Baptiste Larose) 在一八五〇年闢建了一座葡萄園，後來又和杜亨(Alexandre Drouhin) 家族聯姻，改爲現在的名稱。本園有十五公頃的葡萄園在伏舊園及特別是香柏罈(Chambertin) 區都有一些極優的園地。本園一般的產品有江河日下的感覺，特別是伏舊園，唯有柏內・瑪爾園區仍可以保持水準，這要歸功於園內葡萄都是老根——少則六十年！每年產量只有六千瓶左右，反而是本種酒最大的供應者。另一個出產柏內・瑪爾酒最傑出的酒園是盧米園(Domaine Georges Roumier) 。在提到香泊・木尼西的愛侶園時 (見本書第11號酒) 已經敘述到盧米園的園地遍佈九個酒區，在柏內・瑪爾，盧米園擁有一・四公頃的園地，但又再分成兩個小園區。一個園區土壤是富含鐵質的棕紅土，比較適合種植紅葡萄；另一個是較貧瘠，石灰質多的灰土壤，比較不適種紅葡萄。盧米園將這二個園區葡萄分別榨汁、裝瓶，醇化一年半後，再混桶裝瓶。每年大生產五千五百瓶左右。

最後還要提一下雷洛園。自一九九四年起，雷洛園也生產柏內·瑪爾酒，但是售價驚人。一九九四年份的酒在美國每瓶售價爲三百六十美元，一九九五年份者售價更高達四百五十美元。其詳細情況及產量尙不得而知，但如此高昂的價格，使本酒充滿了神秘感。

盧米園是另一個生產柏內・瑪爾酒重要酒園，年產五千五百瓶左右。

13 Clos Saint-Denis
聖丹尼園

- 產地：法國．布根地地區
- 面積：6.6公頃
- 年產量：25,000瓶；其中6,000瓶分別產自杜沙克園及利尼艾園

位於夜坡中心點，香泊．木西尼正北方以及香泊鎮正南方的莫內．聖丹尼(Morey Saint-Denis)，因被南北兩大明星級酒區「夾殺」，往往被人忽略。一九八五年本區酒農、酒商甚至還派拓銷團前往法國酒在亞洲最大市場的日本，以打開知名度！這個居民不到八百人，且面積僅有一百五十公頃的酒區，卻有聖丹尼園 (Clos Saint-Denis)、大德園 (Clos de Tart)、蘭布萊園 (Clos des Lambrays)、德．拉．荷西園 (Clos de la Roche) 以及僅有一．五公頃是在本酒村的柏內．瑪爾等五個園區有酒園入選「百大」，實力絕不可等閒視之。一般行家也都認爲這些頂級酒比起布根地頂級酒而言，都是「物超所値」，是眞正懂酒者搜尋珍藏的對象。我們先看聖丹尼園。

法國第一位聖徒——聖丹尼手捧自己首級的塑像。為古斯安(Coustou，1695-1729)所塑，現樹立在巴黎聖母院側門。

聖丹尼園是由布根地地區最有影響力的西都教派聖維望教會於一二四二年所創立，本來是爲了紀念一位法國天主教的聖徒——聖丹尼。聖丹尼在西元二五〇年將基督教傳至巴黎，並擔任第一任主教，於二七二年被斬首殉教。據說聖丹尼被斬首後，還能手執自己的首級，由巴黎市走到市郊的蒙瑪特山方才嚥氣。後人因此將該地稱爲「殉難山」(Mont. Martyrum)，即今天畫家薈集的觀光勝地「蒙瑪特」區名稱之由來。由於教園擁有一件「聖物」——據說是

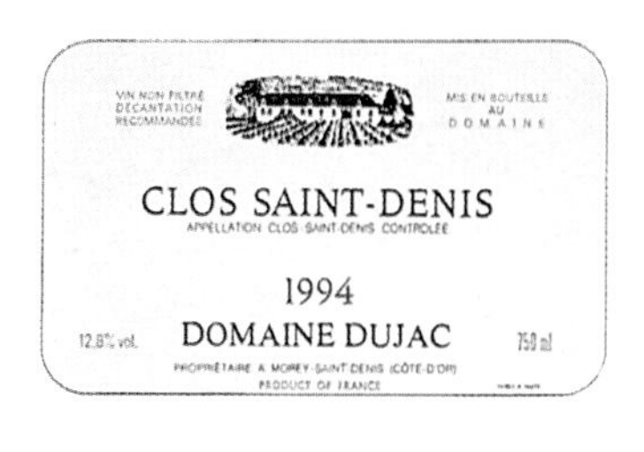

聖徒聖丹尼的頭顱骨，因此募集了不少的奉獻金，並吸引了大批信徒。本酒區即以此教園爲名，再加上「莫內」一詞，「莫內」(Morey) 是由拉丁文「摩爾人」(Moriacum) 轉化而成。本地區以前都是教會的屬地，以後歷經戰亂，葡萄園傾圮，居民流離，最後竟以出乞丐爲名，一直到第二次世界大戰後才再度復興起來。

一三六七年已有文獻記載關於聖丹尼園，爾後數百年的歲月中，均屬於教產，導致在法國大革命中被拍賣。本來是教產的聖丹尼園僅有二公頃，嗣後周遭的園地都稱爲聖丹尼。目前分爲二十個小園區，其中最重要的兩個園地是利尼艾園 (Domaine Georges Lignier) 與杜沙克園 (Domaine Dujac)，各約有一·五公頃的園地，二園占整個聖丹尼園區的一半。這兩個園的產品品質十分接近，有時連行家也無法分辨。杜沙克園由原名傑克園 (Domaine du Jacques) 簡化而來，園主傑克·賽斯(Jacques Seysses) 在一九六八年購得一個四·五公頃名叫葛列園 (Domaine Graillet)，後改名傑克園，再簡化成「杜沙克」，隨後便一片片的收購，總面積達十一公頃左右。

傑克購得傑克園迄下海投身釀酒業之前，仍繼續在巴黎的食品界 (餅乾公司) 歷練五年，直到二十六歲時才眞正下園釀酒。傑克對於葡萄的成長基本上採接近放任方式，儘量不干擾葡萄長成。只是儘可能在剪枝方面保持果實能維持每株長六串 (每串重八十公克)，使得每公

杜沙克園出產的聖丹尼酒及其酒標籤。

性情溫和保守，且香氣內斂的利尼艾園聖丹尼酒，標籤使用典雅的花體字，益顯出其斯文氣質。

頃收穫在三千五百公升。杜沙克的聖丹尼園每年平均生產六千瓶左右。葡萄採收後，將幼齡株 (八年) 採收的葡萄與老株葡萄 (五十年) 分開，唯有老株葡萄與年份好時，才冠上杜沙克園的名稱。頂級及一級酒都會在全新木桶中醇化十五個月，木桶也是風乾三年的新橡木，和康帝園一樣。至於其他二軍酒則以「莫內村」(Morey Villages) 爲名銷售。二軍酒所醇化用的木桶多半是一軍酒所剛用過的，才二年而已，因此也有相當佳的品質，僅口味稍淡而已。

另一個也生產優良聖丹尼酒的是利尼艾園。這個在本地區擁有十四公頃園區的酒園，是一個謹守分際的老式酒園。園主喬治·利尼艾和熱情洋溢、公關一流的杜沙克園之傑克是完全不同典型的人物。所以利尼艾的聖丹尼酒的名氣只在行家間流傳，外界倒較知道杜沙克園。利尼艾園的聖丹尼酒口味和杜沙克差不多，入口會有一股梅子、草莓、淡淡橡木桶及巧克力的香氣。頂級的利尼艾園全部使用全新橡木桶。桶中醇化期爲十八至二十四個月。至於其他一級酒，則二成使用全新木桶，醇化期一樣，也具有極好的品質。

桌上這瓶酒宛如太陽，粉紅色的酒是其光芒，如果沒有酒，彷彿環繞在太陽邊行星般的我們就無法發光。

——理查·B·謝瑞敦
（愛爾蘭劇作家）

14 Clos de Tart
大德園

產地：法國．布根地地區
面積：7.5公頃
年產量：26,500瓶

莫內．聖丹尼村南方接連柏內．瑪爾的大德園早在西元一一四一年的文獻上就有記載了。當時有位善心人士，將一塊土地捐給本地由聖本篤教派的修女在一一二五年建立的修道院，這座修道院稱做「上大德」(Tart-le-Haut) 修道院，因此這塊園地就稱之爲大德園。嗣後本園就一直屬於教產，歷經六百五十個年頭後的法國大革命，本園被拍賣，一位國民議會議員馬內 (Claude-Nicolas Marey) 以低價購得這個歷史名園。馬內幸運的未如當時許多國民議會的議員，風光一時後就失勢被送上斷頭台，而能保住老命活到一八一八年。大德園也因此一直在馬內家族手中，直至一九三二年法國葡萄酒界發生大危機時，方以四十萬法郎的代價轉手給薄酒內地區大酒商莫門森 (Mommensin)。

大德園的標誌是一個金色聖母馬利亞神像，四周有四位膜拜的天使，可以想見本園原是女修道院的產業。

莫門森入主後，三傳至一九九三年，才與德國一個家族合併，但酒園仍保持原狀。在土地往往被眾多小酒農零碎分割的布根地地區，能擁有七．五公頃園地，且橫亙數個世紀而仍能保持完整如大德園者，實屬罕見。大德園中本來有一個輪動壓榨機，一次可榨汁三噸，自一五七〇年起開始用到一九二四年爲止，大德園不愧是一個「古董園」。園內的葡萄由北至南呈平行狀栽植，每隔三年會局部更換新苗，都是精挑細選的優良種苗，葡萄一律是皮諾娃種，樹齡平均四十年。最早

DU DOMAINE
1990
Produce of France
Clos de Tart
GRAND CRU
APPELLATION CONTRÔLÉE
MOMMESSIN
Seul Propriétaire
MOREY ST-DENIS (CÔTE D'OR) FRANCE

的一批種於在一九一八年。

大德園平均每公頃產量在二千八百至三千公升，全年可釀造二萬六千瓶。大德園的品管極爲嚴格，和聖丹尼的杜沙克園一樣，也有二軍酒。假如年份欠佳，或是品質未臻理想的部份，便以副廠牌賣出此二軍酒。雖然副廠牌名稱不一，有時與杜沙克園一樣，冠以「莫內村酒」(Morey Villages)，如一九六八年整園的酒與一九七七年部份的酒即是。一九八七年以幼齡樹的葡萄所釀成的二軍酒則以本區的老地名「拉福吉」(La Forge) 爲名；一九九一年雖年份不算太差，但整年的產量也忍痛打入副廠牌，名曰「莫內・聖丹尼一級酒」(Morey-Saint-Denis Premier Cru)。

當年(一九三二年) 莫門森酒廠買下本園後，由於莫門森以出產及販銷薄酒內酒爲業，所以對本園竟也效此行徑，要求本園儘量量產，造成大德園走入接近半個世紀的黑暗期——酒質平淡毫無迷人的風韻。但自一九八五年以後，莫門森開始改變策略，將每公頃產量降爲三千公升，年份不好時甚至壓到二千五百公升，以提高品質。

凡是列入頂級的大德園酒，會在幾近全新的橡木桶內醇化一年半，然後裝瓶置於酒窖一年後才上市。距葡萄採收三年後才與世人見面的大德園酒泛出紅寶石的光澤，亦可嗅到淡淡的寶貴松露香，並夾雜著紫羅蘭、草莓的氣味。但這一切都是若隱若現地，絕不喧賓奪主的強出頭。這種含蓄的特徵往往會使剛入品酒行列的人士，錯認爲本酒怎可屬於頂級酒。所以大德園可以說是頂級布根地酒的異數。她是輕功及內功高手，若是以習慣波爾多頂級及沃恩・羅曼尼頂級酒的口味來要求，正如同喜嗜川、魯、京菜人士遽然品嚐蘇州閨房菜，馬上不免會批評「味淡汁薄」，是否爲持平之論，大家心理恐怕有數矣！大德園的情況何嘗不是如此？

> 酒可以搭配任何菜，但對法國人而言，酒是用來搭配人生的！
> 酒使任何菜色合時宜，使任何餐桌更優美，也使每天更文明。
>
> ——Ander L. Simon
>
> （法國美酒作家）

左頁／佛教對有善德之施主，往往敬稱為「大德」。正巧法國這個名為大德園者也是信徒善心的奉獻。背景為明代影青瓷觀音像及弘一法師「大品智論」手蹟（作者藏品）。

15 Clos des Lambrays
蘭布萊園

- 產地：法國・布根地地區
- 面積：8.7公頃
- 年產量：27,500瓶

曾經一度「蒙塵」，未能入選頂級酒園的歷史名園——蘭布萊園。

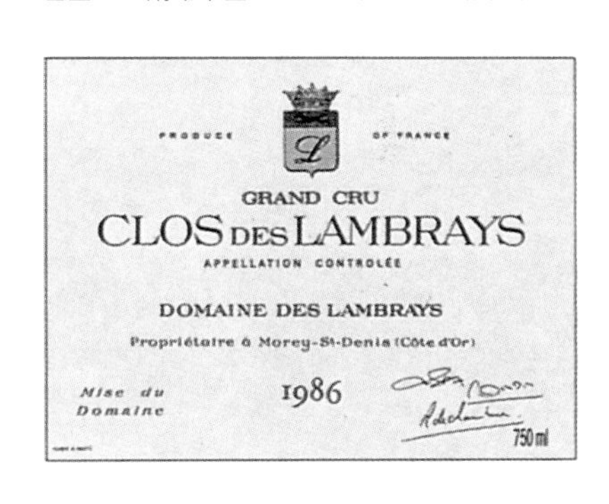

大德園西北角連接著一個建於一三六五年的蘭布萊園，也是屬於西都教派的產業。當一九三六年官方評定莫內・聖丹尼酒村的四個頂級酒園的「金榜」上竟未出現蘭布萊園的名字時，登時引起軒然大波，紛紛為這個有五百年歷史的老園叫屈！直至一九八一年才被評為「頂級」，回復了其應有的榮耀。

法國大革命後，本園被瓜分，直到一八三六年，由一位卓利（Louis Joly）先生費足了勁，將分散在七十四位地主手中的園地買回，且復以蘭布萊之名稱呼。在卓利的經營下，本園獲得極高的聲譽。他出身於夜坡北邊「聖喬治之夜」(Nuits-Saint-Georges) 地區大酒商，出手當然不凡。一八六五年本園易主，新東家是也是酒園世家的羅笛家族 (Albert Sèbastian Rodier)。羅笛家族入主本園後亦不負眾望，努力維持一流的水準。一九三八年酒園賣給克松（Renèe Cosson) 夫人。夫婿是巴黎銀行家的克松夫人極珍惜本園，付出了無比的熱情——這可有「移情」作用，因為克松夫人愛上了老羅笛的孫子，兩人維持長久的戀情——不僅不更易建築、維持陳年的老葡萄樹，也堅持不用化學肥料。儘量維持「質高量少」的原則，所以當產量每公頃超過一千公升時，她就會抱怨老天爺不公平了。每年在全新木桶中醇化長達四、五年，這種費時的醇化過程必須耗費甚大的資金，銀行家出身的克松夫人似乎毫不在意，因此每瓶蘭布萊園的成本極高。對於外界的批評，克松夫人充耳不聞、我行我素。所以蘭布萊園叫好又叫座，盛況空前。

但在克松夫人去世後，本園就像一隻被寵壞的波斯貓，當主人去世後，若新主人沒有以往的愛心與耐心，必定活不長久。新園主無心於園事，逐漸使得樹齡高達七十歲的葡萄樹 (羅曼尼．康帝園也不過四十七歲)，老蚌難以生珠，且品質惡劣。一九七六年的布根地紅酒理應僅次於一九七八年與一九七一年，但本園產品竟被評爲不能入口，名園衰敗到簡直無以復加的地步！終於在一九七九年，本園賣給了富有的沙耶 (Saier) 兄弟。沙耶兄弟爲了恢復家族在北非阿爾及利亞獨立運動後所失去的酒園事業，在本地大肆購買園地，累積達到十二公頃。購得本名園後遂投下全部精力及大量由零售業賺來的利潤，果然令死氣沈沈的蘭布萊園立刻回春，一九八一年進入頂級行列。同時，自一九八一年起，開始更新樹種，但對於多達三分之二面積、生命力仍旺盛之老株則仍予保留。嚴格的採收及釀製，使每公頃的年產量有限。在好的年份，如一九九二年，每公頃產量三千九百公升；在差的年份，例如一九九一年，則只有二千七百公升，平均年產量約在二萬七千瓶左右。

在蘭布萊園另外還有三個微不足道的小園主，例如只有四百二十平方公尺的托普諾園 (Jean Taupenot)，每年僅生產一百五十至三百瓶，只有僅供自家享用的規模。蘭布萊園的味道較甜，有如櫻桃與桑椹；但深度與層次感稍嫌不足，火候亦欠佳。惟一九八一年所種的樹已到了成熟的時期，一般對於本酒園倒是信心十足，園主投下的心力將是成敗的關鍵。

一九九四年，沙耶兄弟的零售業嚴重虧損，不得已將本園出售，經過二年仍未覓妥買主，一個荷蘭拍賣公司正在處理本案，看來「名園滄桑史」，又要增加一段故事了！

儘管蘭布萊園擁有一段輝煌的過去，本園的歷史也像戲劇一樣，經歷過繁華富貴和淪落衰敗的生涯。目前蘭布萊園已恢復了當年的水準，但似乎價格並未隨之反應而提昇。本支酒常常是喜好「尋寶」的愛酒人士可以發現的獵物。

16 Clos de la Roche
德・拉・荷西園

- 產地：法國・布根地地區
- 面積：16.9公頃
- 年產量：58,000瓶—76,000瓶，其中7,500瓶產自彭壽園

左／一九八七年份彭壽園荷西酒的酒標籤，與現在的略有不同（參閱次頁）。

右／盧騷園不僅生產膾炙人口的香柏禪酒（本書下一號酒），也生產近七千瓶的荷西酒。此荷西酒全部在只用過一年的二手橡木桶中醇化二年，故味道較中和，單寧淡薄，也相當有特色。

聖丹尼園北邊是另一個頂級酒園「德・拉・荷西園」(簡稱荷西園)。本園是莫內・聖丹尼酒區五個頂級酒區中面積最大的一個。但這也僅有十六・九公頃的園區卻又分割成四十個小園，每園的規模可想而知。

荷西園地處當地最高 (三百五十公尺) 的路易山 (Mont-Luisant) 的山腳下，土壤多石，夾雜少部份的棕土，基本上本酒區的酒口味和聖丹尼園極類似。在四十個出產荷西園的酒園中，出類拔萃的可要數彭壽園 (Domaine Ponsot)。彭壽園是一七七二年由威廉・彭壽 (William Ponsot) 所建，當初的規模甚小，直到上世紀末，現在園主傑・馬利(Jean-Marie)的叔祖才發展到三公頃的面積。一九二二年叔祖死後無子嗣，便由傑・馬利的父親繼承，並逐漸收購，到傑・馬利在一九四九年獨挑大樑之時，已有六公頃。近五十年的努力，彭壽園迄今已有八・七公頃令人傾慕的園產，分佈在十個園區，其中五個是頂級酒園 (五公頃)。

彭壽園五個頂級小酒園中最大的是在荷西園，占地三・一五公頃，並且樹齡皆已達五十七歲。對於這些「老寶貝」所釀造的荷

西酒，彭壽園特別標明是「老株精釀」(Cuvée Vieilles Vignes)，產量極稀。以一九九三年為例，每公頃竟只是頂級官方標準 (三千五百公升) 的一半 (一千八百公升)，因此彭壽園的荷西酒每年只生產七千五百瓶上下。

彭壽園的老株荷西酒被認定為是布根地酒的登峰造極之作，有趣的是，彭壽園卻不時興新橡木桶。因為固執的傑·馬利老先生——他也擔任了莫內鎮長幾十年——不願意新木桶使其美酒「走味」。他堅信好酒必須「慢工出細活」——他比喻為和「愛情」一樣——，老木桶可以使新酒慢慢和空氣接觸而醇化，而新木桶則會使桶氣入味且會加速醇化。荷西酒通常在桶中醇化十八個月，並且各桶會「混桶」，以求品質合一。荷西酒有極漂亮的紅寶石色，泛出極其集中、強勁及飽滿的果香及黑莓氣味，屬於比較「重型」的好酒。

除荷西酒外，彭壽園也在鄰近的聖丹尼園有一小塊園地，這僅有〇·三八公頃的小園，樹齡更是驚人——已有七十七歲！故每公頃 (一九九三年) 只生產八百公升，整個小園區一年只出產三百多瓶。誰能擁有一瓶彭壽園的聖丹尼酒，恐怕一定是轟動「酒林」的大事了！

彭壽園的荷西酒是「慢工出細活」之下的登峰之作。

17 Chambertin Clos de Bèze
香柏罈（貝日園）

- 產產地：法國．布根地地區
- 面積：15 公頃
- 年產量：63,000瓶；其中6,000瓶產自盧騷園

右頁／有「拿破崙之酒」美譽的香柏罈貝日園。盧騷園所釀製者尤為其中佼佼者。背景為清朝一品文官仙鶴刺繡章補（作者藏品）。

拿破崙何以兵敗滑鐵盧，除了戰術原因外，有人說因爲他身罹胃疾；有人說因爲失眠以致精神恍惚不能做出正確判斷；也有人說因爲他日常飲用的香柏罈酒缺貨影響他的健康……。即使最後一種說法不能成立，但全法國人都知道，拿破崙最鍾愛香柏罈，每次戰役的慶功宴，非指定飲用香柏罈不可。香柏罈之於拿破崙，正如雪茄之於邱吉爾般的家喻戶曉。當然，有關拿破崙與香柏罈的記載甚多，例如拿破崙飲用香柏罈不僅先冰冷，並且加水以免「傷胃」；有人也分析拿破崙之所以英年早逝，乃因爲在他被囚禁在聖赫倫島時，英國人強迫他喝波爾多酒，而不提供他鍾愛的香柏罈，致使他日日抑鬱而亡………，這些都促成香柏罈成爲一種「傳奇性」的名酒。

莫內．聖丹尼酒區北鄰即是香柏罈（Chambertin）酒區，行政區名爲日芙海（Givrey），故常併稱日芙海．香柏罈（Givrey-Chambertin）。這裏成爲葡萄園已有一千三百年之久，西元六三〇年，布根地阿馬傑公爵（Duc Amalgaire）送一大塊園地給十年前才在第戎市北方成立的貝日教會，作爲教產。這塊園地就在今日的日芙海地區，遂名爲貝日園（Clos de Bèze）。以後貝日教會皈依聖本篤教派，因爲缺錢之故，於一二一九年將本園賣給本地區朗格（Langres）教堂。該教堂除在十八世紀賣掉一半股份外，擁有此園直到法國大革命被充公爲止。

貝日園在中世紀已極爲有名。一位名叫作貝罈的村民（Bertin）模仿貝日園的一切，包括葡萄品種的選定到釀製方式，在貝日園的南鄰也闢建了葡萄園，取名爲「貝罈園」（Le Champ [園] de Bertin）。幾百年下來，名稱逐漸變爲 "Le Champ Bertin" 與今日的香柏罈（Chambertin），面積只少貝日園二公頃，爲十三公頃。法國沒有一個產酒區內有比面積五百三十二公頃的香柏罈更多的頂級

1991
CHAMBERTIN CLOS DE BÈZE
GRAND CRU
APPELLATION CHAMBERTIN CLOS DE BÈZE CONTRÔLÉE
Armand Rousseau
Gevrey-Chambertin France
MISE AU DOMAINE

酒——總共九個之多，總面積達八十七公頃！其中獨領風騷者當推貝日園 (十五公頃) 與香柏譚 (十三公頃) 兩酒園。 由貝日園擁有單獨標明香柏譚的權利，而香柏譚卻不可掛上貝日園的招牌，即可看出兩者明顯的差別。至於其餘七個酒村都必須將村名與香柏譚並稱，例如善・香柏譚(Charmes Chambertin)，或格厚斯・香柏譚 (Griotte-Chambertin)，而不能單獨稱香柏譚； 另外本酒區還有二十六個一級酒園，面積八十六公頃，所以本酒區是布根地最有名的酒區。

貝日園位於一個不超過三百公尺的和緩山坡，含鐵質量高的棕土中摻雜石灰岩碎片與鵝卵石。自從法國大革命之後，本園被瓜分成四十個園區，分由十八個園東擁有，包括了雷洛公司、路易・拉圖等。 其中占地僅一・四二公頃的阿芒・盧騷園 (Domaine Armand Rousseau) 值得特別推介。

盧騷家族 (與啓蒙時代撰寫《 民約論 》的盧騷同姓) 入主貝日園僅有三十餘年。

十五公頃大的貝日園被瓜分成四十個園區，每個占地都不大。

photo©Youyou

一九五九年老園主阿芒車禍去世，兒子查理繼承父親七公頃的產業，日後逐漸收購擴張，目前共有十四公頃的園地，分散十一個園區，共有六個頂級園，除了一個在莫內的荷西園區之外，其餘十個都在寸土寸金的香柏罈區，其中名列令人垂涎的頂級的有八公頃之多！查理是一個固守傳統的人物，釀酒全憑直覺，從不相信什麼實驗家及分析報告一類的「現代東西」。他對好酒的釀造「要訣」是：好土壤＋老株＋低收成，必須用熱情灌溉葡萄。所以，園中一切事務無不親身參與，可說是對於葡萄園「鞠躬盡瘁」！園中絕不使用化學肥料，而是利用馬、羊糞肥及腐植土。查理也特別重視採收，採收時分階段進行，查理自云「像一隻老鷹般」的親自督導，不合標準者一律丟棄。以一九八六年爲例，採收後的淘汰率竟高達八、九成！酒在全新木桶中進行醇化的時間約一年半至二年，每公頃平均年產量爲三千至三千五百公升，故貝日園每年大約可出產六千瓶。

以生產寇東酒（本書第19號酒）的飛復來園，每年生產約五千瓶的香柏罈貝日酒，實力也不容小覷。

法國有位品酒專家曾經比喻香柏罈具有木西尼酒的柔和、寇東紅酒的勁道、羅曼尼酒的飽滿與伏舊園的香氣……，簡直將法國紅酒的特色一網兜進！但香柏罈是一種口感特殊，換言之，是個極有個性的酒，恐怕就不是屬於「柔和」的酒。以拿破崙不可一世剛烈的英雄氣概，大概也會喜歡「強烈」的酒來匹配吧！我個人就對此酒那股濃烈的乾焦味極爲欣賞。基本上香柏罈與貝日園的品質相去不遠，極難分辨。香柏罈需要經過八至十年才會到達成熟期。夜來無事，斟上一杯呈深沈紅寶石色澤的香柏罈，聆聽一曲本欲獻給拿破崙的貝多芬第三號「英雄」交響曲，遙想英雄當年意氣風發的轟轟烈烈，也算人生快事一件！

> 酒帶來的歡樂是短暫的，如同一齣芭蕾舞或音樂會一樣；但酒能鼓舞人生，並給予生活莫大的快樂。
>
> ——拿破崙

18 Griotte-Chambertin
格厚斯·香柏罈

- 產地：法國·布根地地區
- 面積：2.7公頃
- 年產量：9,000瓶，其中彭壽園2,500瓶

香柏罈的頂級酒太精采了，又有一支進入「百大」的行列。位於貝日園區正下方山坡有一個不到三公頃的產區，這是香柏罈區九個列入頂級酒村中最小的「格厚斯」(Griotte) 園區。 自從一八四八年起，本區所產的酒就稱爲「格厚斯·香柏罈」。格厚斯與貝日園近在咫尺，一切地理、天候都沒有太大的差別。格厚斯據說是一種鮮紅色酸櫻桃的名稱，這種櫻桃可以做果醬或蜜餞，酸中微帶苦味。本地區闢爲葡萄園前，原本是荒涼的丘陵地，巖峭山邊據說就遍長了野生的酸櫻桃。格厚斯·香柏罈酒入口後有一股微微的苦酸、苦澀味，也正是這個引人津涎的回味；加上又十分優雅、柔細，每年平均僅生產九千瓶，成爲整個香柏罈酒最稀少的搶手貨。

杜亨酒園除了生產本書第 9 號的伏舊酒外，格厚斯酒也是本園得意之作。

二·七公頃的格厚斯村分由九個園主擁有，其中較重要的是約瑟夫·杜亨 (Joseph Drouhin)酒園，在酒村占有二成的產地。另一個有名的酒園是在前文荷西園所提到的彭壽園。彭壽園三大得意之作，便是荷西酒、聖丹尼酒及本園區的格厚斯酒。本園在格厚斯擁有〇·八九公頃的面積，樹齡由五十年

至十五年不等。精選後的葡萄榨汁後的醇化期約是十八個月，最後初釀時的澀味全部轉化爲厚實、醇和的瓊漿，且味道複雜、飽滿，常使人捨不得一口嚥下。但是只有二千多瓶的年產量，要購得一瓶，恐怕不費九牛二虎之力，是想都別想的了。不過，台北的朋友們有福了，誠品書店在我撰寫本書時居然賣有此酒。存貨想必不多，誠品主事者的眼力果然不凡！

葡萄酒與藝術

小酒神與小牧神

另一幅法國畫家普桑的作品，繪於一六三〇年代，與本書第16頁那一幅的年代相近，題材也類似。牧神潘恩的兒子小牧神從小與酒神巴庫斯相伴，整天打打鬧鬧，好不開心。全畫洋溢著溫馨的氣氛，並帶有巴洛克時代的華麗風格。現藏巴黎羅浮宮美術館。

在台北「芳蹤一瞥」的彭壽園之格厚斯．香柏譚。

19 Clos des Cortons-Faiveley
寇東(飛復來寇東園)

- 產地：法國．布根地地區
- 面積：11.5公頃，其中飛復來園3公頃
- 年產量：12,000瓶(飛復來園)

一九八八年份飛復來園的寇東酒。由名字發音的鏗鏘，不會把本酒與柔和、嫵媚的酒質聯想在一起。本酒的確是「陽剛之酒」，新酒頗有股「流寇」的霸氣。

構成布根地產酒名區黃金坡 (Côte d'Or) 北坡的夜坡，以產紅酒爲主。南坡(邦內坡)雖以產白酒著稱，但也有兩個地區生產極佳之紅酒。首先是位在邦內坡最北端的寇東（Corton）酒區。寇東位置具有戰略性，因此早在羅馬時代就有羅馬軍隊駐紮，並且開園釀酒。「寇東」一詞也是根據一位皇帝之名" Curtis d'Orthon "而來，因此是一個歷史悠久的產酒區。而本地區在九世紀時(西元八五八年) 已名爲Aulociacum，一五七七年改爲Alussa，最後變爲Aloxe行政區，所以一般稱此地區爲阿洛斯．寇東 (Aloxe-Corton)。

阿洛斯．寇東共有約二百五十公頃，評列頂級者紅、白酒各一個。紅酒即爲寇東酒，白酒爲寇東．查理曼 (見本書第89號酒)。紅酒寇東也是整個邦內坡唯一晉入頂級者，總面積達一百六十公頃，分散在三個紅、白酒皆產的酒區，即查理曼．寇東、蘭貴斯 (Languettes)、普吉 (Les Pougets) 與一個專產紅酒區雷那德 (Les Renardes)，分由二百個小園主所掌有。其中紅酒最享盛譽者，乃位在西邊寇東山麓僅有十一．五公頃的寇東(Le Corton)園。寇東園也不免分散由數個小葡萄園組成，但由飛復來家族 (Faiveley) 所擁有的「寇東園」(Clos

des Corton) 釀製的寇東酒尤爲精采。飛復來酒園 (Domaine Faiveley) 由約瑟夫(Josepf)．飛復來於一八二五年成立，至今主事者逢雙 (Francois) 一九七六年當家後，已是第六代了。其擁有的葡萄園總面積爲一百一十五公頃，但在寸土寸金的黃金坡區共擁有五十公頃之多，含括了香柏

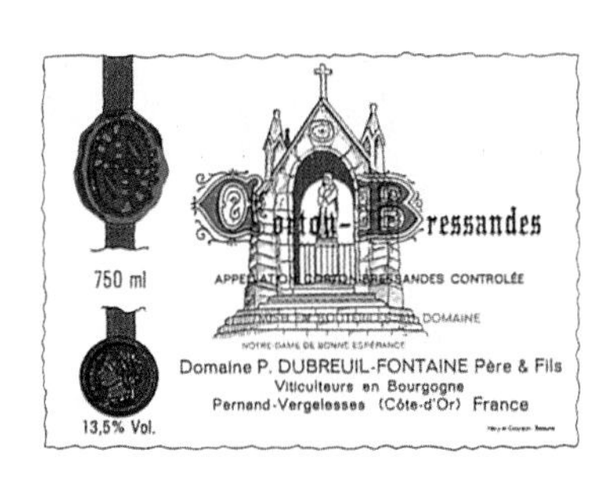

罈貝日園、伏舊園、木西尼與依瑟索……等一流名園， 共生產三十五種酒，包括七種頂級紅酒及一種頂級白酒 (寇東·查理曼)，儼然成爲布根地地區最大的酒莊，光採收葡萄，每年就需僱用二百人！同時飛復來也經營高科技工業，法國高速子彈列車的自動門即出自該廠，這也是飛復來頗爲得意的產品！飛復來在寇東園最頂端的酒園有三公頃，自一八六四年起就以「寇東園」(Clos des Cortons) 爲名。

寇東區位於一個面朝東南的山坡，山坡高度不高，土少石多。主要是侏儸紀時期大海沈積的石灰岩層。土質成分頗不一致。有人可以僅憑肉眼就知道何種土壤應種植何種葡萄：含鐵質高、位於山坡下方的紅土，適合種紅葡萄的皮諾娃種；而含石灰質，一般位於山坡上方的白土，就種植白葡萄的莎多內種，土壤中含有多量的灰泥土與黏土。和木西尼一樣，由於土壤少，每次豪雨後酒農需將流失的泥土由坡下移回山上。

飛復來之寇東園持續每年更新三十分之一的園區，樹齡極其講究。寇東園樹齡平均爲三十五歲。在葡萄甫結果時就嚴格實行「摘果」，控制每株的結果量 (不超過8串)，在採收時又極其嚴格的篩檢，不及格者打入釀製其他等次的寇東酒。每年每公頃產量在三千公升左右，並不太少，年產量約在一萬二千瓶上下。酒新釀成後會在全新木桶中醇化十八個月，裝瓶後在地窖中貯存六個月。

酒學大家派克特別推薦的兩支寇東名酒，白商德(左)及國王園(右)。這兩支酒都是小酒園釀製，產量稀少，但價格平實可靠。其中國王園出自摩納酒園(Thomas Moillard)，這個早在一八五〇年成立的老酒園，全部使用全新的橡木桶來醇化頂級酒，故口碑甚佳。國內橡木桶洋酒專賣店已引進此酒。

剛出廠的寇東酒強而有力，但失之呆滯、粗糙、單寧過高，但一過了五年便逐漸甦醒，到了十年之後，圓滿、醇和……等等莫可抵禦的香氣便會一起展現。所以寇東酒絕不適合早飲。

由於整個阿洛斯・寇東列入頂級園區紅酒的面積有一百六十公頃，不同的小園主多達二百個，年產量更達到七十三萬瓶以上（六萬箱），因此本區頂級的招牌也就不再金光閃閃。本區的頂級和伏舊園一樣，雖然價位極高，往往被譏評爲「名(或價)過其實」，糟蹋了「頂級」的榮譽。因此慎選酒廠即是一門大學問。飛復來酒園的寇東酒無疑是本區紅酒的最佳代表，另外白商德(Les Bressandes)酒園、雷納德酒園 (Les Renardes) 及國王園 (Le Clos du Roi) 都是大名鼎鼎，極受行家——例如派克的讚賞。有了他們的背書後，當然絕不會「欺騙」您的荷包及期望的！

酒能使友誼迅速泉湧而出。
——約翰・蓋
（英國詩人）

葡萄酒與藝術

少年酒神

酒神巴庫斯也是葡萄樹之神，與穀神一樣，是人類最好的朋友。這是義大利後文藝復興時代巨匠雷尼的另一幅作品，繪於一六二〇年。圖中頭插葡萄葉及葡萄的小酒神，啜飲美酒的歡愉之情頗爲生動。現藏佛羅倫斯的Galleria Palatina。

20 Volnay Clos des Ducs
佛內公爵園

- 產地：法國．布根地地區
- 面積：2.4公頃
- 年產量：10,000瓶

邦內坡除了唯一一個頂級酒寇東外，還有一個以產紅酒有名的地區是佛內 (Volnay)。佛內位於狹長的邦內坡的中段，也是一個坡度甚陡的坡地，約有二．一三公頃大，雖沒有一個頂級酒，但有一百一十五公頃被列爲一級酒產區。大致可分爲五區，其中最好的酒園都位在南部，如開爾艾 (Les Caillerets，三公頃)、香盼 (Les Champans，十一公頃)、開爾艾．德敘 (Les Caillerets-Dessus，十四．五公頃)、橡樹園 (Clos des Chenes，十五公頃)，以及在北區的「公爵園」(Clos de Ducs)。

佛內 (Volnay)之名乃由水神 (Volen) 而來。古代高盧人崇拜水神，遂以之爲地名。在十二世紀末，布根地公爵以此地爲狩獵園之前，已更名爲佛內爾 (Vollenay)，日後才演變爲今日名稱。佛內酒頗受路易十四的歡迎，風行草偃，佛內酒遂成爲朝野競飲的名酒。不過，本園區卻沒有一個酒園能在一八六〇年評鑑入頂級。總共一百一十五公頃的次一等酒園中，當然已有一些酒園擁有晉級的實力。例如明星酒園的雷洛園在香盼區及香德諾區 (Santenots) 也生產極少數的佛內酒；而橡樹園區及公爵區，無疑已獲得公認具有頂級的水準。

在小園林立的佛內——至少有十一家大酒園及八十五個小農——要挑選出代表園並非易事，於是乎，「歷史名園」往往成爲大家矚注目的對象：一個曾經作爲布根地公爵園地的「公爵園」。

公爵園在一八〇四年前是美尼爾男爵 (Baron du Mesnil) 的產業，賣給了丹金維爾侯爵，侯爵便以自己的名字成立一個酒園 (Domaine Marquis d'Angeruille)，總園區共

佛內公爵園早在十二世紀就是布根地公爵的園地，歷史名園，備受矚目。

MIS EN BOUTEILLE AU DOMAINE
APPELLATION VOLNAY CONTROLÉE
MONOPOLE
VOLNAY
CLOS DES DUCS
DOMAINE MARQUIS D'ANGERVILLE, SEUL PROPRIÉTAIRE
PROPRIÉTAIRE-RÉCOLTANT A VOLNAY, COTE-D'OR, FRANCE
PRODUCT OF FRANCE

有十三．四七公頃，包括了九個一級酒園。但可稱爲「侯爵之寶」的則是公爵園。

現任園主傑克侯爵在一九五二年當家後即全神投入園務近半個世紀，他對品管的不二法門是維持低產量：每年維持在每公頃二千七百公升至三千三百公升左右。公爵園較陡峭的山坡，泥土多礫石及泥灰土，日照充足，樹齡平均三十三歲，在採收時儘量將時間延後，使得葡萄更成熟。傑克侯爵也和盧米園主一樣，對於新木桶並不熱中，故每年最多只使用三成五的新木桶，避免新桶影響了公爵酒的「清純」氣息。公爵園每年出產約一萬瓶上下，在很好的收成，例如大豐收的一九九○年及九三年，產量可多三成，市面上還算是「貨源」充足！

佛內酒有「邦內坡女王」之稱(邦內坡國王乃寇東酒)，也有稱呼佛內爲「邦內坡的香泊·木西尼」，顯示佛內酒清逸、淡雅，不適合久藏，以及果香、亮麗紅寶石顏色見長的特色。一般宜在十至十二年內飲用。如此「不耐久」自然會影響其作爲「名酒」的能耐！公爵酒及部份產自橡樹園的佛內酒是少數的例外，但也限於極好的年份而已！佛內酒這種嬌嫩的特性，豈不也是優雅的風度？

葡萄酒與藝術

醉酒的小牧神

小牧神因爲年紀和酒神巴庫斯一樣，從小就是巴庫斯的玩伴，一起喝酒，一起打架。小巴庫斯已經不勝酒力，小牧神也醉倒一旁。牧神潘恩在旁搧風照料，一臉慈愛。義大利利伯拉（Jusepe de Ribera，1591－1652）的銅版畫，現藏德國天主教道明會。

左頁／深受法國「太陽王」路易十四以及大文豪伏爾泰喜愛的佛內酒中，名聲最顯赫者——公爵園酒。旁立為清朝初、中期捧桃小仙女鐵像（作者藏品）。

21 Château Pétrus
彼德綠堡

產地：法國．波爾多地區．柏美洛區
面積： 11.5公頃
年產量：42,000 瓶

彼德綠堡以耶穌第一個門徒聖彼德為堡名，彼德手握開啓天堂之門的鑰匙，這是他最知名的特徵。

右頁／波爾多紅酒的桂冠之作：一九七九年份的彼德綠堡。右立者為清朝中葉東陽木雕金漆天王像，天王著獅頭鎧甲，威風凜凜（作者藏品）。

紅酒世界中，僅僅以法國波爾多地區一地而言，酒園(堡)已逾九千多座；倘以整個歐洲來看，少說也有幾萬種品牌。穩居這個世界紅酒寶座首位的，應推法國布根地地區的「巨鑽」——羅曼尼．康帝；至於「搶占」第二寶座的榮耀，應當歸於法國波爾多的柏美洛區(Pomerol)的代表作——彼德綠堡。

波爾多地區五大產酒區——美多(Médoc)、柏美洛(Pomerol)、格拉芙(Graves)、聖特美濃(St.Emilion)與蘇代(Sauternes)，總計二萬五千公頃的葡萄園中，柏美洛區僅占其中不過七四〇公頃，約等於波爾多地區總面積的百分之三左右，眞是「物以稀爲貴」。復以柏美洛區多爲「小農」，其中一百八十五個酒廠每家皆只占地四公頃不到，全區最大酒廠占地亦不過四十八公頃。由於許多小酒廠只有不到一公頃的園地，年產量亦僅有二、三百箱，所以擁有十二頃土地的彼德綠堡即爲個中翹楚。彼德綠 (Pétrus) 在拉丁文意義爲「彼德」，所以彼德綠堡意即「彼德堡」。

比起「絕世名酒」康帝葡萄園的輝煌家世，彼德綠的歷史就遜色得多！若說康帝原是先天與後天共同努力之結晶，彼德綠的成就大概就全賴後天的辛勤了。彼德綠首次出現是在於一八三七年，那時本堡已經可列在柏美洛區第四、五名的地位。到了一八六八年，彼德綠已經被公認爲僅次於老色丹堡(見本書第24號酒)及拓塔諾瓦堡 (見本書第26號酒)，占第三把交椅，年產量一萬二千箱(打)至一萬五千箱之間，價錢相當於波爾多第五等頂級酒。到了一八九三年竄升到僅次老色丹堡，一千箱彼德綠賣價約三千法郎，相當於波爾多第三等至二等間頂級酒的價錢。再到第一

1979
PETRUS
POMEROL
Grand Vin

次世界大戰後，情況開始好轉，年產量達到以往一倍，遇好的年份，彼德綠已可以賣到波爾多二等頂級酒的價錢。

一九二五年由一位飯店的老闆娘魯芭夫人 (Mam. Loubat)從園主阿諾家族 (Arnaud) 購得後，才改變了彼德綠的命運。魯芭夫人家族已在本地區擁有二家酒廠，弟弟又是本行政區利邦市 (Libourne) 市長，她本人也是一個成功的企業家，在利邦市擁有一家飯店。 購得彼德綠後，便愛上了本園。魯芭夫人致力打響其知名度，首先，她將本酒價錢提高，使得其不再是「泛泛之酒」。其次，將彼德綠介紹給她所認識的富豪朋友，彼德綠便在法國的高級社交圈內迅速流行起來，彼德綠不再是「鄉下紳士」的專利品了！隨後，魯芭夫人又徹底決定彼德綠日後身價的任務：打進英國的皇室。當伊莉莎白二世訂婚的時候，魯芭夫人進獻的彼德綠已是皇室貴族們的杯中物。所以，一九四七年女皇婚禮正式舉行之際，魯芭夫人也是獲有皇室禮賓司寄發印有皇室雄獅與獨角白馬王徽喜帖的貴賓。人人都知道，正像歌劇新手要成名，必先在義大利，特別是在米蘭史卡拉歌劇院受到喝彩，才可以展開光輝燦爛的演唱生涯。葡萄酒亦然，一瓶有志「上升」的葡萄酒要受肯定的「史卡拉」，不在巴黎，而是在倫敦！所以，魯芭夫人倒也會利用此千載難逢的時機，帶著自己園中的佳釀逕赴倫敦，一下子就成功的使倫敦一流餐廳的酒單上，加列了彼德綠的名字。魯芭夫人善用這種經營上層社會的交際手腕，日後就變成了彼德綠攻城掠地的不二門。

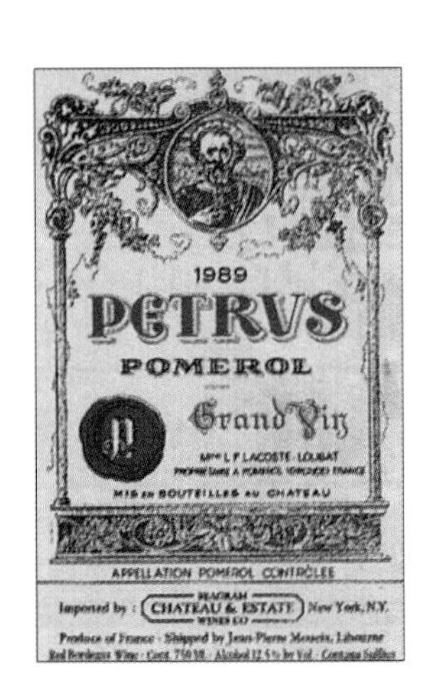

彼德綠堡的標籤乍看之下頗似歐洲公司的老式股票。

一九六一年魯芭夫人去世。魯芭夫人沒有子女，只有二位姊妹有孩子可以繼承，但皆不能擔負大任，所以魯芭夫人生前就預作安排，將本堡股份分成三份，一份讓售予釀酒甚有成就的木艾家族 (Jean - Pierre Moueix)，另二份由侄兒繼承。一九六四年，木艾購得其中一位的繼承權，而成爲經營者。木艾家族本以經營牧場、牲口買賣爲主業，擅於併購一些經營不善，或面臨資金短缺窘境的一流酒廠。「木艾王國」旗下的酒廠，包括拓塔諾瓦堡及柏美洛拉圖堡 (L atour à Pomerol)、弗爾·彼德綠(La Fleur-Pétrus)。木艾家族在六十年代重施故計，又攻占了白宮，受到甘迺迪家族(特別是一切唯法國是尚的賈桂琳) 的讚賞。幾乎在一夜之間，華府的社交界聞人競相談論彼德綠，紳士名媛若不知彼德綠爲何許者，就會被認爲是來自德州的鄉巴佬。彼德綠經此一躍而登龍門，也成就了魯芭夫人生前的遺願。

由於法國波爾多地區在一八五五年首次甄選，並決定五等可列入「頂級」的酒廠，惟其只針對美多區，並未將柏美洛區包括在內，所以彼德綠紅酒遲遲未能得到一份眞正的肯定。然而，柏美洛區佳釀如泉湧而出，而且彼德綠酒更是挾著銳不可當的氣勢，於是要求重新評比的呼聲一直不斷，但是就在一九六一年這個企圖終歸失敗，法國不願更易自一八五五年以來的傳統。所以，迄今彼德綠的標籤只能印上 "Grand Vin" (好酒)，而不能印上「頂級酒」(Grand Cru)，而在波爾多地區，任何排不上「頂級」者，皆可冠以 "Grand Vin" (拉圖堡則是例外)，彼德綠可謂「名不符實」矣。

彼德綠堡牆上嵌有手持鑰匙的聖彼德石像。
本照片由曾彥霖先生提供。

彼德綠紅酒的成功乃基於經營者的高超手腕，但不可諱言的是，彼德綠也是以絕對的「理想主義」方法來釀造！本來，該地更應適合於養牛，因爲當地矮丘的表層是純黏土，之下又有一層陶土，更深一層則是含鐵質很高的石灰土，並有極好的排水系統。彼德綠的葡萄園占地十一·四公頃，其中五公頃是一九六九年才從鄰近的戈昌堡（Château Gazin）所購得的。所栽培的品種百分之九十五是美洛（Merlot）種，其餘爲卡貝耐·弗蘭（Cabernet Franc）；由於卡貝耐·弗蘭較早成熟，所以除非年份特好，彼德綠不使用來釀酒。密度爲每公頃六千株，平均樹齡在四十歲左右，有的甚至達八十歲。經營者在葡萄園的更新上採取較傳統的方式，亦即透過品選，以最上選者作爲「母株」，這和一九四六年康帝在剷除老根時的方法是一樣的。葡萄園也採取嚴格的「控果」，每株保留幾個芽眼，每個芽眼僅留下一串葡萄。目標是全熟，但避免超熟，否則即會影響葡萄酒細膩的風味。採收時間則訂爲下午，目的是讓上午陽光將前夜殘留的露水曬乾。但採收時下雨，則如何處理？曾經有一次是請一架直昇機來吹乾整個葡萄園！眞是噱頭十足！每次採收都只半天，僱用一百八十個採收工，只下園二、三次即收成完畢！

在釀造時，彼德綠也不惜工本，每三個月移置於不同材質的木桶中；在二十至二十二個月的醇化期中輪流讓新酒吸收各種木材的香味，使得彼德綠紅酒香味的複雜，好比武俠小說中出現的一位雜學各派武功後自成一家的大俠，一旦出手往往令對方不知其到底所宗何派！所以彼德綠獨特的「換桶」功夫，亦可稱得上一門絕學。這種手筆在全世界各地的葡萄園中恐僅此一家，別無分號，此乃彼德綠在品管上的苦心經營，其成功絕不是偶然的！

彼德綠平均年產四萬二千瓶，不超過五萬瓶，只相當於美國最大葡萄酒廠加洛（Gallop）六分鐘的生產量，所以價格之高昂是可想而知的。而且，彼德綠在每個國家僅有一家特約進口商，進口商有權購買一定數量的酒，並得自行決定分配給老客戶。由於每一個中盤商再予加價，導致一般消費者必須以四至五倍的價錢方能購得。一九九六年初在美國拍賣一九八九年份的本堡佳釀一瓶爲七百九十一美元，而同年份拉圖堡、瑪歌堡皆僅百餘美元。同年初在紐約的一場拍賣會中，一九八二年的彼德綠堡一箱拍得一萬二千元，每瓶恰好一千美元。所以，在酒的投資與投機方面，彼德綠無疑是投資者與投機客的最愛。據悉，每年出產的彼德綠佳釀所真正被品嚐的數量，遠遠不及於作爲生財的囤積品。看到那一箱箱原封不動、被拍賣公司搬進搬出的彼德綠，愛酒人士大概都會暗咒一句：眞是浪費上天的恩賜！

彼德綠擁有異常強烈的顏色，加上松露、巧克力、牛奶、花香、黑莓與濃厚的單寧，發揮出無比細膩及變化無窮的特質。一般紅酒的年份會對酒質有絕大的影響，但對彼德綠卻是一個例外。我曾經與幾位品酒友人品嚐過年份最差(一九八四年) 之彼德綠，隨後再試試年份最佳的一九八二年之拉費堡，結果認爲最差年份的彼德綠堡的老成醇厚、豐富且複雜之至的酒質，絕非最佳年份的拉費堡所可比擬(品酒家派克對該年份二者的評分分別爲八十七分及八十四分)！使我對「彼德綠堡神話」從此沒有任何的懷疑了。曾經有一些權威品酒人士批評，彼德綠在酒桶中品嚐時 (未裝瓶前) 遠比裝瓶後要醇厚芳馨得多了，因此本堡名釀一定要陳上十、二十年才可以完全成熟。這也是本堡幾乎全部使用美洛葡萄可以達到久藏的效果！

葡萄酒與藝術

牧神、女孩與果籃

巴洛克時代畫壇巨擘魯本斯十分喜歡以牧神入畫。牧神潘恩所在之處，酒神便在不遠。魯本斯以及其工作室在一六一〇年前後創作一系列類似的作品，分藏各重要博物館及私人藏家。本作品現藏奧地利薩爾斯堡攝政美術館。

22 Château Lafleur
拉弗爾堡(花堡)

產地：法國．波爾多地區．柏美洛區
面積：4.5公頃
年產量：12,000瓶

若從義譯，拉弗爾堡亦可稱爲「花堡」。柏美洛區以前有許多地方都以此爲名——包括今日的彼德綠堡——，今竟有十多個古堡冠上「拉弗爾」或「拉．弗爾」(La Fleur)之名。甚至在波爾多的聖特美濃區亦有一個頂級的酒園也稱爲「拉弗爾堡」(Château La Fleur)。目前柏美洛區除拉弗爾堡，還有彼德綠近親的「拉．弗爾．彼德綠堡」(Château La- Fleur- Petrus)與「拉．弗爾．戈昌」(Château La- Fleur- Gazin)，都是彼此不同，也都是極好的酒園。當然，卓然出眾的首推位於彼德綠堡北邊二百公尺的拉弗爾堡。

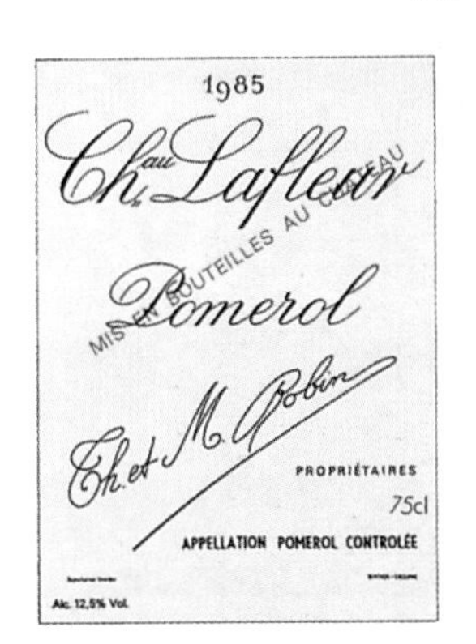

花堡的標籤一如其名，帶有優雅浪漫氣息。

本地區原叫做「樂貴」(Le Gay)，屬於一個大地主方特茂(Fontemoing)家族所有。十八世紀初沒落後，轉由德貝夏(De Bechade)家族，十九世紀才轉由葛列路家族(Greloud)所有。嗣後因繼承關係，長子亨利分到一份，取名拉弗爾，次子愛米(Emil)所得剩下部份則用原名樂貴堡。拉弗爾堡後來沒兒子，就由女婿安迪．羅賓(Andy Robin)繼承，到第一次大戰後，樂貴堡也乏人繼承，也由羅賓繼承，兩園復歸統一。一九四六年後本園由羅賓二位女兒繼承，直至一九八五年才由外甥吉那多(Jacques Guinaudeau)開始負責園務。本園在一八九三年時曾經名列柏美洛區第三位的好酒——僅次老色丹堡及彼德綠堡，一九二五年曾獲得本地區金牌首獎。在一九四六年安迪．羅賓去世前，本園的確風光了一陣子，但兩個老小姐，且頗有「避世」心態的女兒當家後，本園消沈了一陣子。新的女主人和隔鄰彼德綠堡的魯芭夫人是兩個極端的例子，既不作公關，也不喜會客，更不喜歡和外國客人打交道，而酒窖更當作穀倉一樣，任憑雞、鴨、兔子和美酒混雜在一起！其髒亂眞是不忍卒睹！不過由衷服膺安迪「品質重於產量」的名言，拉弗爾仍然可以釀造出不錯、保持令譽的酒，只是保守、不進取，使得本堡有下跌的重重危機！直至一九八一年，一位以前在彼德綠堡木艾家族擔任釀酒師的巴洛特 (Jean-Claude Barrouet) 應邀前來整頓，將彼德綠成功的訣竅移轉到拉弗爾堡，並且儘量發揮拉弗爾堡原有的特質，終使拉弗爾堡如浴火鳳凰般的重生。

本園土質甚佳，含黏土極高的土壤中夾雜豐富的磷、鉀，故巴洛特使用極少量的肥料。葡萄是一半的美洛種與一半卡貝耐．弗蘭種，平均已有三十七歲，並且控制葡萄成長到比彼德綠堡還要晚的熟度時才採收。在一九八五年年輕及有朝氣的吉那多入主後，即建立二軍酒，初釀的葡萄酒被分爲頂級與次級，次級淘汰給二軍酒「花堡箴言」(Pensees de Lafleur) ，產量極低，每公頃年產量約爲二千六百公升，淘汰率亦高，例如一九八七年份全部打入二軍酒！入選的拉弗爾堡在發酵後需要十八至二十二個月的醇化過程，所用的木桶有百分之五十至六十六是新桶。

拉弗爾同時也讓對經銷波爾多酒極有經驗的木艾家族代銷。木艾公司也不負所託，曾將一萬五千瓶的拉弗爾堡以高價賣到美國，順利打開了美國市場！拉弗爾堡並不似彼德綠堡那樣的濃稠，味道較清淡，但具有相當程度的集中感，細緻的果香芬芳，至爲迷人！尤其價錢僅及彼德綠堡的幾分之一而已，所以一炮而紅，成爲愛酒人士的另一個選擇！據品酒大師派克所述，木艾家族的大當家Jean-Pierre 曾對他說，他心目中唯一一支可和彼德綠較量的酒，非本堡莫屬！本堡的實力可見一斑！

拉弗爾堡是依靠木艾家族的推介而能在市場上重現光輝，而其前提是絕對要靠眞材實料的「酒質」爲其支柱。改進酒質居功厥偉的巴洛特先生，在來到拉弗爾堡(一九八一年) 之前的十七年(一九六四年起)，就在彼德綠堡擔任釀酒工作。所以若無此人相助，拉弗爾堡斷不會有今日的局面！

酒如其名的「花堡」，集花香、果香及酒香於一瓶。

23 Le Pin
樂邦

- 產地：法國．波爾多地區．柏美洛區
- 面積：2.08公頃
- 年產量：6,000瓶

樂邦的問世可以說是法國酒壇半個世紀以來最引人矚目的成就！故事的發生是在不久前的一九七九年，一位名叫傑克．天鵬（Jacques Thienpont）者向位在「老色丹堡」（Vieux- Chateau- Certan）旁的盧布列夫人（Mme. Laubrie）購買一個小葡萄園。這個買主的姓氏馬上就讓人懷疑是否老色丹堡打算擴充園區，因爲傑克正是老色丹堡園主亞歷山大的堂弟。這個以一百萬法郎所買到的小園，只有一公頃，小到不能叫「堡」的程度，所以只叫「樂邦」(Le Pin，法文意義是「松」)，而不叫「樂邦堡」(Château le Pin)。不僅在老色丹堡的旁邊，距離柏美洛區「天王葡萄園」——彼德綠堡也只有一箭之遙，新的園主雄心萬丈，立志朝彼德綠堡的方向邁進。樂邦的一切作爲皆追隨彼德綠堡，種植的葡萄有百分之九十是美洛種，平均年齡三十歲，其餘爲卡貝耐．弗蘭，每公頃只出產二千五百公升，是拉費堡等的一半，故人工與資金的投入十分密集。本堡當初在購買時原只有一．〇六公頃，而隨後在一九八五年逐漸由鄰園購進，至現今已達到二．〇八公頃。年產

外表看起來平淡無奇的樂邦，宛如鄉間小酒農的酒房 。

右頁／近幾年才竄升起來，有「小彼德綠堡」之稱的樂邦，其勢銳不可擋。左後方立者為清朝中葉東陽金漆木雕天王像（作者藏品）。

Le Pin
POMEROL
CONTRÔLÉE
VITICULTEUR
BOUTEILLE AU CHATEAU
CHATEAU DU PIN - PROPRIÉTAIRE A POMEROL - GIRONDE - FRANCE

量最高時—如一九九三年達到六百七十箱(八千瓶),最差時—如一九九一年僅只有二百二十五箱(二千七百瓶),故一般正常年份平均爲五百箱,約六千瓶上下。

樂邦的酒質相當接近彼德綠堡,雖不如彼德綠堡的「純正」與濃厚,不過焦味、橡木香與果香並呈,輕搖一下酒杯,一股有層次的迴香立刻湧出,基本上本酒是彼德綠的翻版,故兩者間氣味極爲類似!我猶記得多年前初次品嚐此酒時,同桌人士紛紛「咬定」此乃彼德綠!兩者之神似,唯有已熟知樂邦特色的人士才能分辨的了!但年產六千瓶相當於羅曼尼・康帝的生產量,不但是一般愛酒人士,即連品酒家亦不易找到。其中最大的原因就在於投機性的炒作。

樂邦酒的標籤極其簡單素雅,令人過目不忘。

樂邦每年雖有六千瓶上下的產量,但在市面上流通的只有一千五百瓶左右,其中四分之三的產量賣到英國,僅有少數流到美國,於是在美國就被刻意炒作而飆漲。這種情形是酒界最不願意看到的現象,所以不少著名的酒學經典不是故意忽視,就是有意挖苦,認爲一切討論樂邦的文章不是浪費墨水,就是有心粉飾藉以炒作。派克先生即建議道:「假如純粹爲了好玩或是縱樂,而想奢侈一下的話,全柏美洛區,甚至波爾多地區恐怕都無法找到一瓶比樂邦更適合的酒了,但應在第十至十二年之間內飲用!」後一句話對一支名酒而言,豈不是一個嘲諷味十足的描述?因爲派克始終懷疑樂邦的「陳年」能耐!另一個有名的酒學家寇第斯(Clive Coates)曾將一九八一年至一九八五年的樂邦逐年試飲,結果竟然認爲仍然比不上園東的「老園」——即「老色丹堡」——的深度與多層次,而兩者價錢竟可相差五倍之多(一九九四年美國市場價對九〇年份樂邦的行情爲二百七十九美元,彼德綠堡爲四百五十美元,拉費堡爲八十八美元,老色丹堡爲五十三美元)。寇第斯認爲樂邦誠爲一顆明星,但他不認爲是顆超級巨星!

儘管如此,認爲樂邦「青出於藍」者亦不少。德國專業葡萄酒雙月刊《一切爲酒》(Alles über Wein)在一九九五年第六期報導了一則「樂邦挑戰彼德綠堡」的消息。由十位德國著名的品酒家及一位新加坡的藏酒家，對十三個年份 (由一九七九年至一九九〇年，以及一九九二年) 的樂邦及彼德綠堡作盲目評審， 結果有九個年份樂邦勝過彼德綠堡——其中包括一九七九年樂邦的「處女年份」在內。樂邦「不凡」的身手，恐怕也不容否認！終於在一九九七年年初，美國《酒觀察家》雜誌對一九九四年份的樂邦及彼德綠堡評分別爲九十五分及九十三分，美國市價分別爲四百美元及三百七十五美元。樂邦眞正可以揚眉吐氣了！

一九九六年六月十二日，倫敦蘇富比公司拍賣一箱一九八五年份的樂邦，價格八千八百鎊，正等於一箱一九四五年份的拉圖堡。一箱一九八六年及八八年份的樂邦各爲五千零六十鎊及四千九百五十鎊，顯示出樂邦的搶手。不過，在半年後十一月十六日在紐約蘇富比拍賣一箱一九八五年份，定價一萬二千至一萬八千美元，以及半箱一九八九年份，定價五千至六千美元，竟雙雙流標。樂邦的行情眞是不太穩定，也顯出樂邦被投機客炒作的現象了。

葡萄酒與藝術

兩牧神

另一幅自魯本斯的作品。本畫和本書第65頁那一幅的男主角都是同一人，顯示兩幅作品完成的年代相差不遠，都在一六一〇年前後。圖中兩牧神一飲酒，一凝視，都洋溢著愉悅的神情。現藏德國慕尼黑國立老美術館。

24 Vieux Château Certan
老色丹堡

產地：法國．波爾多地區．柏美洛區
面積：13.6公頃
年產量：60,000瓶

在本文前面提到柏美洛區幾個名酒，如彼德綠堡、拉弗爾堡及樂邦時，已經再三提到了老色丹堡。眞的在十九世紀，甚至在本世紀中葉以前，提起柏美洛區，大家的腦海中立刻浮現的不是彼德綠堡，而是老色丹堡。色丹是一個在利邦 (Libourne) 市老港口東北方三公里的地方，土地十分貧瘠，只能種些任其自然生長的葡萄。所以在十五世紀左右，葡萄牙人在此落腳，便將此地叫做「沙漠」(Sertan)。日後將"Sertan"改爲同音的"Certan"，遂流傳至今。十六世紀末，本塊土地當時共有二十五公頃，法王將之贈與一位蘇格蘭貴族德麥 (Demay)，此家族便擁有此園直至法國大革命被拍賣爲止。但是本園卻幸運的逃過一劫，由家族成員在拍賣會上買回，一直到一八五八年又再轉售到貴族後裔戴布斯克家族 (Charles de Bousquet)。戴布斯克購到本園後倒也十分敬業，葡萄園也管理得宜，使得老色丹堡成爲柏美洛區的代表酒，一八六八年時本園已被列爲柏美洛區排名第一的酒園。一九二四年，來自比利時的天鵬家族 (Georges Thienpont)購得這座漂亮的葡萄園，經營至今。

本園位在一個高原的邊緣，土壤上層是約三十公分的黏性碎土石，含鐵質的黏土則在土壤下層。葡萄以美洛 (五成)、卡貝耐．弗蘭 (二成五) 與卡貝耐．索維昂(二成)爲主，餘爲馬貝克 (Malbec)。葡萄樹的平均樹齡爲三十五歲左右。自彼德綠堡在第二次世界大戰後靠著園主魯芭夫人的努力而聲名大噪後，本園反而相形見絀；到了八〇年代，顯已遙不可及的瞠乎其後，且還有新銳，如樂邦，繼踵而起！

新園主亞歷山大在一九八五年父親過世之後，臨危受命，接掌祖業。亞歷山大在初擔重任時，尚在聖特美濃區一個極好的酒園 La Gaffeliere 學習經營管理，尚未學成出師。這個標準的「菜鳥」，卻立刻克服了害羞、沒經驗等困難，並由近鄰的彼德綠堡處學到了「削枝」的技術，每年七月份會把每株葡萄的枝芽儘量削除，削除量爲三分之一到二分之一不等。並且對於葡萄的採收十分嚴格。發酵過程都在老舊的木桶中進行，堅持在醇化期間內所使用的木桶，至少需三分之二以上爲新木桶，在有些年份——例如一九八七年——則爲百分之百的新木桶，醇化期約十八至二十二個月。

十九世紀柏美洛地區的代表作——老色丹堡及其標籤。

老色丹堡具有獨一無二與完美無瑕的結構，新釀酒含有相當突出的焦皮革味，單寧至少要過五年才能變得柔和。成熟的酒具有密集的味道與完美的平衡，雖沒有彼德綠堡那樣有「勁頭」，但卻是剛與柔完美結合的代表。老色丹堡總共占地十三・六公頃，每年可出產六萬瓶，可算是小型的酒園。一九七九年園主的堂弟購得樂邦後，使得天鵬家族擁有兩座一流的酒園。

> 別人付賬的酒，其味最雋永。
>
> ——西尼克（希臘哲學家）

25 Château Certan de May
德麥．色丹堡

產地：法國．波爾多地區．柏美洛區
面積：5公頃
產量：25,000瓶

經過銳意革新，德麥．色丹堡二十年來一直是柏美洛地區一顆閃亮的明星。

老色丹堡在法國一七八九年的革命時倖免被拍賣，但逃不過法國在一八四八年爆發革命運動的劫數。由於有了五十年前法國大革命時的恐怖經驗，一八四八年發生革命時，許多葡萄園主怕被波及，紛紛流亡海外。老色丹堡德麥家族也是如此，所以在一八五八年才會將老色丹堡賣給了戴布斯克家族。過了幾年，革命風潮過後，德麥園主返國，目睹祖園已賣出，但仍有五公頃的園區尚未易手，故決定另起爐灶。由於園區只有五公頃，故名為「小色丹」(Petit Certan)，後來才以家族之名為園名。成園後，馬上回復水準，年產量只有六千至八千箱而已。德麥園主不久過世，園務由遺孀及女兒負責。一九二〇年代，本園轉賣給一個巴達家族(Andre Badar)，巴達在一九五三年去世後，由女兒歐蒂 (Odette) 及女婿巴魯 (Jean Pierre Barreau) 接掌。巴魯一九七一年去世，目前園務由遺孀及兒子傑．路克 (Jean-Luc) 負責。本園僅有五公頃大，位置其佳無比，位在老色丹堡與彼德綠堡之間。

本園的泥土是夾雜許多礫石的黏土，葡萄仍以美洛最多(七成五)，餘為卡貝耐．弗蘭與些微的卡貝耐．索維昂，樹齡平均約三十七歲，葡萄到極成熟時才採收，每公頃收穫量為四千公升。以往限於規模，採收的葡萄必須運到其他酒廠釀酒，但現在已在自家釀造。目前園務實際負責者傑．路克觀念新穎，銳意革新，且事必躬親，例如將發酵槽由老木桶換成不鏽鋼製、醇化期間使用高比例 (三分之一到一半) 的全新木桶，為期二年至二年半。自從一九七六年起德麥即變

前途不可限量的德麥·色丹堡，滋味彷彿彼德綠堡。

成柏美洛地區的一顆閃亮新星。

德麥酒的色澤呈黑紫色，味道集中且木頭香氣十足，使人更容易回想起彼德綠堡的滋味。不過，年輕的德麥酒會有沈悶感，應該放上至少七年至十年才適合開瓶，魅力展現無遺。其售價經常保持在木桐堡或拉費堡的頭等頂級的七成左右。惟限於量少(每年僅二萬瓶以至二萬五千瓶)，市面上難以購得這種前途不可限量的好酒。

葡萄酒與藝術

酒神巴庫斯

義大利巴洛克早期最重要的畫家卡拉瓦吉歐（Michelangelo da Caravaggio）一生蹇促，只活了三十七歲（1573-1610），後十年還因死罪逃亡在外。此幅其最早的作品繪於一五九三年，正是卡拉瓦吉歐剛結束學徒生涯的同一年 。少年酒神面色蒼白，帶著一股抯鬱表情。在一九二七年被考證出，酒神正是畫家本人之自畫像。現藏羅馬Borghese藝廊。

26 Château Trotanoy
拓塔諾瓦堡

- 產產地：法國．波爾多地區．柏美洛區
- 面積：11公頃
- 年產量：36,000瓶

拓塔諾瓦(Trotanoy)這個頗難唸的語音和古法文的「千辛萬苦」十分類似，可能是此地的土質每逢下雨時像海綿般的軟，乾旱時像水泥地那樣的硬，苦了牛、馬的耕耘。一七六一年還有人將該葡萄園稱做"trop ennui"(千辛萬苦)。本園在一七四〇年代被一個爲皇室工作的吉洛家族(Giraud) 購入後，這才開始有計劃的經營。在一八六八年起，本園即成爲柏美洛區最好的三個酒園之一。本園本來擁有二十五公頃，年產量達到四千箱至六千箱，可以算一個大園。但在一八九八年及第一次世界大戰後的艱困年代，二度賣出部份園產，迄今只留下十一公頃的精華園區。吉洛家族持有本園二百年後，終於在第二次世界大戰後把園賣給同行的裴克斯 (Pecresse) 家族，裴克斯家族在一九五三年將本園再轉售給了木艾家族。木艾家族購得本園，且作爲木艾的住居，十一年後又購得鄰近的彼德綠堡。

似乎柏美洛地區的葡萄酒標籤都崇尚儉樸，拓塔諾瓦堡的標籤完全只有純粹標示，而無廣事招徠的廣告作用 。

本園位於柏美洛高原西南邊，海拔三十五公尺高的小丘之上。土壤由河流沖積的碎石土，以及底下有大約一．五公尺厚的黏土和所謂的碎鐵土所組成，在表面上它是黑色的，在深層則是藍色的。這種土壤可以形成一種非常好的草地，供應牛隻充足的飼料，也可以成爲一座一流的葡萄園。本園的葡萄種和彼德綠堡類似，以美洛爲主 (九成)，剩下爲卡貝耐．弗蘭。這個地方的另一優點是，拓塔諾瓦堡既與彼德綠堡是同家的產業，兩園相距僅一公里，可由彼德綠堡獲得獨門絕活，沒有留一手的可能。造成有些年份──特別是最差的年份 (如一九六七、一九七二、一九七四)，可望晉級到全波爾多地區坐三望二的寶座。可惜在七〇年代末期，因爲重新種植葡萄樹，使得酒味較淡，

可以感受到彼德綠堡滋味的拓塔諾瓦堡。

且呈混濁現象，本園的競爭力就隨之走下坡，被許多新秀趕上。但隨著樹齡的逐漸地增長，以及技術的改進，相信水準當可回復。

本園每年僅出產三萬六千瓶，但是售價從未超過彼德綠堡的二成。渴望擁有一瓶價錢較低的本堡美酒，並由其優雅的感覺感受到彼德綠堡魅力的人士當然不少，基本上這是一瓶「行家」所喜歡的酒，在法國已不易找到。但台北的星舫公司及誠品已有進口，台灣對葡萄酒的鑑賞力眞是不差！

葡萄酒與藝術

酒神巴庫斯

與本書第75頁同一畫家卡拉瓦吉歐在同時或稍晚創作的酒神巴庫斯。相對前幅畫家以自己爲模特兒，枯黃、略帶惶恐的臉色，本幅則完全顯出富富泰泰的神韻。酒神不愁錦衣玉食，一幅貴公子氣派，但卻欠缺少年酒神應有的頑皮模樣。現藏義大利佛羅倫斯烏菲茲（Uffizi）美術館。

27 Château La Conseillante
康色揚堡

產地：法國．波爾多地區．柏美洛區
面積：13公頃
年產量：50,000瓶

康色揚堡的酒標籤中間嵌了一個N字，代表該堡所有人尼可拉家族。

康色揚堡雖位於柏美洛區，與著名的老色丹堡、樂王吉堡相鄰，但面對聖特美濃區最好的白馬堡與飛香堡之間，也僅隔一條馬路。康色揚堡是一棟小小的房子，本園本是給酒農承包，釀出普普通通的酒。但在一七五六年葡萄園被一位卡特琳．康色揚(Catherine Conseillan)女士購得，這位女士因為從事金屬業的買賣，故別號「鐵娘子」(dame de fer)，於是以其名為園名，並由鐵娘子親自監督園務，終於打出名號。鐵娘子去世後，似乎本園就被人遺忘，直至一八七一年復轉手於尼可拉(Louis Nicolas)家族才又開始為人重視。尼可拉是位酒商，其大兒子(也叫路易)熱中公益事業，柏美洛的葡萄酒工會便是他所建立的，所以成為當地的望族。至今本園仍為尼可拉家族所有。

一般認為康色揚堡在七○年代的酒較「淡」，但芳香及無須貯放很久就適合飲用，是其長處。八○年代以後，特別是八一年、八五年、八九年與九○年均有令人刮目相看的表現，這四年的康色揚堡可以列入全波爾多地區的前十二名之列。康色揚堡是一個「一絲不苟」下的產物，其箴言便是：「釀少但精」(Faire peu mais faire bon)，不論是栽培或採收都極其嚴格。葡萄以美洛占六成為最多，卡貝耐．弗蘭(三成)及馬貝克(一成)居次。另外，樹齡平均也達到三十五歲，因此產量每公頃只有三千五百至四千公升。葡萄酒大約要在木桶中醇化約二十至二十四個月，木桶平均一半是全新的，在最好的年份——如一九八九年與一九九○年，則完全使用新的木桶。這些成就應該要歸功於園主柏納(Bernard)。他

本來是一個保險經銷商，並擔任過利邦市副市長。一九七一年負責園務之後就禮聘釀酒大師裴洛教授（Emil Peynaud）爲釀酒顧問，許多改革都出自裴洛，園主也能夠虛心接受，才造成本園的復興！

康色揚堡的芳香同時表現出細膩香氣與濃郁稠密的特色，它的豐滿不似彼德綠堡的誇張，是以含蓄的方式透過果味強烈的表達出來，並且層次在好的年份是特別的複雜！一般而言，康色揚堡需要至少六至八年的成熟期。成熟的康色揚堡甚至具有所有知名柏美洛酒的共同特徵：味道中出現松露味；顏色深沈，可讓人立刻期待出其「豐潤」的氣味！本園僅有十三公頃，每年所產的五萬瓶絕大部份在本地市場就被收購一空。至於價格行情呢？當然是居二等頂級與一等頂級之間了。

康色揚堡以「鐵娘子」康色揚夫人為名，整瓶酒外觀呈鐵銀灰色，頗契合鐵娘子從事的鋼鐵業。

葡萄酒與藝術

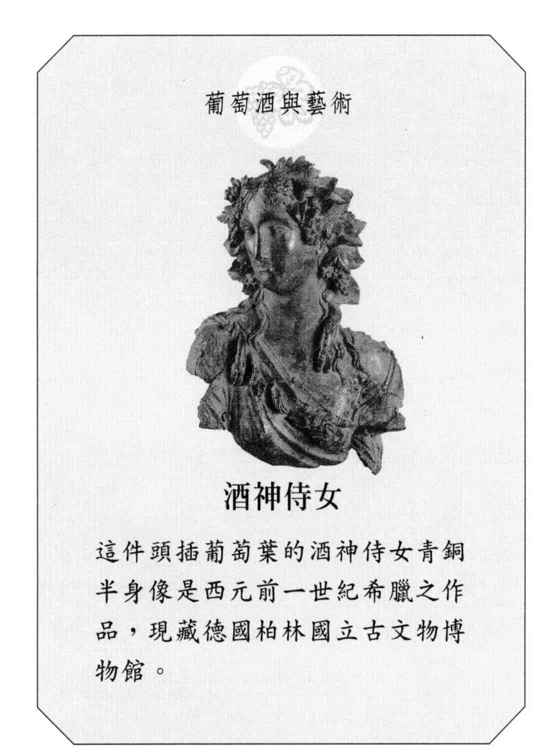

酒神侍女

這件頭插葡萄葉的酒神侍女青銅半身像是西元前一世紀希臘之作品，現藏德國柏林國立古文物博物館。

28 Château L'Evangile
樂王吉堡

產地：法國．波爾多地區．柏美洛區
面積：14公頃
年產量：48,000瓶

樂王吉堡是柏美洛區的上升之星，不少行家相信有朝一日或可挑戰彼德綠堡。

在彼德綠堡、老色丹堡與康色揚堡以北，聖特美濃區的白馬堡以南，有一個相當出色的城堡，在十七世紀中葉，爲內利斯 (Leglise) 家族所有，一直到拿破崙時代，才轉賣給當地一位律師依沙伯特。律師把本園原名「內利斯」加以更改爲「樂王吉」(意義爲「福音傳教士」)，以使人記憶深刻。一八六二年再轉賣給夏伯蘭(P. Chaperon)，夏伯蘭去世後，傳給女兒，女兒將此園帶入夫家杜卡斯 (Ducasse) 家族。杜卡斯家族最後一個掌門人路易 (Louis) 在一九五四年入主本園，雖然把酒園做的有聲有色，但本人十分執拗，常常一味排斥外人對樂王吉堡的批評，同時也自認本園的產品不輸給附近的彼德綠堡，十足是個典型的固步自封的人物。樂王吉堡的地理與客觀條件皆和彼德綠堡十分相似，只要經營得法，倒是有與彼德綠堡一搏的機會。拉費堡的園主艾利克．羅吉德男爵看準這點，早就打著樂王吉堡的主意。

一九八二年路易去世，不擅此行道的未亡人苦撐一陣子後，在一九九〇年終於被猶太裔的羅吉德男爵由美多的波儀亞克區「越界」收購了七成的股份，接掌了本園。拉費堡的整頓隊伍隨後開到，因此，行家們普遍對九〇年代的樂王吉堡抱有莫大的信心。因爲羅吉德家族的「司馬昭之心」，就是針對彼德綠堡，而「代打者」即樂王吉堡！否則，堂堂擁有九十公頃的拉費堡堡主何以垂青區區的十四公頃的小園？

由於一九五六年遭受到旱災，所以當年就把葡萄園部份更新了。土壤和彼德綠堡一

樣，主要是黏土，摻有碎石土與沙土，地盤也有鐵質頗高的黏土。樹種最多為美洛(65%)，剩下的是卡貝耐．弗蘭(35%)。羅吉德家族入主後，儘量拖延葡萄的採收期，使葡萄儘可能成熟，且極力控制收穫量，至多每公頃不超過四千五百公升，並且在醇化期的二十至二十四個月，使用新木桶比率由以前的三分之一，提高到一半以上。經過這一番整頓之後，樂王吉已非昔日吳下阿蒙了！

由於產地面積甚小，每年最多出產六萬瓶，通常只有四萬八千瓶，在這四、五萬瓶葡萄酒的初價與市價間經常有相當大的差距。有利可圖，使得甫上市就成為搶手貨。名品酒家派克也說樂王吉堡是柏美洛的「上昇之星」，有朝一日可取代彼德綠堡也不一定。行家們普遍對本園的信心，加上其價格僅為彼德綠堡的一成至一成五左右，當然成為搶手貨。樂王吉堡酒色深紅，但具有極優雅的特質，頗類似康色揚或老色丹堡，成熟期至少六年。

拉費堡的「司馬昭之心」——挑戰彼德綠堡的代打者——樂王吉堡。

酒使人心歡愉，而歡愉正是所有美德之母。但若你飲了酒，一切後果加倍：加倍的率直、加倍的進取、加倍的活躍。

我繼續與葡萄樹芽作精神上的對話，它們使我產生偉大的思想，使我創造出美妙的事物。

—歌德（德國作家）

29 Château Clinet
克里耐堡

產地：法國．波爾多地區．柏美洛區
面積：10公頃
年產量：36,000瓶

另外一個「事在人爲」的典範，是同樣位在柏美洛區的克里耐堡。克里耐位於柏美洛區的中心，東南方離彼德綠堡僅有二公里多的距離。在一八三〇年時，本園就已相當有名氣，不僅和彼德綠同屬於一個主人——阿諾家族 (Arnaud)，價錢也一樣，每大桶 (一千打) 售價三千法郎。那時波爾多頂級中售價最低的 (五等頂級) 也可賣到一千四百法郎一桶。柏美洛區的酒在上個世紀水準普通，價錢自然不能和美多區相比。

克里耐在一八六〇年代由康斯坦家族 (Constant) 入主。新東主的兒子 (Ernst) 同時也擁有拉弗－彼德綠 (Lafleur-Petrus)——這是一個八公頃大的葡萄園區，位於彼德綠南邊，只隔著一條馬路，目前也是彼德綠木艾家族之產業，年產量已達到一萬箱 (打)。一八七九年再度易手，由一位當地律師吉柏 (Guibert) 購入，此時本園面積已達今日規模。吉柏律師不久又將本園賣給利多家族(Rideaux)，本世紀又再轉手爲綠諾家族 (Lugnot) 擁有。綠諾傳給女兒，並由夫婿奧迪(Audy) 經營。奧迪倒也努力經營，所以本園在四〇年代成就非凡，一九四七及一九五〇年份都生產了在柏美洛區首屈一指的佳釀。老奧迪的兒子喬治在一九五〇年代中由母親處繼承了本園，喬治本人的興趣在於賣酒，經銷當地甚多的酒，但對於釀製及園務卻不在行，本園便逐漸走下坡。整整衰敗了二十年，到了一九七九年，本園已經淪爲柏美洛區三流的酒園，克里耐可以說跌到了谷底。

究竟克里耐命不該絕，一九七九年喬治的女兒嫁給了一位雄心勃勃的青年阿庫特 (Jean-Micheal Arcaute)。阿庫特年方三十二，本身也擁有一個頗有前途的酒廠Château Jonqueyres，目睹岳家名園淪落，阿庫特立志要將名園復興。剛開始固執的喬治並不讓東床快婿當家，只讓他到一處較小、且土質含沙較多的卡薩十字架園(La Croix de Casse)去自由發展，沒想到阿庫特卻搞得有聲有色。逐漸的，喬治對阿庫特另眼相看，終於自一九八五年起把克里耐交給阿庫特負責，阿庫特可以放手一搏了。

首先，阿庫特請到了好友，也是波爾多地區可能是繼裴洛教授之後，最有名的釀酒師羅蘭(Michel Rolland) 來全權主持釀酒事宜。 羅蘭的第一步是將葡萄採收的日期延後，比鄰近不遠的彼德綠要晚上二個星期才採收。這是一個極冒險的作法，晚二個星期採收固然可使葡萄達到最成熟、果味雋永深厚的好處，但也可能會遭逢黴菌或雨水霧氣的侵蝕。但羅蘭的判斷及採收時間的拿捏正恰到好處！其次，採收葡萄完全使用人工，以往使用機器(一九八二年起才採用的新機器)輔助採收的設備全部委棄不用！同時採收工人使用較淺的塑膠盤子來裝盛葡萄，而不使用一般中、下級酒園所使用的大竹簍，這種大竹簍一次可裝上上百斤的葡萄，往往下層的葡萄會被壓得流出汁液而發酵，當然會影響以後的釀酒品質。葡萄採收後送到釀酒房前，全部會攤在一個長桌上再作一次的篩選，入選的葡萄自然是極品了。

本來克里耐酒只在橡木桶中醇化幾個月，採收後十三個月，市面上就可以買

事在人為的典範——由跌落谷底到攀登頂峰的克里耐堡。

到克里耐。羅蘭堅持完全使用全新的木桶，並且將醇化期延長到二十四個月。羅蘭及阿庫特這種大刀闊斧的改革後，成果可說是「立竿見影」！一九八六年的評價——據品酒名家派克的評分——已和彼德綠一樣 (皆八十八分)。隔年一九八七年更被評爲是整個波爾多地區最好的兩支酒——另外一支是木桐・羅吉德堡——而超過了彼德綠 (本堡爲九十分，而彼德綠僅得八十七分)。價錢方面，自然跟著水漲船高。例如一九九四年份產的本堡，今年初 (一九九七年) 在美國的預售價每瓶是八十美元，而同年份的拉費堡約七十六美元，瑪歌堡八十六美元，拉圖堡爲九十二美元。本堡已和波爾多第一流的名酒平起平坐了！

被認為最有明星潛力的內利斯・克里耐堡。

一九九五年份的本堡更創佳績，預售價每瓶一百三十二美元，與木桐・羅吉德堡一樣；僅次於歐頌堡及拉圖堡 (各爲一百四十美元) 之後，超過拉費堡及瑪歌堡 (各爲一百二十三美元)及歐・布里昂堡(一百一十八美元)。阿庫特的努力總算沒有白費！皇天眞是不負苦心人。由於產量稀少，每年不過生產三千箱 (三萬六千瓶)，所以索購者多，向隅者極眾。阿庫特在成功的塑造了克里耐的聲譽後，也趁勢推出了二軍酒。二軍酒原名爲「卡薩園」(Domaine du Casse)，後來更名爲「克里耐之花」(Fleur du Clinet)，也有接近頂級的水準。

克里耐的葡萄品種仍以美洛最多(七成五)，另有一成五的卡貝耐・索維昂及一成的卡貝耐・弗蘭。酒的顏色呈深紫色，並有一股黑莓、巧克力及淡淡的花香味，味道十分集中、有力及深沈。就一般而言，最好要花上六年以上才會顯露出其魅力！

提到克里耐也

可順便提一下緊鄰在其南邊 (隔一條馬路) 的「內利斯·克里耐堡」(Château L'Eglise Clinet)。本園原是克里耐堡康斯坦家族(女兒)因為與其東鄰的內利斯園(Clos 'Eglise)少東聯姻時，各劃出一塊園地共八公頃而成。在這八公頃土地上種植葡萄的面積只有五·五公頃，七成是美洛，一成五為卡貝耐·弗蘭，一成是馬貝克(Malbec)。另外半成是百年以上的老根苗，已不知其種類。本園在 一九八三年以後才脫胎換骨，新東主杜南沱(Denis Durantou)年方三十出頭，受到好友樂邦園主天鵬(Jacques Thienpont) 成功的啓示，開始勵精圖治。本園葡萄樹齡已近半百，杜南沱更加嚴格篩選，以一九八六年為例，淘汰率達三成。另外，大力更新釀酒設備，使用全新木桶醇化一年半至二年之久。本園在一九八五年份以後，已被公認為柏美洛地區最有前途的明星酒園，雖然一般將之定位在相當於波爾多二等頂級至三等頂級不等，但其價錢卻是驚人！前述一九九五年份的預售價，克里耐是一百三十二美元，本園更勝一籌達到二百美元，是預售榜上全波爾多地區僅次於彼德綠堡 (四百八十三美元) 的一支酒 (樂邦未在預售榜上)。產量稀少 (年產三萬瓶) 是一個原因，另一個原因恐怕是其相當飽滿、充滿果香、橡木桶的香氣以及中庸但不失勁頭的單寧……，使得本園成為愛酒人士競尋的標的了！

內利斯·克里耐堡是八〇年代才出現的一支酒，前途看好，價格驚人。

> 願我們的人生如今晚的酒：它們不久就會走到盡頭，但直到最後一刻都留著光輝！
>
> ——湯瑪斯·莫爾
> （愛爾蘭詩人）

30 Château Mouton Rothschild
木桐・羅吉德堡

- 產地：法國・波爾多地區・美多(波儀亞克)區
- 面積：75公頃
- 年產量：360,000瓶

法國波爾多地區的五大產酒區內，美多是最重要的一區，僅生產紅酒。美多區又可細分爲四個小酒區， 由北至南依序爲聖特斯塔夫 (St-Estèphe)、波儀亞克 (Pauillac)、聖朱利安 (St. Julien) 與瑪歌(Margaux)。這四個小酒區中名園星佈，最多的地區屬波儀亞克區。波儀亞克區內三大名酒：木桐・羅吉德堡、拉費堡以及拉圖堡，猶如三顆鑽石，使得波儀亞克簡直變成波爾多地區的代表了。我們先由木桐・羅吉德堡 (Château Mouton Rothschild)談起。

一九八二年的木桐堡標籤是一隻羊（木桐）在月下對著紅葡萄漫舞，精采極了，出自美國導演John Huston手筆。

本園位於一個小丘陵上，這個叫「木桐」(Mouton) 的小山丘，以前可能很適合牧羊，否則不會以「綿羊」(Mouton) 爲地名。本園開園甚早，在十五世紀已有記載，在十五世紀中葉一度是英國亨利五世的幼弟格羅切斯特公爵韓非 (Humphrey, Duke of Gloucester) 的采邑。看來本園和英國人甚有緣。一七二五年前，一個貴族戴布蘭 (Joseph de Brane) 將原有園地妥爲整理，遂名爲「布蘭・木桐」(Brane-Mouton)。 布蘭的孫子，也是有「葡萄園的拿破崙」美譽的艾克托 (Hector) 男爵曾與鄰居達美拉克 (d'Armailhacq)，將卡貝耐・索維昂的葡萄引進本園與美多地區， 所以也是當地名氣甚大的園主。一八三〇年，艾克托以一百二十萬法郎的代價將本園轉賣於巴黎的銀行家杜雷(Isaac Thuret)。不料幾年後，根瘤芽蟲病使得該葡萄園受到嚴重損失，收穫量大減。因此杜雷又於一八五三年減價(一百一十二萬五千法郎)讓售葡萄園給銀行業鉅子羅吉德家族納撒尼爾男爵 (Baron Nathaniel de Rothschild)，原稱之爲「布蘭・

木桐園」的園名亦改爲「木桐・羅吉德堡」。當時面積約五十五公頃，年產量約一萬五千箱，計十七萬瓶左右。

羅吉德家族是猶太人，由於其姓「羅吉德」(Rothschild) 在英文或法文中並無特殊的意義，但依德文則爲「紅盾」，可知此家族是爲德裔。羅吉德家族源自德國法蘭克福，爲銀行世家。爲了開拓海外銀行業務，腦筋極其前瞻的羅吉德家族除留在德國外，另四房分赴英國 (倫敦)、奧匈帝國 (維也納)、法國 (巴黎)，與義大利(那不勒斯) 發展，以便能靈活運作。在倫敦的這一房在英國迅速茁壯，慷慨支付英國威靈頓元帥的滑鐵盧戰役經費，遂獲英王頒贈男爵爵位。也就是這支英國的羅吉德家族購得了此園。

納撒尼爾男爵購得木桐園後，其堂兄詹姆士(James)十五年後(一八六八年)也購得拉費堡，羅吉德家族一下子就擁有全法國重要的兩個酒園。不過納撒尼爾男爵買下木桐園後，並未能使之成爲最頂尖的酒園，由於木桐當時並沒有像樣的房間可以供居住，所以男爵並未住在此。男爵死於一八七〇年；而繼承本園的詹姆士(和其堂叔同名)男爵也於三十七歲的盛年死於一八八一年，遂由遺孀承接園產，並至一九二〇年，再傳給兒子亨利。亨利是一個醫生及藝術家，對釀酒以及管理葡萄園毫無興趣，也不想離開藝術之都的巴黎，於是把園子交給了次子菲力普男爵 (Baron Philippe)。菲力普接掌後，本園開始有革命性的轉變，也開啓了本園多采多姿的歷史。

本桐堡的開創人納撒尼爾男爵，但有趣的是，男爵本人對飲酒毫無興趣，只喝白開水。

年値弱冠的的菲力普男爵在第一次世界大戰時，隨家遷至南方的木桐以避戰禍。誰知木桐的魅力深深迷住了菲力普幼小的心靈，也使得父親亨利男爵決定將此園交給他管理。一九二二年十月二十二日菲力普入主名園時，年方二十，即發願要將木桐提昇到與鄰近的拉圖堡與親戚的拉費堡一樣的水平。因爲在一八五五年官方的評鑑表中，木桐被列爲「頂級」中的第二等，這對年輕的菲力普而言是個奇恥大辱。因此，他不願重蹈父祖輩將酒園付託他人經營的覆轍，而是親身全心地投入，菲力普獲得此「名園」時，本園尚無水電及電話，馬路也只是泥濘道路，所謂的「木桐堡」——建於一八八〇年——更是破舊不堪！菲力普一切必須從頭開始！皇天不負苦心人，木桐的品質因此立見改善。

木桐園在二次世界大戰爆發後，並未能像前次大戰一般地僥倖躲過兵燹，而被德軍占領。房舍當作營房外，德國派一名製酒官員進駐指揮繼續釀酒。猶太裔的菲力普男爵先是被撤銷法國國籍，繼而被維琪政府下獄，後來男爵逃離法國到了倫敦，加入自由法軍繼續抗戰，男爵夫人(Chambure) 則不幸被捕，送到德國關入納粹集中營，在戰爭前夕竟命喪於斯！大戰結束後，男爵凱歸，一九四七年由亡父處正式獲得繼承權，並且將兄弟姊妹處的股權全部購回，使其成為本園唯一所有人，便開始繼續為木桐「晉級」而努力。此後有兩件大事足以反映木桐的特色：

第一、將每年一成不變的酒瓶標籤予以藝術化。一九四五年為了慶祝戰爭勝利而在標籤上繪一"Ｖ"後，木桐堡每年均央請著名藝術家設計新標籤。潤筆之資是五箱（六十瓶)不同年份，且皆達到成熟期——至少十年

把藝術和葡萄酒結合最為成功的酒園首推木桐堡。木桐堡每年的標籤都央請著名藝術家提供大作，現在已有很多酒園仿效此法。木桐堡所使用的作品全都是新潮藝術，生氣盎然。

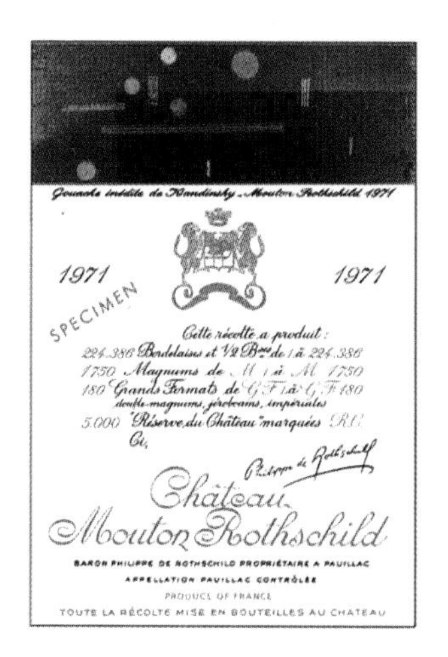

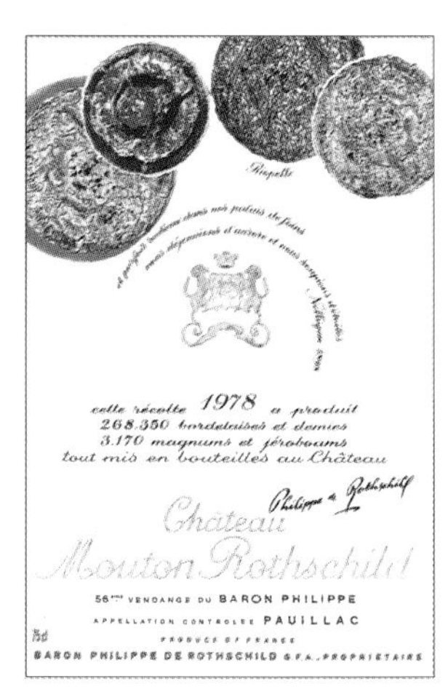

——而隨時可飲用的木桐；俟標籤印好並貼上該年份出廠的酒瓶後，再送五箱。許多著名畫家都欣然應允，以共襄盛舉。例如：一九五八年的達利、一九六四年的亨利．摩爾(Henry Moore)、一九六九年的米羅、一九七〇年時的夏格爾(Chagall)以及一九七五年的安迪．渥侯(Andy Warhol)。但最重要的是畢卡索辭世的一九七三年，由畢卡索所繪的「酒神祭」(Bacchanale)最爲膾炙人口。這幅畢卡索在生前並未允諾，而是在死後由其妻女讓售於木桐的佳作，正好作爲木桐「勝利」的表徵。當年法國農業部長、後來擔任法國總理、現任總統的席哈克(Jacques Chirac)終於頒佈一個命令，將一八五五年官方所定的評鑑，頂級的第一等酒由原有的四園（拉費堡、拉圖堡、歐布里昂堡以及瑪歌堡）增列木桐堡。這也是本評鑑自一八五五年迄今唯一一次的更動。菲力普男爵在當年所寫下的自勵之語：「我未能第一，我不甘第二，我是木桐。」(Premier ne puis, second ne daigne, Mouton suis)經過整整五十年的歲月後，終於一償宿願。因此，他特地將此語改爲：「我是第一，以往居次，木桐故我。」(Premier je suis, second

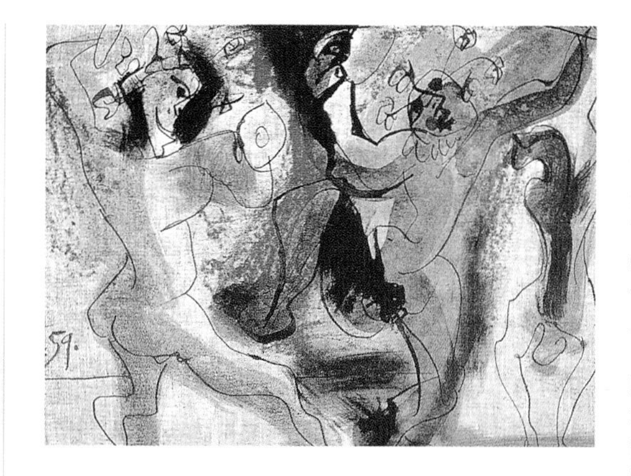

希臘羅馬神話中，每年春天葡萄樹發新芽時都會舉行「酒神祭」。酒神巴庫斯會與諸神及女徒衆飲酒狂歡，這些女徒衆名叫巴卡那(Bacchanal)，許多畫家都以此為創作題材。這一幅畢卡索在一九五九年十二月二十二日完成的小作品（35×35cm），名稱就叫「巴卡那」，後來被木桐堡收藏。畢卡索生前一直不同意木桐堡的請求，將此畫作為標籤，直到一九七三年畢卡索去世後，一九七五年他的女兒才同意作為一九七三年份木桐堡的標籤，正好趕上裝瓶的時刻。

單寧強烈的木桐酒屬於典型卡貝耐．索維昂釀製的酒，需要陳放十五年才能展現其豐富、醇厚的特質。

je fus, Mouton ne change)，並把這句話印在標籤上。平心而論，一九七三年的波爾多葡萄酒尚屬平平，木桐本不應成爲搶手貨——派克給木桐該年份的分數只有六十五分——，但因附畢卡索「酒神祭」遺畫的驥尾，竟成爲爭相收藏的對象。目前此一價值不菲的眞跡，收藏在由菲力普男爵——其實是其第二任太太葆琳的功勞——在木桐酒廠旁所建立的木桐藝術館內，成爲遊客爭睹風采的鎭館之寶。

第二、是和拉費堡力搏價格戰的行銷策略。拉費堡園主本係木桐的「長房」親戚，不過，這兩個家族的支系卻不相往來，甚且拉費堡對於木桐所致力晉級的企圖，一直採取抵制的態度 (這在大企業家族中似乎屢見不鮮！)。年輕氣傲的菲力普男爵之所以要力圖振作，似乎也是嚥不下同樣是掛著羅吉德男爵頭銜的拉圖堡竟然高過自己一級的這口氣。所以，每當新年份的第一批酒釀出後，兩家酒廠競相在價格方面廝殺。以一九七〇年份爲例：當木桐每桶 (一百打) 定價三萬六千法郎時，拉費堡即叫價五萬九千法郎；木桐見狀立刻在第二批上市時，叫價至六萬五千法郎;一九七一年份，拉費堡初價定爲十一萬法郎，木桐就定價爲十二萬法郎。這種競價的拼鬥每年都會發生，雖然這種哄抬提高了各酒廠的酒價，表面上雖是鬥氣，但明眼人一望即知木桐仍是最大贏家——纏住了最有名的拉費堡，表示其品質可匹敵而毫不遜色！一九七三年後木桐已晉級成功，故無須再年年競價了。目前，木桐與拉費堡每一年份的價格幾乎相近，也算是和平共存吧！

除了處心積慮的謀求木桐的晉級外，菲

力普男爵也是一個企圖心旺盛的企業家。他成功創立了木桐．卡德(Mouton-Cadet)品牌，生產中等品質的波爾多酒。世界各機場免稅店與稍具規模的超市均可購得。木桐在一九二七年時，菲力普覺得當年的酒太差，不能貼上木桐的標籤，但又無二軍酒廠，促使了其在一九三三年購進鄰近列名一八五五年頂級中最末一等(第五等)四十四公頃的達美拉克堡(Château-d'Armailhacq)，一九五六年以自己的名字改爲「菲力普男爵木桐堡」(Château Mouton-Baron Philippe)。一九七六年爲紀念去世的第二任夫人葆琳 (Pauline)——他們一九五三年結婚，葆琳是美國人——，遂又改爲「菲力普男爵夫人木桐堡」，一九八九年又改回原名（但去掉了字尾的〝q〞字)。一九七〇年又購入也同列第五等三十公頃的克拉克．米農(Clerc- Milon) 等酒廠。嚴格來說，這些酒廠也獨立釀酒，所以不能當作木桐的二軍酒。一九七三年完成晉級心願後,更遠赴美國加州與羅伯．蒙大維 (Robert Mondavi) 共創一個新酒廠，名曰：「第一號作品」(Opus One)，也順利進入「百大」之列 (參見本書第57號酒)。

同屬木桐堡家族產業的克拉克．米農堡（上）及達美拉克堡（下）。這兩家都不是木桐的二軍酒。

近兩年來另一個轟動酒界的事是木桐終於推出二軍酒：「木桐．羅吉德堡第二支酒」(Le Second Vin de Mouton-Rothschild)。這支標籤以一串鮮紅葡萄做中心，十分引人注目的二軍酒，在一九九三年首次釀造，一九九五年才上市，立刻引起一陣騷動。德語語系中最權威的葡萄酒雜誌《一切爲酒》(Alles über Wein) 在一九九六年第二期舉辦「二軍酒評審」，一九九三年份二軍酒的冠軍就是剛出柙猛虎的「木桐第二支酒」(第二、三名爲巴安．歐．布利昂堡與瑪歌堡之紅亭)。但價格極高，達八十六馬克(台幣一千五百元)，而同年份拉圖堡的「堡壘」僅三十九馬克，巴安與紅亭也是介於三十二至三十五馬克之間。難怪行家們評這個與一軍酒價錢相差不多的二軍酒爲：物美價不廉！一九九六年十一月初，我在溫哥華與友人品嚐一九九三年份的這支木桐二軍酒，開瓶後一股一股濃郁曼特寧咖啡的香氣立刻泉湧而出。大家眞的懷疑本酒是否與咖啡「合釀」而成，舉座讚賞之情，至今難忘！

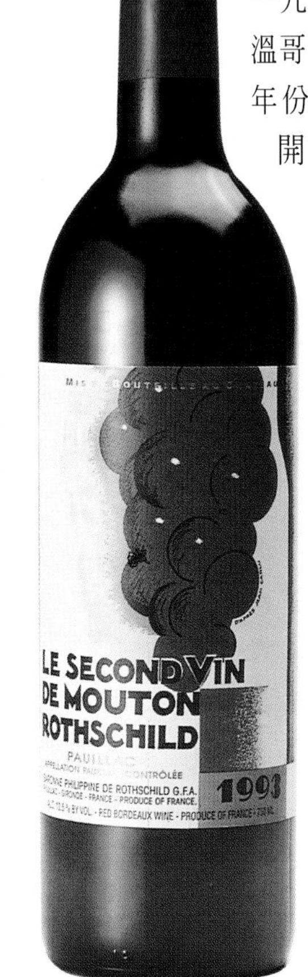

如出柙猛虎般的「木桐第二支酒」，一九九三年首次釀造，一九九五年一上市就造成酒壇的轟動。

木桐園區位於一個坡度不大的碎石平原，碎石之下有一層硬磐，碎石的厚度有時可達十二公尺。土壤中的排水系統在每次葡萄樹更新時均會重新整理。酒園中還有一小塊屬於拉費堡的小葡萄園，本稱「拉費的卡綠阿德」(Carruades de Lafite)，是拉費堡的二軍酒，現已易名爲「卡綠阿德的磨坊」(Le Moulin des Carruades) 。木桐堡種植的葡萄以卡貝耐．索維昂爲主 (85%)，次爲美洛(8%) 與卡貝耐．弗蘭 (7%)。葡萄園雖然廣達七十五公頃，不易精耕，但木桐全力以赴。在葡萄成長時多次修剪葡萄樹，每一樹枝僅留一串葡萄，因此收穫量較少。酒園的栽培由首席釀酒師里昂 (Patrick Leon) 依據儲入電腦有關本園一切資訊所設定的程式，決定收成的時刻。

由於以往僱人較少，因園區廣大，往往需時二至三周，所以葡萄未太成熟就必須採收。但自一九八二年以後，園方每次僱採收工達六百人，只需三至五天即可採收完成，因此園方可以把採收時間定到葡萄完全成熟時才採收，使得品質超過以往甚多。這也是爲什麼本堡在一九八二年以後所釀的酒較以前品質好的主要原因！採葡萄以手工方式進行，同時進行第一道篩選；送進釀酒房置於砧板上再度篩選。八成以上的葡萄都是逐顆由手工去梗；這道處理程序以一般酒廠而言，算是較罕見的。

木桐酒是典型的卡貝耐·索維昂所釀造的酒，出廠以前在全新木桶內醇化二十至三十個月之久，故年輕時已是一種外向型、木桶及單寧味道強烈、令人印象深刻的葡萄酒。惟木桐的多層與細膩性格必須在十五年後方才出現，此時才會使它成爲名酒。不然，至少要在七年後才可飲用。否則，它的味道與一般二、三等頂級酒並無甚差別！不過對於木桐的評價——除了一些好的年份較無爭議外——卻不一致。有些品酒大師——例如派克——，便認爲木桐在許多年份的表現根本不能列入等頂級的行列！所以木桐的穩定性頗令人懷疑！

在拍賣會可以看到有人僅爲收集某些年份的標籤而出相當高價錢，似乎標籤比瓶子還重要。但木桐每年生產量高達三十六萬瓶，比起羅曼尼·康帝的六千瓶、拉弗爾堡的一萬二千瓶，木桐不是一瓶不易購得的好酒。八十六歲的菲力普男爵在一九八八年一月二十日去世後，由其原在戲劇界發展的女兒菲莉蘋(Philippine)主事。男爵可以說是整個葡萄酒界最傑出、特殊及知名的人士，他的去世對於法國酒業是無比嚴重的損失，據說許多法國酒廠都自動爲他下半旗致哀！菲莉蘋不讓鬚眉，把木桐堡打入歐美最時髦的消費圈，名氣超過法國任何一個酒園。

現在木桐堡的主人——由影劇界歸來，美麗、時髦又幹練的菲莉蘋女士。

> 我願意死在一個酒店，遺體旁邊放上幾瓶好酒，等天使來迎接我時，可以知道上帝對我是多麼的恩寵！
>
> ——華特·梅培斯
>
> （英國詩人）

31 Château Lafite-Rothschild
拉費堡

- 產地：法國．波爾多地區．美多(波儀亞克)區
- 面積：92公頃
- 年產量：約180,000瓶至240,000瓶

一九九六年十月二日在巴黎鐵塔所舉行的一場籌措裝修美法友誼館經費的拍賣會上，一瓶一八四六年的拉費堡拍出五萬二千法郎 (合台幣二十七萬五千元) 的高價。證明了一瓶名酒如一幅名畫一樣，都是可以永久收藏的藝術品。拉費堡的大名，又再一次揚名全世界。

拉費堡的歷史可以追溯到西元一二三四年，屬於一位名爲拉費的貴族的家族產業。到十四世紀時，已極有名氣，但現在的名園是西古家族接手以後的事了。西古家族的傑克 (Jacques de Segur)公爵在一六七五年入主拉費堡後大力整頓，二傳至其孫尼古拉．亞歷山大時，進一步擁有了母親嫁妝的拉圖堡，一七一八年並買下木桐堡，以及在較北的聖特斯塔夫三等頂級的卡龍．西谷堡 (Château Calon-Segur)。此時西谷家族同時擁有拉費堡、拉圖堡、木桐堡以及卡龍．西谷堡，聲勢可謂如日中天，尼古拉甚至博得「葡萄酒王子」的美譽。路易十四曾以十分欽羨的的口吻向朝臣說西谷可能是滿朝文武最富有的！路易十五對拉費堡也是情有獨鍾。路易十五著名的情婦龐芭杜夫人，在宴客時也以此酒爲席上珍饈的佐伴，一時凡爾賽宮更曾捨布根地而就拉費堡。不僅法國宮廷，就連英國首相沃爾波(Robert Walpole) 在一七三〇年代，也曾每三個月就購買一桶拉費堡！

有「葡萄酒王子」美稱的西谷公爵尼古拉。

「西谷王朝」在第三代掌門人尼古拉達到高峰後，在一七五五年去世，留下偌大財產，分由四個女兒繼承。本園給長女繼

承，長女再交予長子尼古拉・馬利・亞歷山大伯爵。亞歷山大伯爵年少不擅理財，家財迅速花費殆盡。伯爵爲了逃債，只能逃亡荷蘭，一七八四年本園被拍賣。當年十二月被孟修(Monthieu)以一百零一萬法郎 (Livre) 購下，兩年後又以同樣價錢賣給一位後來在法國大革命時，被推舉爲第一屆波爾多市議會議長的皮夏(Nicolas- Pierre Pichard)。但在一七九四年六月三十日，皮夏因爲幫助具有伯爵頭銜的女婿及女兒逃亡，被革命政府以協助叛逃者逃亡的罪名送上斷頭台。拉費堡因此被充公，並在一七九七年十二月予以拍賣，日後本園的買主就像走馬燈一樣，時進時出。

在此動蕩時期，酒園先被賣給荷蘭人，一八一六年復爲銀行家凡登堡(Vandenberghe)的妻子雷瑪爾 (Lemaire) 購得，藉以將他在拿破崙時代賺到的財產作爲「洗錢」之用。一八二一年又賣給一位英國銀行家及國會議員史考特 (Smauel Scott)。凡登堡是位精明的銀行家，以替拿破崙政權供應軍品起家。爲了使本園日後能完整的由獨子安內(Aime) 繼承，遂作了一個「假買賣」，實際上仍是凡登堡擁有，此事倒瞞天過海四十五年，一直到一八六六年安內去世，無子女繼承，三位姊姊終於出面將此事揭發，並舉出銀行帳戶作證。由於三位女士皆有伯爵夫人之身份，法國政府禮遇性的處以低額罰款，政府再度拍賣拉費堡。

但此時拉費堡已於一八五五年波爾多葡萄酒的官方評鑑表中獲得第一等「頂級」的首位(依字母順序排列)。這頂桂冠其實在英國早已被確認，因爲在拿破崙時代，英法交戰，英國以強大海軍封鎖歐洲大陸，英軍時

質與量均可稱為「酒國巨人」的拉費堡。

常在公海上擄獲敵資，自然也包括美酒在內了。戰利品在倫敦公開拍賣，拉費堡向與拉圖堡與瑪歌堡同爲競標對象，而且往往是以最高價所標得。到一八六八年六月二十日的公開拍賣會，拉費堡身價更是毫無疑問的驚人——共有土地一百三十五公頃，其中葡萄園七十四公頃，年產量達到十九萬瓶到二十四萬瓶左右。底標是四百七十五萬法郎，第一次流標。六周後，第二次投標，終於有了買主。得標者就是十五年前買下木桐堡的羅吉德家族長房的詹姆士男爵 (Baron James Rothschild)，以天價的四百四十四萬法郎得標(本園四百一十四萬法郎、三十萬爲卡綠亞德園區，另外四十萬法郎的稅不計)。

以天價標下本堡的詹姆士男爵。

比起那購買木桐堡的堂兄弟納撒尼爾男爵，詹姆士男爵更有貴族的氣派。詹姆士廣結各國宮廷要人，他的私人廚師便是大名鼎鼎的卡漢姆(Marie-Antonin Carême)，這位在羅吉德男爵府邸掌杓達七年之久，且終老於斯的烹飪大師，曾在英王喬治五世、沙皇亞歷山大、奧皇、法王等處獻藝。故曾獲得「美食外交官」的美譽，也因爲他極力推廣、撰寫食譜，使法國美食成爲歐洲之最，也被稱爲是法國「美食之父」。詹姆士男爵以高價（以現今幣值約是一億法郎）購買拉費堡的目的有幾種說法。一是炫耀財富：精於鼎鼐的爵府居然沒有一座相稱的名酒園，豈非紅花欠綠葉？二是家族之間的「比苗頭」：因爲家族另一房的納撒尼爾男爵已購得波爾多排名第五的木桐堡，身爲長房（此點猶太人同我國一般，一向注重長房）龍頭的詹姆士男爵豈能甘於雌伏？第三，也許是出於迷信：詹姆士男爵的銀行正好坐落在巴黎市的拉費大道上（Rue Laffitte），或許詹姆士男爵認爲這是天意巧合（發音一樣，只多了一個f及t），使其注定要購此名園。但似乎眞正的原因還是著眼於「購錢」！詹姆士男爵十分精明的盤算到酒業的前景，也計算了園價只是本園每年收獲的八倍而已！所以可以大膽的當作投資性的買賣！但可惜的是，詹姆士男爵得標三個月後，腳步尙未踏進拉費堡一步，就與世長辭了。

拉費堡成爲巴黎的銀行家羅吉德的產業後，不論在產量與質量上都維持在巔峰狀態，這應歸功於羅吉德家族具有現代一流企業家的頭腦。正如一個成功的銀行不只是坐擁資金的問題，更重要的是經營的專業知識。早在一七九七年起，拉費堡就委託名釀酒師古達爾 (Joseph Goudal) 全權負責釀酒與酒園的經營事宜。拉費堡有一個全世界規模最大的酒窖，就是在古達爾手中建立的。他將堡中地窖的藏酒做有系統的整理，並且將每年所釀造的酒保留一定比例存在酒窖，現在這個精心維持近二百年的酒窖，無異是一個「名酒博物館」。此外，拉費堡也是在古達爾家族的努力下獲得一八五五年一等「頂級」的榮耀。直到現在，專業的釀酒師傅仍是拉費堡內的總管人物，同時一般人也尊稱他們爲「大師」(Matrie, Master)，而非單純的「先生」，其地位由此可以想見。

拉費堡和木桐堡一樣，在第二次世界大戰時遭德軍占領，但幸運的是德軍並未破壞此名園。最主要的原因，本來維琪政府也想保住法國國寶的本園，不會因園主是猶太人而被德國人沒收，所以預先扣押了本園。另外一個理由是，當時德軍的空軍總司令、希特勒法定接班人戈林元帥看中拉費堡 (他也同時看中木桐堡)，不僅常住此園，也預定納入私囊，以後作爲私人產業，所以能倖免於難。本園被德軍充作營房也有好處，水電在戰爭時都會供應無虞！在拉費堡淪入德軍之手的前夕，員工漏夜將酒密運出堡，加以掩藏，亦是一段佳話。

photo©Youyou

拉費堡附近景觀。右上角黃色建築物即是拉費堡。

拉費堡占地九十公頃，面積之廣居五個一等頂級酒園之冠，也較絕大多數的二、三等頂級酒園爲大。坐落在波儀亞克區北方盡是碎石的一個山丘上，每公頃植八千五百株，所以約有七十六萬株的葡萄樹。其中卡貝耐・索維昂最多 (70%)，其次美洛 (20%)，再次爲卡貝耐・弗蘭。一般而言，該園平均樹齡達四十二年，維持傳統種植方式，並儘量少用肥料，待葡萄充分成熟後方才採收。同時在採摘過程中一併進行篩選的工作，也就是「見好才摘」。爲了爭取時間，拉費堡每年所僱用的採收工人就達二百五十人之多。葡萄採收後送到釀造廠內後，會以每桶爲單位再作篩選。一公頃收成四千以至四千五百公升，所以每株葡萄樹只能生產半瓶 (350ml) 的葡萄酒。爲保護這些珍貴的葡萄，拉費堡在平時除非經總公司許可外，一概不開放參觀；甚至每株葡萄樹都豎立鐵絲網以供葡萄枝攀延，避免果實受塵土之侵。

走向「國際化」是拉費堡羅吉德家族近年的政策，分別到智利、葡萄牙等地尋覓良田釀酒。在葡萄牙釀成的卡摩園（Quinta do Carmo)，價格平平，但口感不錯，已成為葡萄牙最好的酒園之一了。左下角可以發現該家族的五枝箭標誌。

葡萄酒新釀成後，進行分級的工作。拉費堡總共生產三個等級的酒：第一等級自是以拉費堡爲名；二軍則是位於木桐堡園中，造成兩個羅吉德家族反目的「卡綠阿德」；第三等級是近年來才生產的，僅簡單的以地區「波儀亞克」名之，標誌則是代表羅吉德家族五系之成束的五枝箭。二、三軍酒都是相當平庸，特別是列入二軍的卡綠阿德遠不如其他一等頂級的二軍酒可比。被挑選爲一軍的拉費堡酒以往會在全新木桶中醇化近三年，最近才陳上二年，所以，拉費堡的酒不僅僅會基於天候因素，也會因人爲的分級挑選與同級間的調配混合，每年都會有相當程度的差異，也可以說每年會有其獨特的風格。儘管如此，價格年年居高不下。產量方面，雖然園方循例視爲機密，但據推斷年產量當在三十六萬瓶左右，其中有一半至三分之二是一軍酒，其餘則爲二軍及三軍酒。故以如此鉅量且維持高水準的品質而言，若稱拉費堡是「葡萄酒王國中的巨人」，恐怕沒有人會提出異議！

拉費堡的酒比較內向，不像瑪歌立即就讓人感受到它的特色；也比較「輕」，不像木桐及拉圖堡 (下一號酒) 那麼強烈。必須等到至少十年左右，拉費堡眞正的面貌才會呈現出來：芳醇、水果香其他莫名的味覺。有人比喻拉費堡是「大小姐」，它有個性的脾氣大概指的就是這個神秘滋味了。

32 Château Latour
拉圖堡

產地：法國．波爾多地區．美多(波儀亞克)區
面積：62公頃
年產量：132,000瓶

拉圖堡是以一個位於吉宏達 (Gironde) 河口的堡壘為名的城堡，這個由英國人在十五世紀蓋的堡壘，當初是為防止海盜而建。由於地處戰略要衝，中世紀以來即成為征戰要地。英法百年戰爭時，此地就是兩軍必爭之地。一直到本世紀六〇年代，英法仍在爭奪對於拉圖堡的「主權」，但這次所爭的是酒園了。

拉圖堡在十四世紀的文獻已提到，但不是作為酒園。在十六世紀已開墾為為葡萄園，一六七〇年一位法國路易十四的私人秘書戴．夏凡尼 (de Chavannes) 買下了本堡。一六七七年因婚姻關係，本園移到戴．克勞塞 (de Clausel) 家族。到了一六九五年，瑪麗．特麗絲．克勞塞(Marie-Therese de Clausel) 嫁給購買拉費堡之 (傑克) 西谷公爵之子——亞歷山大公爵——後，便將拉圖堡作為嫁妝，於是拉圖堡成為西谷家族的產業。隨著西谷家族的中落，「葡萄酒王子」尼古拉逝世後，拉圖堡和拉費堡由大女兒及其兒子亞歷山大伯爵繼承。後來伯爵再將本園交給三位妻妹，拉圖堡正式和拉費堡分家。日後本園分由三家所有。法國大革命爆發時，拉圖堡仍有四分之一屬於西谷家族的卡巴納伯爵 (Cabanar de Segur)。但伯爵流亡海外，革命政府便將這四分之一的產權拍賣。幾經轉手，這

有獅子雄據的拉圖堡，是美多區響噹噹的酒園。

四分之一的股份在一八四一年以一百五十萬法郎落入伯夢家族(Beaumont)手中。伯夢家族也是當年擁有本園股份的三大家族之一，於是至此擁有多數的股權。爲避免重蹈西谷家族的覆轍，伯夢家族依法律成立一個法人，拉圖堡不至於因繼承而瓜分。也使得拉圖堡百年來能在三大家族——郭帝伏龍(Cortivron)、弗樂 (Flers) 及最大股的伯夢的掌握中，維持全貌。

一九六三年伯夢及郭帝伏龍爲了不願每年將鉅額紅利分給六十八位股東，便將拉圖堡的持分 (79%的股份) 賣給英國的波森與哈維兩個集團 (Pearson and Harveys of Bristol)，金額爲二百七十萬美元。消息傳來舉國爲之譁然，不少法國人視爲賣國行徑。二十六年後的一九八九年三月，已成爲哈維集團東主的里昂聯合集團 (Alliance Lyonnais) 以近二億美元的天價把在英國波森集團手中的股份購回。一九九三年六月，法國百貨業鉅子——「春天」(Printemps) 百貨公司的老闆皮諾 (Francois Pinault) 又以較低的七億二千萬法郎購下拉圖堡的主控權。

當一九八九年里昂聯合集團購買拉圖堡時，每公頃單價爲一千四百萬法郎，換算每株葡萄樹即值一千八百法郎，近一萬台幣，堪稱全球身價最高的酒園。拉圖堡種植的葡萄以卡貝耐．索維昂爲主(80%)，摻雜少許的美洛與卡貝耐．弗蘭 (各10%)。每公頃植一萬株，可以算是「密集式種植」(彼德綠堡每公頃約六千五百株，拉費堡約八千五百株)。但園中多爲三十至四十歲的老株，葡萄質佳量少，故每公頃的收成不會超過五千公升，反而較其他酒園爲少。葡萄在採收時亦經過嚴格篩選。葡萄汁在發酵時，一般酒廠是在木桶中進行；惟拉圖堡在美多地區首開風氣之先，引進不鏽鋼作爲酒槽。一九六三年雖然由英國公司購得拉圖堡，但英國人完全聽從「內行領導」，將酒廠委由釀酒大師加德爾 (Jean-Paul Gardere) 全權處理。加德爾不負所託，一連串的改革使得拉圖堡更獲得脫胎換骨的生機。

加德爾的更新計畫之一是引進這種可控制溫度、控制發酵進度，且可容納達一萬四千公升的不鏽鋼槽，此舉一度引起業界的質疑聲浪。但結果證明加德爾的作法是正確的。現代化的發酵方式比起傳統方式要減少一半的時間 (一周至十天)，也改善拉圖堡的高度澀感，與必須放置至少十年以上方可入口的問題。在不鏽鋼槽完成發酵手續後，又會泵回全新木桶醇化二十個月至二年不等。由於拉圖堡在年份不好時，會更加強篩選葡萄的工作，所以在較差年份的拉圖堡仍能保持相當程度的品質，這種工夫堪與彼德綠堡相擬，而是拉費堡，特別是木桐堡所不及之處！

加德爾第二個重要決定是釀造次等酒，這支可以算是所有二軍酒中品質最佳的「拉圖之堡壘」(Les Forts de Latour)，少部份是由未達拉圖堡水準的一軍所淘汰(一般只有六成可以列入一軍，不好的年份，如一九七四年只有二成五)，大部份是由酒園的另二塊小園地(十四公頃)所產的葡萄來釀造，一九六六年首次釀造，一九七二年正式上市。「堡壘」雖非正規部隊，但是釀造過程可一點也不馬虎，故其口感必須俟醇化數年後才能成熟(也就是耐藏的本領，一點也不讓老大哥專美於前)。名品酒家派克認爲「堡壘」是所有二軍酒中最優者，足可列入第四等頂級。不過，當木桐的二軍酒上市所挾的巨大聲勢與優秀品質，「堡壘」恐怕更要兢兢業業，更上一層樓不可了。一九九〇年本園更推出三軍酒，本酒標籤只有一個堡壘圖像，名稱只有一個簡單的「波儀亞克」(PAUILLAC)，另在標籤下行以小字體標明是在拉圖堡裝瓶。味道平平，初上市在英國的售價約五百台幣而已(十一英鎊)。

拉圖堡的二軍酒「堡壘」(左)，及三軍酒「波儀亞克」(上)。

一般而言，拉圖堡比木桐堡、拉費堡與瑪歌堡需要更長的醇化期，至少需十至十五年方可以度過「青澀期」。成熟後的拉圖堡有極豐富的層次感，豐滿而細膩。英國著名的品酒家休強生曾形容拉費堡與拉圖堡的個性：若說拉費堡是男高音，那拉圖堡便是男低音；若拉費堡是一首抒情詩，拉圖堡則爲一篇史詩；若拉費堡是一曲婉約的輪旋舞，那拉圖堡必是人聲鼎沸的遊行。這兩種著名的酒是否有一陰一陽或一剛一柔的個性，就有待朋友們自己去體會了。

33 Château Pichon-Longueville, Comtesse de Lalande
皮瓊・龍戈維・拉蘭伯爵夫人堡

產地：法國・波爾多地區・美多(波儀亞克)區
面積：75.5公頃
年產量：240,000瓶至300,000瓶

皮瓊・龍戈維・拉蘭伯爵夫人堡(以下簡稱「皮瓊・拉蘭」)在波爾多二等頂級中最有名氣。位於波儀亞克區南部與聖朱利安區的交壤處，與拉圖堡、拉斯卡斯堡相望。本園的歷史可以追溯至一位一六〇二年出生的貴族貝納・皮瓊(Bernard de Pichon)，他在一六四六年娶了當地望族龍戈維男爵的獨生女後，便取得了男爵的頭銜，稱為龍戈維男爵。貝納是法王路易十四的好友。據說在路易二十歲時，還一度到男爵位在波爾多的豪華府邸打獵宴飲，以排解他政治婚姻的困擾(他娶了西班牙公主)。其次子傑克由丈人處獲得一個葡萄園，即今日的皮瓊園。此時本園已成為本區僅次於拉圖堡最好的園區了。

風姿綽約的皮瓊・拉蘭伯爵夫人畫像。

一八五〇年傑克的孫子約瑟夫死時，遺有一子三女。長子拉歐(Raoul)襲男爵爵位，並且繼承了五分之二，共計二十八公頃的葡萄園，稱「皮瓊・龍戈維・男爵堡」(Ch. Pichon-Longueville au Baron de Pichon-Longueville)，由於過於冗長，一般簡稱為皮瓊男爵園(Pichon Baron)；其餘五分之三的四十二公頃由其他三個女兒繼承。三個女兒後來一名出家，其他二名都嫁給具有伯爵身份的貴族。其中二女兒是拉蘭伯爵夫人(Comtesse de Lalande)，而且長男拉歐男爵也娶了拉蘭伯爵的妹妹，可謂親上加親。等到二十年後，妹妹去世，拉蘭夫人獲得其股份，本園便改稱為「皮瓊・龍戈維・拉蘭伯爵夫人堡」，簡稱「皮瓊・拉蘭」(Pichon Lalande)。

當時可能出於嫉妒的關係，謠言繪聲繪影地指向這位貌美的拉蘭夫人如何與鄰居拉

圖堡的伯夢男爵 (Baron de Beaumont) 互通款曲，甚至男爵還贈地給拉蘭夫人。一八五五年的官方評鑑表僅提到皮瓊·龍戈維(Pichon Longueville) 列爲二等頂級，原因在於葡萄園當時只是名義上的分割，事實上兩座酒園都共同使用同一釀酒房。皮瓊·拉蘭自己的釀酒房到一八六〇年方落成啓用，同年拉歐男爵去世，本園自此才可獨立釀酒。

皮瓊·拉蘭堡在拉蘭伯爵家族手中至一九二六年，才以七十萬法郎代價賣給了米爾黑兄弟(Miailhe)。米爾黑兄弟(Louis & Edouard)擁有百分之五十五的股份，後來Edouard把股份給予幼女，也就是後來的蘭克松夫人 (Mam. May-Elaine de Lencquesaing)。其夫婿蘭克松是位將軍，夫人本沒有興趣經營酒園，但自夫婿退休之後，反而覺得釀酒是一個好的消遣。故一九八七年放棄了巴黎的浮華生活，遷入堡中，全心投入釀酒的事業。同時在當年也收購其他小股東之股份，擁有了八成四的股份，掌握了經營權。而今酒園較當初分割時大了將近一倍，乃購併其他鄰區之故，共有八十六公頃。一小部份位於拉圖堡的邊界，其他的都在皮瓊男爵的後方，也就是在另一個相當著名，且列入第五等頂級的巴特義(Batailley) 酒園旁邊。

外觀優美的皮瓊·龍戈維·拉蘭伯爵夫人堡。

土壤在表層主要是碎石，深層的土壤具有黏土與石灰土等雙重性質，種植密度每公頃九千五百株。樹種則較像瑪歌區，與一般波儀亞克區的酒園不同：美洛的比率偏高 (35%)，另有卡貝耐·索維昂 (45%)、卡貝耐·弗蘭 (12%) 與小維多 (8%)。葡萄樹平均年齡在二十五歲，產量則每公頃三千五百至六千公升之間。

皮瓊·拉蘭的成功亦在於用人唯才，釀酒師利巴羅·戈佑 (Pascal Ribereau-Gayon) 是波爾多地區釀酒大師，是拉斯卡斯與杜可綠兩酒園的指導人裴諾大師的徒弟，以前曾在拉斯卡斯擔任釀酒師。這位後起之秀每年元月負責最後重組調配葡萄酒的大任。皮

一九八一年份的皮瓊·拉蘭堡。不少人認為此酒是體會最優良波爾多酒的「入門酒」，能讓飲者知道真正好酒纖細的風味何在。

瓊·拉蘭除在採收葡萄時已經嚴格挑選外，在發酵完成後會再將發酵不理想的淘汰，其中 (按年份不同) 約50%至80%的酒得爲「頂級」，餘則打入二軍酒——「伯爵夫人的特藏」(Reserve de la Comtesse)，再次的作成「葛拉西歐酒園」(Domaine de Gracieux) 酒。一軍酒會用一半的全新木桶醇化十八個月至二年左右。

蘭克松夫人對於管理與行銷有其獨到之處，她變賣自己所有的地產以投入本園設備的更新；加強公關工作並到全世界各國推銷葡萄酒。同時任何到她古色古香、一八四一年所建成的城堡的來賓，通常會得到主人的親自招待，不像其他名園對外賓往往僅出於禮貌，而非眞情的招呼！此外，蘭克松夫人已建立起一個妥善的銷售網，所舉辦的品酒宴會不僅大方，且非常出色。例如一九八七年在洛杉磯的酒會中，一口氣提供四十四種不同年份的酒，最年輕是當年者，但最老者爲一八七五年！無怪乎引起一陣陣的騷動。 目前所有波爾多第二等頂級酒中知名度最高者，莫過於本園了，同時也有「超級二等頂級」(Super Second Growth)的美譽。

皮瓊·拉蘭有一個特色是「新舊皆宜」，即使剛出廠的葡萄酒也有豐富的果味，氣味集中、單寧適中、色澤暗紅。貯放過了十年完全趨於成熟時，就有股拉圖堡的芳香泛出。這和兩者地理位置之近不無關係。在價格方面如與拉費堡或拉圖堡相較，在十八世紀末的比例爲一比二，本世紀初期縮小，後來擴大到一比三，目前則接近一比二。蘭克松夫人的目標是追上這些一等頂級酒。不過，在達到這個目標前，皮瓊·拉蘭先要和其他二等頂級的拉斯卡斯、杜可綠、柯斯·德圖耐拉等廝殺一番。幾乎每年這幾個酒園都保持在相當的價位。許多品酒行家會認爲本堡在某些年份，以及在新出廠若干年內會與木桐堡或拉費堡不相上下！品質的穩定，可能是本堡美酒的一大特色！

34 Château Pichon-Longueville Baron
皮瓊・龍戈維・男爵堡

- 產地：法國・波爾多地區・美多(波儀亞克)區
- 面積：33公頃
- 年產量：170,000瓶至240,000瓶

在上文介紹皮瓊・拉蘭堡時已經提及老皮瓊園在一八五○年約瑟夫・皮瓊男爵去世之後，一分為二，留給長子拉歐男爵二十八公頃的園區，就叫作皮瓊・男爵園。一八六○年以後兩園分別釀酒，各自掛各自的招牌，分產的文件也準備齊全，但是並沒有完成法律程序，一直到一九○八年才辦妥。男爵園由拉歐後人一直維持到一九三三年才轉給布爾泰家族(Bouteiller)。

布爾泰家族來頭頗大，曾是法王路易十四的御用釀酒師。布爾泰家族在波爾多地區擁有不少酒園，生意也頗為成功。入主皮瓊男爵園後，並沒有把本園弄得有聲有色，只是靠著以往的名氣，以及其姊妹園——皮瓊・拉蘭園——日漸鵲起的聲望，維持中等價位的生意。到了一九六一年，當家三十年的傑(Jean) 死後，弱冠的長子貝耐 (Bernard) 少不更事，男爵園不可避免的走上強弩之末的境地！幼主沒有老臣輔佐已是憾事，卻又遇到庸臣！本園釀酒師傅一味敷衍，加上設備老舊，園方又不願花上資金投資改進，據說當時庫房不夠，所以裝瓶後的新酒全放在房前水泥地上受到陽光曝曬，酒質當然會變壞。本來本園是老皮瓊園中較好的一部份，先天條件都不比皮瓊・拉蘭園差；新酒在橡木桶中品嚐也頗出眾，但一裝瓶後就失去了陳年的本事，難怪品酒人士對本園的每況愈下只有搖頭的份了！

事情轉機在一九八七年，法國第二大保險公司阿司阿集團 (AXA) 買下了本園。 阿司阿集團年營業額高達三百六十億法郎，擁有員工一萬二千人，自然財力雄厚。董事長

皮瓊・拉蘭園的「兄弟園」——皮瓊・男爵園。

已經恢復「男爵」應有之尊榮及地位的皮瓊・男爵園。

貝白 (Claude Bebear) 看準了本園復出的實力，同時該集團也有購買酒園的經驗，所以一口氣投下二億法郎，作為買下整個酒園及城堡，以及必要的修繕及增添庫房的設備費用，另外再花上八千萬買下所有的存貨。阿司阿集團這種大手筆不僅更新了本園所有硬體設備，也引進新的管理班底。貝白把他小學的同窗好友，也是極著名酒園林其・巴茲 (Lynch-Bages)園主卡斯(Jean-Michel Cazes) 聘請來園負責園務。當年五十二歲的卡斯倒也不負友人付託，實行極嚴格的品管，終於第二年的產品，便使男爵園恢復名聲 (名品酒家派克給男爵園一九八八年份的評分為九十分，與皮瓊・拉蘭園同；一九八九年份評分為九十四分，超過皮瓊・拉蘭園的九十三分)。而一九八九年兩園的初價也完全一樣，男爵園終於恢復了昔日的光彩！目前兩園的價錢大致差不多，有時男爵園會有百分之十左右的劣勢，這恐怕是消費者的信心問題。不過行家們一致看好男爵園的原因，除了釀酒負責人卡斯的名氣外，恐怕是本園只年產十七至二十四萬瓶左右，較皮瓊・拉蘭園少三成。

本園土質和皮瓊・拉蘭園差不多。葡萄園在阿司阿集團購入時，本只有三十三公頃園區種葡萄，嗣後公司就陸續兼併鄰園，使其達到六十公頃的規模。葡萄樹齡大約三十歲，以卡貝耐・索維昂最多 (75%)、美洛居次 (24%)，一點點的小維多 (1%)。葡萄汁發酵後會放在至少一半是全新的橡木桶中醇化一年半至二年左右。自一九八三年開始本園也出產二軍酒，稱為「龍戈維的小塔」(Les Tourelles de Longueville)。

35 Château Ducru-Beaucaillou
杜可綠・柏開優堡

產地：法國・波爾多地區・美多(聖朱利安)區
面積：49公頃
年產量：220,000瓶

一八五五年法國波爾多地區的官方評鑑表中，四個美多區中最小的「聖朱利安區」(Saint-Julien) 的酒園雖然沒有一個能躋身頂級中的一等之列，但在二等頂級的十四個酒廠中，聖朱利安卻有五家雀屏中選，成果斐然。其中有二家入選本書「百大」，這二顆「聖朱利安之星」便是杜可綠・柏開優堡與李歐維・拉斯卡斯堡。

杜可綠・柏開優堡 (以下簡稱「杜可綠」) 的歷史不長，大概可追溯到法國大革命前三、四十年。本園本屬於一個名爲柏開龍的人 (Bergeron)。後來以園中多石塊 (開優，Cailloux)，且使葡萄長得好，便稱此園地爲「柏開優」(Beaucaillou)，意即「 好石塊」。一七九五年法國大革命期間，柏開龍病故，本園充作遺產拍賣，被一位杜可綠先生購走，遂將本園冠上其姓氏。由於杜可綠的岳丈是波爾多商會會長，頗中意女婿的酒，所以利用公私場合大力促銷，加上本園經營得法，當時面積已達八十二公頃，杜可綠已經變成聖・朱利安區中名聲最響亮者。一八六六年杜可綠以百萬法郎的高價賣給一位愛爾蘭後裔強斯頓(Nathaniel Johnston)。強斯頓家族在一百五十年前由愛爾蘭移民波爾多，他是爲了避稅才以妻子名義購得本園，但本人多才多藝，具有理工專業的學位與礦場工程師的身份。由於

行家們咸認為早已可以晉入一等頂級行列的杜可綠・柏開優酒。

杜可綠・柏開優堡一九八六年的標籤，黃色的底，十分醒目。

看到巴黎正在風行喝香檳，所以他異想天開地希望將美多區的紅酒採取香檳酒的方式來製造，這種革命性的想法當然注定失敗。

儘管如此，強斯頓卻意想不到的爲全世界酒園留下不可磨滅的貢獻。強斯頓像一般投資性的園主一樣，對經營酒園一竅不通，全委由他的總管大衛 (Ernest David) 經營。大衛爲了防止小偷偷摘葡萄，偶然地發明「波爾多混劑」，這個由銅硫酸與石灰所配合成的「混劑」，如噴灑到靠近路邊的葡萄上，會生出一種青藍色、粉狀、略有臭味的薄膜，應該可以驅散小偷的偷意！不意歪打正著，大家看到凡是噴灑到此混劑的葡萄都逃過了有「葡萄殺手」之稱的根瘤芽蟲病侵襲，後來二位波爾多大學教授及一些專家要求強斯頓繼續實驗，他爲了不影響昂貴的杜可綠葡萄受損，才答應在另一個較差的園區試驗，結果還是成功。教授把他的配方拿回大學再作細部分析，以及改善，果然發現剋制此「葡萄殺手」的良方，廣爲全世界所採用。這項神奇的「大衛魔術」，正像許多偉大的發明或發現，都是在不經意的情況下產生。例如牛頓之於地心引力，以及英國佛萊明發現青黴素，不正是有異曲同工之妙的偶然？杜可綠的名聲自然也不脛而走！

在第一次世界大戰後的大衰退時期，強斯頓的財務告急。更因本園頗依賴美國市場，美國實施禁酒令，使本園財務雪上加霜，強斯頓只能在一九二八年賣掉了杜可綠。轉了一手後本園光景日漸西落，直至一九四一年伯利家族 (Francis Borie) 購得本園後，生機才又告恢復。

伯利是一個酒業世家，擁有幾家酒廠，一九二九年他們就買進了著名 (排名五等頂級) 的巴特義 (Batailley) 酒園。園主弗蘭西父子擬定十六年長期發展計畫，濬通排水溝、更新葡萄樹，且自一九五三年起就聘請波爾多地區——也可稱爲全法國最偉大的釀

酒師之一的裴諾 (Emile Paynaud)長年擔任顧問，杜可綠遂成為二等頂級中的翹楚。

本園總面積達二百一十五公頃，除了四十九公頃種葡萄外，還有一座十八世紀新古典主義的城堡。強斯頓在一八七八年加蓋了兩座英國維多利亞式的方塔，城堡四周到加宏河 (Garonne) 間有一片花園，四面有幾個高於十五公尺的小丘。由本園名為「柏開優」，可知其園中多大礫石。大礫石可保溫，也利於排水，下層土壤多是黏土、石灰土，富含鐵質。葡萄樹平均三十五歲，每公頃種植一萬株，以卡貝耐．索維昂最多 (65%)，其次是美洛 (25%)、卡貝耐．弗蘭 (5%)與小維多 (5%)。

老伯利 (Francis) 在一九五三年去世，園務交給兒子傑．尤金 (Jean-Eugene) 經營。傑．尤金當時在大學讀法律，準備走律師這行，不得不遵從父親遺命回家釀酒。他頗有大家風範，終年代表波爾多赴國外擔任親善大使。自入主本園後即遷入居住，這在波爾多地區並不多見。另外，在對於自家葡萄園的管理，自然事必躬親，最明顯的例子莫過於採收葡萄時的嚴格。手工收成的葡萄在籃子裏已經過分類，每七至八個採收工人都會有一位職業釀酒師檢查收成的葡萄；送到釀酒廠時，又會在地下室進行第二輪的分類，完全合格者才釀成杜可綠，否則淘汰到二軍「柏開優的十字架」(La Croix-Beaucaillou)。初釀會經十八至二十二個月在六成是全新、且極昂貴的木桶中醇化，可謂標準的精釀。

此外，本園還有另一個三十二公頃廣的拉蘭．伯利 (Lalande-Borie) 園。這個葡萄園是傑．尤金在一九七〇年自列名第三等頂級著名之拉葛蘭史 (Lagrange) 葡萄園買來，其中十八公頃種有葡萄。傑．尤金本來打算將它併入杜可綠，後來發現酒質不對，所以乾脆用拉蘭．伯利為名，另行發售，所以並非杜可綠的二軍酒。

杜可綠酒性溫和，但並不淡，年輕時十分順口，富有美多酒一切優點：成熟、葡萄味、濃郁的芳香、溫柔的細膩，這些都屬於真正名酒所應有的特徵。但杜可綠酒眞正的特質，卻必須等到至少十年以後才會完全顯現出來。那時已是甦醒的睡美人，散發出一股果香與勁頭的混合氣息。甚至三十年之後仍然不失這種令人回味無窮的神奇功能。無怪乎於英國唐寧街、法國愛麗榭宮 (總統府)、美國白宮與歐美名人的宴席上，最常見的倒是這種名列二等頂級的杜可綠！惟目前的杜可綠酒已非昔日 (一八五五年) 可比，名品酒師派克認爲杜可綠應該可晉級爲一級頂級了，當然又是一個「超級二等頂級」！

儘管杜可綠的品質已臻拉圖堡、木桐堡相同之水平，甚至有些年份絕對有抗衡的實力，但其價格卻不能反映出品質的晉升。杜可綠的價格往往是木桐堡等一級酒之半，行家們喜收集杜可綠的理由，大概可見其端倪了。伯利家族同時也是波爾多地區的一霸，除杜可綠與二軍「十字架」及拉蘭・伯利園及Haut-Batailley外，一九七八年他的一位朋友，也是極有名的酒園 Ch. Grand-Puy-Lacoste 之園主杜邦 (R. Dupin) 逝世後，因無子嗣繼承，生前希望伯利能購下。傑・尤金從命，並改名爲"Lacoste-Borie"。目前傑・尤金坐擁五大名園，羨煞了天下愛酒人士！

葡萄酒與藝術

酒神、愛神與山林女神

荷蘭十七世紀畫家范・艾弗丁根 (C.B. van Everdingen) 在一六五〇至一六六〇年間完成這幅風格柔美的作品。圖中左前方拿大綠玻璃杯的是小愛神厄羅斯（邱比特），中間拿長酒杯的是少年的酒神巴庫斯，右邊是兩位貌美的山林女神，牧神潘恩則站在左後方。現藏德國德勒斯登市美術館。

36 Château Léoville-Las-Cases
李歐維·拉斯卡斯堡

- 產地：法國·波爾多地區·美多(聖朱利安)區
- 面積：94公頃
- 年產量：240,000瓶

「我是一隻獅子，只要人不犯我，我不會先咬人！」這一句警句出現在李歐維·拉斯·卡斯堡（以下簡稱「拉斯卡斯」）。這是聖朱利安區三個以「李歐維」（Léoville）爲堡名的酒園中最出名的一座。三個李歐維，分別是李歐維·拉斯卡斯、李歐維·波費（Léoville-Poyferré）以及李歐維·巴頓（Léoville-Barton），都是由同一個李歐維葡萄園分割出來，並在波爾多一八五五年官方評鑑表中並列爲二等頂級酒。

李歐維（Léoville）本意爲獅子（Léo）之園區，這個曾經是吉宏達河（Gironda）左岸最大的葡萄園，早在一六三八年就由一個蒙帝家族（Jean de Moytie）所闢建，故稱蒙帝山（Mont-Moytie），到了一七五〇年，本園成爲聖朱利安區身價最高的一園。傳到第二代由女婿掌園時改名爲李歐維，並隨著繼承關係，園區逐漸擴大；但是，到了法國大革命時，本園也不能倖免於波爾多地區大酒園的悲慘命運：充公與拍賣。李歐維於是被瓜分爲三部份：最大者（九十四公頃）的精華區拉斯卡斯堡仍爲李歐維家族所有；城堡本身與原來園區的中段（七十六公頃）變成李歐維的波費堡，現由庫維利家族（Cuvelier）所有；南部最小部份（四十四公頃）則自一八二一年愛爾蘭人巴頓家族（Hugh Barton）入主後，定名爲「李歐維·巴頓堡」。其中拉斯卡斯最好；巴頓堡次之；波費堡再次。拉斯卡斯和巴頓堡價錢有時接近，有時差異甚大，以一九九六年美國市價對一九九五年份的預售價，每箱（打）前者爲九百九十九美元，後者僅一半，

拉斯·卡斯堡的堡門小而氣勢雄壯，頗有幾分巴黎凱旋門的氣概。

爲四百九十九美元。

本園雖仍屬於李歐維家族所有，但爲了避免產權會因繼承而分割，因此在一九〇〇年登記成立法人。至於經營則委託專業人士負責，而最值得重視者是總管德倫 (Michel Delon)。德倫由父親Andre處接受此職位，而其父親又由岳父處獲得之，所以三代都受命負責拉斯卡斯，德倫本人也盡忠職守，一心一意維護拉斯卡斯酒的令譽。早在一九四九年他就延聘釀酒大師裴諾(Emile Peynaud)協助，而裴諾於四年後也到其競爭者——杜可綠——處提供諮詢服務。德倫對於品管的要求甚高，在波爾多地區恐無人能比。以採收葡萄爲例，本園每公頃平均收成四千公升，然而在一九八六年、一九八七年及一九八九年極佳的年份，德倫將收成的一半淘汰；又如在一九九〇年，其淘汰率高達六成七。在年份差的時候，這種高淘汰率應是平常之舉，但在極佳的年份時，還把白花花的銀子往外倒，大概只能以「以量制質」來解釋了。

拉斯卡斯的地點正與波儀亞克區的拉圖堡毗鄰，土壤地理氣候應無太大差異。葡萄樹每公頃種植八千三百株 (拉圖堡則爲一萬株)，樹齡平均達三十年，有三分之一超過三十五年。樹種以卡貝耐・索維昂 (65%) 最多，美洛 (23%) 居次，卡貝耐・弗蘭占一成，另外有零星的小維多 (2%)。醇化期約一年半。木桶的全新比例年年不同。年份不好時只用一半全新木桶 (怕薄弱的酒體會入味太多)；在好的年份會用至八成，甚至全新的木桶。

德倫另一個別號是「硬漢」，蓋拉斯卡斯酒與杜可綠堡兩個「聖朱利安之星」的關係，正是一山不容二虎。雙方卯上的場合即是「預售競賽」：每年新酒上市前，都由廠方自行提出預售價，拉斯卡斯與杜可綠均不願先一秒鐘提出。只要一方在比價中失利 (即價錢低於對方)，一定在第二批酒定價時扳回面子。每年當預售價格揭曉時，波爾多酒界人士就可旁觀木桐堡與拉費堡兩個同門之後的血拼一等頂級的「高價王」；而二等頂級的「高價酒」，則是卡斯拉斯與杜可綠互咬。拉斯卡斯的德倫始終鬥志高昂。一九八七年拉斯卡斯和杜可綠飆價時，美國進口商認爲價錢過高，擬聯合抵制拉斯卡斯二年，迫使拉斯卡斯聽任美國人擺佈；但德倫不爲所動，並舉出拉斯卡斯一九三〇年份的酒曾經

右頁／「人不犯我，我不犯人」——好一個獅子園的氣派！背景為一對清朝末葉德化白瓷福獅（作者藏品）。

RÉCOLTE 1992
Grand Vin de Léoville
du Marquis de Las Cases
SAINT-JULIEN
APPELLATION SAINT-JULIEN CONTROLÉE
MIS EN BOUTEILLE AU CHATEAU
PRODUCE OF FRANCE

在酒窖裏待上六年的例子，表示根本不吃這一套。同時警告美國佬若敢找一九八七年份的麻煩，次年一九八八年份的一瓶都別想！結果，德倫贏了，「鐵漢」的外號就因此傳開。本來在一九〇〇年時，德倫父親的岳丈只有一小份股權 (二十分之一)，但到了德倫時已經擁有絕對多數的股份 (二十分之十三)，所以德倫既是園主，才可以有權發號施令及以大手筆來維持本園的品質。

誕生已快要百歲的二軍酒「侯爵園」，每瓶售價一千元台幣左右，價美物廉。

拉斯卡斯比起他的死對頭杜可綠而言，恐怕可以用「美女和野獸」來比擬。杜可綠的酒質已在上文敘述，拉斯卡斯這個「獅子園」，則是那隻較狂放的獅子，顏色較深，深廣豪邁。通常至少要等到十年後，最好等到十五年以後，這頭睡獅才會甦醒，那時單寧的勁力、氣味的集中、豐滿、高貴……，都會一湧而出。所以拉斯卡斯是一支給行家——特別是有耐心的行家所心儀的酒。在此之前，飲用拉斯卡斯會覺得無甚可飲之處，我們似乎可以比擬爲一隻沈睡不醒的雄獅，甚至比一隻凶悍的小花貓還要管不住耗子！

拉斯卡斯高淘汰率策略使得本園不僅擁有二個二軍酒「侯爵園」(Clos du Marquis) 及「大堡園」(Château du Grand Parc)，甚至有三軍酒貝格農園 (Domaine de Bigarnon)，這也是拉斯卡斯，特別是德倫值得傲人之處。二軍酒「侯爵園」早在一九〇四年就釀製。本來在一般酒廠已經可以列入本廠正品牌的葡萄在拉斯卡斯都被淘汰至二軍，況且拉斯卡斯的水準與杜可綠一樣，早就有資格晉級一等頂級之列，所以「侯爵園」亦可列爲二等或三等頂級 (其所使用的木桶除了拉斯卡斯的「淘汰」品之外，同時每年會有四分之一的新桶)。但是其價錢僅爲一軍酒的三分之一，自然能吸引到眞正識貨的愛酒人士。另一個二軍酒名爲「大堡園」，這是在一九七七年才推出，特別保留給二個葡萄樹較年輕的小園區所釀造的酒，所以產量甚少。至於三軍酒不是年年生產。

37 Château Cos d'Estournel
柯斯‧德圖耐拉堡

- 產地：法國‧波爾多地區‧美多(聖特斯塔夫)區
- 面積：70公頃
- 年產量：300,000瓶

在波爾多地區九千個酒堡中，有一座東方式的建築，乍看之下會以爲可能是一位中國人或是日本人在此開園設堡。實際上，這個名叫柯斯‧德圖耐拉（以下簡稱柯斯）的主人，確是道道地地的法國波爾多人。這個人可以說是一個浪漫的人物，爲了酒貢獻了一生！在十九世紀初，一位名喚德圖耐拉(Louis-Gaspard d' Estournel)的商人，在美多的聖特斯塔夫鎮擁有一塊小丘陵，地名叫「柯斯」(Cos)。柯斯是古代方言，可能意指「石頭坡」，猜測此小丘陵原本是石頭野草滿佈，但地點奇佳，正對波儀亞克區的北部，與拉費堡相接。大概在一八一一年夏天，德圖耐拉決定仿效隔壁鄰居拉費堡，全力投入釀酒。因爲他分析了兩園的土壤及氣候，認爲成功機率很大，便將僅有的十二公頃園地開始種了葡萄。辛苦沒到一年，因債台高築，不得不以五萬法郎代價賣給一個巴黎稅務員，並且言明五年內得以原價買回。但一直到十年後，他找到五個當地商人支持他，才買回本園。此後直到一八四七年，他陸續購入鄰近八十個小園，使園區擴張到五十七公頃。自一八三○年開始就著手建築釀酒房；同時他也認爲蓋一個令人印象深刻的釀酒房，將有助於提高別人對柯斯酒的印象。

COS D'ESTOURNEL

本堡的標誌是一隻大象背馱中國式寶塔，結合印度與中國風味，構成標準歐洲人的「東方感覺」。

和當時的歐洲藝術家一樣，德圖耐拉對於東方藝術極爲景仰，當決定興建酒堡時，他摒棄幾乎所有波爾多酒堡的歐式建築模式，而雜取各類東方國家的建築風格——當然是標準的「一千零一夜」傳奇所構築的想像：例如三座中國式的鐘樓（二次大戰時德軍曾在樓上設機槍陣地）、印度雕像、非洲

東部蘇丹的木雕門、鐘乳石筍所造的長廊。所以我們說它是「東方式」，但不屬於任何一個亞洲地方的建築形式。這一個頗有現代新藝術（Art Nouveau）的建築眞的達到宣傳的效果，也成爲聖特斯塔夫的觀光地標！

至於本園佳釀是如何獲得酒客們的青睞？除了本園的地理、天候和拉費堡是一樣的「天生麗質」外，也得力於園主的善於推銷。據說本園的名氣是靠一箱曾經「出過遠門」的酒造成的。德圖耐拉素與中東有生意往來，未經證實的說法是他販賣阿拉伯種馬到印度！這個說法疑點甚多，因爲很難想像業主可以住在波爾多，遙控指揮在中東—印度進行這種需要豐富人脈關係的販馬事業（可能是因其東方式的酒堡引人產生這種天方夜譚式的遐思及謠傳）。故事的下半段是，他曾寄一箱柯斯酒給中東的客戶，但不知怎樣，本箱酒無法寄達退回本堡。園主把這箱漂洋過海——注意曾漂洋到炎熱地區——的柯斯開瓶試飲之後，沒想到酒質絲毫不受影響，柯斯酒「酒性堅強」之說一時流傳在波爾多街頭巷尾。這個傳說是眞實或是捏造，恐怕尚待查考，但是柯斯酒在十九世紀中葉之前已獲口碑，倒是不假！

三座東方式寶塔的本園，已成為整個波爾多地區最有「外國風」的建築物。

然而，德圖耐拉究竟不是財力雄厚的資本家，建園所費不貲，以致於債台高築，於一八五二年無奈的將之轉賣。新園主沒有將他掃地出門，但讓他住在廚房，另外還給他一匹馬和一小塊果菜園。但他的健康已惡化，一年後（一八五三年）德圖耐拉齎志以歿，未能親睹一八五五年評鑑表上自己一手栽培的柯斯被列爲二等頂級酒。莊園被賣給一位英國貿易商馬丁斯（Martyns），所出的價碼高達一百一十五萬法郎，高過了次年羅吉德家族購買木桐的一百一十二萬法郎。柯斯在往後半世紀之中又經過四度易手，直到一九一七年由吉內斯特（F. Ginestet）所購後，即未再轉手。 吉內斯特在一八九九年創立波爾多航空公司，是一名航業鉅子，一九四九年曾買下瑪歌堡，直至一九七七年才轉手;同時是在上方一個酒園「馬布切堡」(Château de Marbuzet）的主人。一九七一年他將本園讓給妹妹普那斯(Prats)，普那斯再交予兒子布普諾（Bruno）掌理，一九九八年再轉售B.Taillan集團及四個阿根廷企業家。

柯斯坡度剛好朝著東、南、西三個方向，因此全天都可得到陽光照射，產地面積現爲七十公頃。種植密度爲每公頃一萬株，樹種以卡貝耐・索維昂(60%)爲主，其次爲美洛(38%)，間有少許的卡貝耐・弗蘭；樹齡平均在三十七年，收獲量每公頃約六千五百公升。

柯斯成園時就以隔鄰的拉費堡的成就爲標竿，一八五二年英國馬丁斯以天價購得本園後，就聘請當時已相當有名，格拉芙的「歐・布利昂・教會堡」(La Mission-Haut Brion) 的園主查佩拉(Jerome Chiapella) 屈就總管一職。因此，三年後能擠入二等頂級的「銀榜」，其來有自。在採收期會有十二個監收員在輸送帶上嚴格把關採收來的葡萄，在發酵後僅有一半至三分之二的酒可以冠上「柯斯」之名，餘則充作二軍之用，即「馬布切堡」(Château de Marbuzet)。馬布切堡位在柯斯正上方，位置奇佳，只有五公頃大。本酒園以風景秀麗及酒堡像極了白宮而聞名。本是有自己招牌，但自一九八〇年中期變成柯斯的二軍酒廠，倒也靠著柯斯大名而聲名大噪。柯斯的醇化平均用七成五全新的木桶，若干年份（如一九八五及一九八六年）則達百分之百全新的木桶，期間爲十至十二個月不等。柯斯無須久藏即可以享用，一般只要四年就可成熟，它是典型美多區的代表，味道集中而優雅，但也有層次感，可以感到有成熟水果味與木材香味。

一般而言，美多地區所屬的四個酒區中，面積占第二位的聖特斯塔夫所產的

據說是恩格斯送給馬克思結婚時的禮物：聖・特斯塔夫的首席代表—柯斯・德圖耐拉堡。

酒，都遜於其他三區。最好的列入二等頂級的僅柯斯與「孟特羅斯堡」(Château Montrose)， 列入三等的只有──「卡農·西谷堡」(Château Calon-Segur)，成績不甚光彩。柯斯理應是聖特斯塔夫區的首席才是，惟六〇年代一度失手，被孟特羅斯堡與卡農·西谷堡超越，但在八〇年代力圖振作，又穩坐「聖特斯塔夫第一」的寶座。

柯斯在英國倫敦最受歡迎；據稱蘇聯解體前的共產政權中，最重視的也是柯斯。有一則流傳頗廣的典故：據說一八四三年年方二十五的德國哲學博士馬克思與一位貴族珍妮 (Jenny von Westphalen) 結婚時，這對新人收到友人恩格斯所送的禮物，便是一箱柯斯！這段在酒史上引爲佳話的眞實性，恐令人懷疑。據史學家的考證，馬克思是在婚後才在巴黎結識恩格斯，顯然是張冠李戴。不管這則傳言的正確性如何，至少可以佐證柯斯當時的名氣之盛！

本園酒標中的柯斯（Cos）字體特別顯著，故本酒即簡稱柯斯酒。「德圖耐拉」對一般人而言，不僅難唸又十分難記 。

葡萄酒與藝術

酒神行列

酒神巴庫斯從小就被牧神、山林女神及一批信眾、侍從左擁右抱，天天飲酒作樂，所到之處無不人聲喧嘩，熱鬧非凡。本幅德國十八世紀畫家西卡茲（ Johann Conrad Seekatz,1719-1768)的作品，描繪少年的巴庫斯不勝酒力，坐在小驢上醉得東倒西歪，一幫酒友們在一旁扶持，巴庫斯醉態酣然的模樣十分生動。現藏德國但史塔市（Darmstadt)邦博物館。

38 Château Montrose
孟特羅斯堡

產地：法國・波爾多地區・美多(聖特斯塔夫)區
面積：68公頃
產量：360,000瓶

聽說在波爾多地區有一句傳言：葡萄仙子愛看水。所以凡是可以瞻望得到河流——吉宏達(Gironde) 河——的葡萄園便會得到葡萄仙子的祝福，葡萄自然長得好。柯斯堡居高臨下，可一覽吉宏達無遺。另一個也享有同樣地勢的，是在柯斯右上方，正靠在河邊的孟特羅斯園。

孟特羅斯的成園不滿二百年。一八一五年一位在本地區頗有資財的地主杜木蘭 (E. T. Dumoulin)，也是著名卡隆‧西谷 (Calon-Segur) 酒園的園主，看中了離聖特斯塔夫村南邊幾公里、靠近河邊的一塊小山坡地。這個山坡土質不錯，有不少可保溫的礫石，下層土壤則是含鐵質的黏土及一些石灰岩，坡上長滿了紫紅色的石南花、金盞花以及荊棘。杜木蘭開始一步步開墾，時在一八一五年。到了十年後，葡萄已順利釀出好酒，廠房也蓋妥，杜木蘭給這支新酒取名「孟特羅斯」 (Montrose)。爲何取此名的原因，杜木蘭並未透露。有人推測大概是由本園望出吉宏達河，每當中午水氣氤氳，整座山彷佛玫瑰色(rose) 迷漫，遂取名「玫瑰山」(Montrose)。同時本園到處都盛開紫色的石南花，這種推測也增添了本園的浪漫氣息。

一八二四年時杜木蘭售出卡隆・西谷酒園，得款項六十萬法郎，遂將孟特羅斯由當時的五、六公頃加以擴充。七年後，規模到四十公頃，其中葡萄園面積已達三十一公頃。到了一八五五年波爾多評鑑時，本園面積已達九十六公頃，葡萄種植達五十公頃。在這次評鑑並獲得輝煌佳績第二等頂級，和柯斯是本區兩個晉入

本堡一八八三年的酒標籤，已和現在的有顯著不同。本園當時的所有人為杜甫士(M. Dollfus)。這張有一百年歷史、珍貴的標籤為友人黃應得先生所提供。

平實厚重，十分適合「純男性」飲宴場合享用的孟特羅斯堡。

第二等頂級的酒園！而杜木蘭老園卡隆・西谷成績也不錯，晉入第三等頂級。一八六一年杜木蘭死後，後代無意經營，一八六六年以百萬法郎賣給杜甫士家族 (M. Dollfus)。杜甫士繼續擴充本園規模，到了一八八七年杜甫士去世，因無子嗣繼承而拍賣時，本園已達到差不多今日的局面：總計九十五公頃，其中葡萄園爲六十五公頃。此次新東主以一百五十萬法郎購得。新東主荷斯坦 (Hostein) 家族的家財萬貫，已經購得了鄰園柯斯，在一八九六年以一半的代價(八十萬法郎)半賣半送給女婿香末綠(Louis Victor Charmolüe)。香末綠本人是在聖特美濃區最有名的酒園飛香堡(Château Figeac，見本書第43號酒) 內出生，因爲其母即是飛香園園主的掌上明珠。同時也繼承了其岳父留下的柯斯園。香末綠本身也對政治有興趣，自一九〇〇年起迄其逝世的一九二五年，連續擔任聖特斯塔夫鎭的鎭長達二十五年。在死前的一九一九年他將柯斯園賣給吉內斯特家族，但本人仍保有本園。其家族迄今仍是本園的唯一所有權人。

孟特羅斯園六十八公頃土地的土壤是砂石相間，排水的功能甚佳。其中葡萄以卡貝耐・索維昂占六成五爲主；美洛占二成五以及卡貝耐・弗蘭占一成次之，樹齡平均爲二十八歲，可說是年華正盛。每年大約生產三十六萬瓶，這數量不可謂不豐！

基本上，本園像是一個豐衣足食的資產階級！自從一八一五年設園以後，一切都按部就班，沒有驚天動地的故事發生，所以頗似巴哈的音樂，四平八穩但又瀟灑飄逸！即使是第二次世界大戰期間，本園

爲德國的砲兵徵用進駐，四周掘成防空陣地以保護附近的煉油廠，以致引來英國飛機轟炸，但也沒造成致命的損失。戰後本園繼續造酒，彷彿一切都沒發生過！

孟特羅斯酒是以顏色暗紅、酒性含蓄內歛、深沈複雜、單寧深厚著稱，至少需陳上二十年——或是更久，才會顯露特性。所以許多飲酒人士會覺得本酒有「放不開」的沈鬱氣息！記得一九九六年底我曾與友人品嚐一九八二年份的本酒，必須等到開瓶二個鐘頭後，才嗅出其淡淡的玫瑰花、橡木、熟櫻桃的氣味夾雜在仍然十分濃厚的單寧之中。本酒使用一半以上全新木桶，醇化期爲二年左右。一九九二年秋，派克把一九九○年份孟特羅斯酒評爲一○○分，頓時價格飛漲，本酒似乎走上幸運之路了。

自一九八三年開始，本園推出二軍酒「孟特羅斯之夫人」(La Dame de Montrose)，價錢中等，但較輕、較易入口，也頗受內行人的歡迎！

葡萄酒與藝術

酒神巴庫斯銅像

這是義大利十六世紀中葉，仿米開朗基羅「大衛」雕像而作的酒神巴庫斯青銅像。酒神希臘名戴奧尼索斯(Dionysos)，是希臘人最重要的神祇。人們崇拜酒神，因爲酒是「愉快的製造者」，可以讓憂愁離開每一顆心靈。酒神是快樂的神，同時也是殘酷的神，這種矛盾反映了酒能鼓舞人心，但飲酒過量卻能使人狂亂的特性。銅像現藏維也納藝術史博物館。

39 Château Margaux
瑪歌堡

- 產地：法國．波爾多地區．美多(瑪歌)區
- 面積：74公頃
- 年產量：240,000瓶

瑪歌堡位於美多的瑪歌區內，整個瑪歌區占地一千一百五十公頃，到處散佈著葡萄園。瑪歌區在一八五五年的頂級酒評鑑表五等、六十一個酒堡中，共占有二十二個之多，超過波爾多其他產酒區。而瑪歌酒區酒園的代表作，就是以地名為堡名的瑪歌堡。瑪歌堡的歷史悠久，故園主物換星移的情形也特別嚴重。瑪歌以何為名已不可考。本地區在十三世紀曾建有一個防衛海盜的堡壘——和拉圖堡一樣——，是本地區最早的建築。嗣後成為堤防區，浚退積水，砍掉樹林後，在當時已逐漸種起葡萄。由歷史文獻可以考證出在十五世紀，本園產權就在當地貴族中間轉來轉去。大概在一八六〇年時，本園在貴族道立德 (D'Aulede) 家族手中，已發展接近今日的局面！光是種葡萄的面積已達七十公頃。到了一七五五年園主成為瑪歌男爵，並有一個侯爵頭銜，和另一個著名的西谷公爵(見本書第31號酒) 並為波爾多二大權貴人士。日後，本園又在貴族複雜的婚姻關係中頻頻易手，直到法國大革命前夕，一直都在貴族手中。

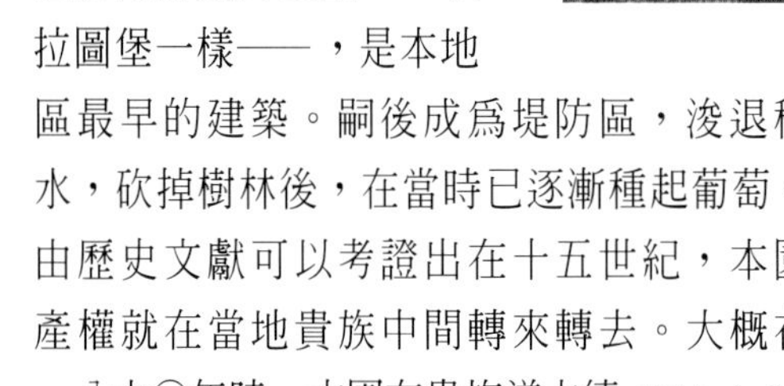
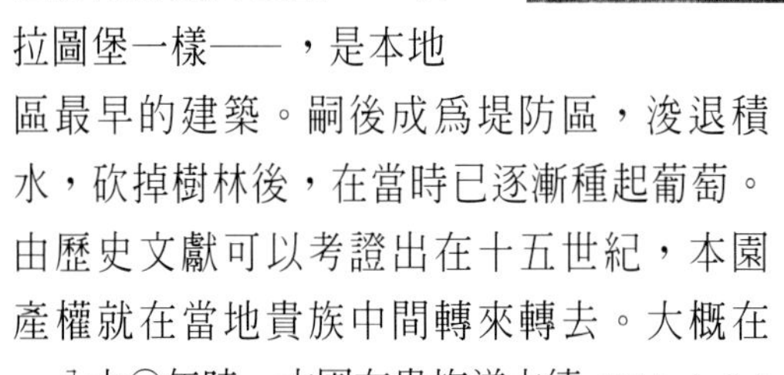

波爾多地區最優美的建築物——瑪歌堡。

在大革命爆發前，美國第一位駐法大使傑佛遜就特別喜愛瑪歌堡，便將本園列為法國四大名園之首位！傑佛遜的品酒力果然一流！在他題品四大名酒(一七八七年)六十八年後的一八五五年，波爾多頂級評鑑的四大一等頂級竟和傑佛遜的選擇完全一樣！

法國大革命後的腥風血雨也飄到典雅秀

右頁／法國精緻飲食文化的最佳代表——一九八二年份的瑪歌堡。左邊為明代木雕菩薩（作者藏品）。

BOUTEILLE AU CHATEAU
CHÂTEAU MARGAUX
CHÂTEAU-MARGAUX
GRAND VIN
1982
GRAND CRU CLASSE 1855
FRANCE
MARGAUX CONTROLÉE
AGRICOLE CHATEAU MARGAUX

逸的瑪歌堡。園主達格利寇侯爵 (Marguis D'Agricourt) 亡命海外，妻子及岳父全被推上斷頭台，瑪歌堡被充公拍賣。隨後又是一連串跑龍套式的買賣，其中值得一述的是，在瑪歌堡被當作「逆產」充公，一八〇二年由科羅尼亞侯爵 (Bertrand de la Colonilla) 買下。科羅尼亞建築了一個希臘圓拱柱式的城堡（類似美國白宮），一八一〇年落成後，瑪歌堡成爲整個瑪歌地區，甚至是波爾多地區中最優雅的城堡。一八三六年，本堡復爲巴黎社交界十分活躍的西班牙銀行家阿古多侯爵 (Alexandre Aguado) 所得。瑪歌堡被西班牙人掌有近半世紀，一八七九年才回到法國人手中，買主是「法蘭西銀行」總裁皮雷・維爾伯爵 (Pillet-Will)，以五百萬法郎代價購得。到一九二一年瑪歌堡再度易手後，接連數次的移轉，每次都沒有維持太長時間。在上文介紹柯斯堡時已提到的吉內斯特家族，自一九一七年購得柯斯堡後，復於一九三五年起購得本園一部份股份，日後一面賣掉手上其他較差的酒園，一面集中火力買下其他小股東，終於在一九四九年完成收購，入主瑪歌園。

一九八五年份的瑪歌堡十分精采。

到了一九七〇年代，世界性的不景氣，特別在一九七三年及七四年之際，使得吉內斯特家族不堪負荷，讓售之議再起。這回洽商的買主是美國國家釀酒公司 (National Distillers)，售價是八千二百萬法郎。消息一經披露，震動四方，因拉圖堡及歐布里昂堡皆已落入外國人手中，哪堪本堡再淪陷？法國人民紛紛要求政府阻止此「大逆不道」的買賣，最後法國政府以「維護重要文化遺產」的理由不准買賣，要迫使洋基佬打消念頭。然而，生意終究還是生意，瑪歌堡終於在一九七七年賣給希臘裔的安迪・門徹洛波魯斯 (Andrè Mentzelopoulous)。安迪乃法國最有名的食品連鎖店菲利・波坦 (Felix Potin) 的總經理，本人也是法國最大葡萄酒連鎖店尼古拉的最大股東，已入法國籍。所以瑪歌堡的產權未落入外國人的手

中，法國人的民族感情總算獲得尊重，當時的售價比原來賣給美國人的價錢少了一千萬，爲七千二百萬法郎，不愧是贏了面子，又省了銀子！

安迪先生以完美主義的精神與劍及履及的精力，花下了大筆的金錢修復了酒堡的一切，並對專業釀酒師傅的建議言聽計從，特別是也禮聘波爾多大釀酒師裴洛當顧問。瑪歌堡經此一新耳目，翌年（一九七八年）即獲得豐碩的成果。但是安迪先生卻無福長久享受成功帶來的榮耀，喝到一九七八年份的瑪歌堡不久後，一九八○年便與世長辭，享年才六十六歲。產業由女兒柯琳與未亡人蘿拉來接掌。一九九二年義大利的阿格耐家族 (Agnelli) 買下了瑪歌堡門徹洛波魯斯家族的沛綠雅集團(Perrier，是以礦泉水著稱)，瑪歌堡也就落入義大利人的手中了，不過柯琳還是擁有相當的股份，也仍享有本園的經營權。

瑪歌堡地處四個美多區中一等頂級葡萄園的最南處，同時土壤的構成最爲複雜。土壤是細碎石黏沙土及石灰石，色澤很淡。大致上以卡貝耐·索維昂最多 (75%)，美洛次之(20%)，小維多與卡貝耐·弗蘭再居次(分別爲3%與2%)，這種比例與拉費堡極爲類似。種植密度隨土質與葡萄種不同而異，在碎石土則以每公頃一萬株爲原則，若植美洛種，則每公頃僅六千株。

本園長年僱有園工近六十人，在採收期間另外僱用二百名採收工人，精挑細選、剔除成長不佳的葡萄。在發酵後會再進行分級一次。瑪歌堡除有七十四公頃專門生產紅酒的園區外，另有十二公頃生產白葡萄酒，稱

波爾多地區乾白酒最好的選擇——瑪歌白亭。酒體白中帶黃，清清爽爽讓人一看就暑氣全消。

可算是波爾多地區紅酒「二軍酒族」祖師爺的瑪歌紅亭。

爲「白亭」(Pavillon Blanc)。全是由白索維昂(Savignon Blanc)所釀，會在全新木桶中醇化半年左右，年產五萬瓶上下，是波爾多最好的乾白酒，價錢極高。而在百年前，已經創設了二軍酒，可說是所有二軍酒的祖師爺。對於不合標準與較年輕的葡萄樹(「正宗」瑪歌堡的葡萄樹平均四十歲)所生產的葡萄便列爲二軍酒—「瑪歌堡的紅亭」(Pavillon Rouge du Château Margaux)的原料。紅亭酒的品質雖不足以和木桐「第二酒」或拉圖堡之「堡壘」相提並論，但也足以列入第四或第五等的頂級了。

裝瓶前的瑪歌堡，需要先在全新木桶中經過二十至二十六個月的醇化。瑪歌堡本身有造桶廠，但爲了平衡與使酒味多元化，三分之二的木桶另向其他五家造桶廠購買。同時酒在換桶時都經過重組，使其味道與品質趨於一致。近年來嚴格進行這種品管的工作，使得瑪歌堡的水準非常整齊，品酒家公推此乃安迪先生的功勞。因爲在吉內斯特家族主園的最後二十年，本園已經明顯的走下坡。酒質不佳單薄，不耐久藏，甚且芬香氣味已盡失，已經不配享有一等頂級的資格。所幸安迪接掌，才賦予本園的新生命！如今本園已完全恢復應有的水準！一般公認瑪歌堡是波爾多酒中的代表作：細緻、溫柔、優雅以及中庸的單寧酸。瑪歌堡的佳釀無論如何一定要平心靜氣，細細品味才能體會其「弦外之音」。正像愛樂者聆聽歌劇女王卡拉絲演唱貝里尼「諾瑪」(Norma)劇中的"Casta Diva"，或是梅蘭芳唱崑曲的「遊園驚夢」一樣，非有細嚼慢嚥功夫，不能產生餘音繞樑的體會！

40 Château Palmer
帕瑪堡

- 產地：法國．波爾多地區．美多(瑪歌)區
- 面積：44公頃
- 年產量：150,000瓶

在美多的瑪歌區僅有二家入選「百大」，除了瑪歌堡外，便是位在緊鄰其正南方的帕瑪堡。一八一四年拿破崙大軍在莫斯科遭到大風雪的侵襲而潰敗，終結了拿破崙英雄式的一生，以英國、普魯士為首的軍隊因此進占了法國。其中一支英國威靈頓公爵的軍隊在三月十二日開到波爾多地區，領軍的查理．帕瑪少將 (Charles Palmer) 不久就買下了一個叫作「戈斯克」的葡萄園。戈斯克，本地區一個望族，早在二百五十年前就在本地區擁有不少土地，二百餘年來子孫繁衍，園產也增多，其中就有一個以家族為園名的「戴．戈斯克堡」 (Château de Gascq)。關於將軍購此名園的經過，英國著名的酒學專家寇奇士 (Clive Coates) 曾述出一個浪漫的經過：將軍進駐瑪歌區後不久，有回因公赴巴黎，在里昂上車時，巧遇新寡的戈斯克堡堡主之遺孀，她正要赴巴黎尋覓買主。由於急售，索價只要市價四分之一。兩人相談甚歡，馬車未到巴黎，生意即成交，將軍於同年六月份即入主本堡。

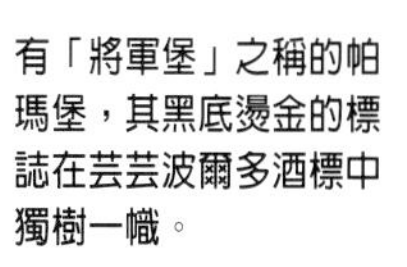
有「將軍堡」之稱的帕瑪堡，其黑底燙金的標誌在芸芸波爾多酒標中獨樹一幟。

對於帕瑪將軍的生平，寇奇士也考證出來。帕瑪是一個標準的中產階級家庭，直到他父親時代，才由經營家傳啤酒店及燭台店的生涯轉而從政，當選巴斯 (Bath) 市市長，晉身上流社會。帕瑪遂得就讀伊頓中學、牛津大學，而後從軍。起初帕瑪官運頗佳，一入伍就在英國親王擔任司令官的部隊服役，後來且擔任親王副官，於是在三十七歲時晉升少將。將軍入主本園後，即將本園委託一個英國同胞葛雷 (Gray) 處理，在葛雷的慫恿下，他一步步搜括，擴充園地，總共達十二

帕瑪堡有著濃郁的果香，層次複雜，氣味特殊，讓人一聞即知。

個之多，併入了本園，使面積由六十公頃增加到一百六十公頃。園區擴大代表花費增加，就考驗將軍的財力了。將軍搖身一變爲酒園主人後，仍在軍隊服役，但此後不論是在軍隊或是日後從政 (擔任巴斯市代表) 皆極不遂意。在軍中因觸怒親王，於一九三〇年退伍。同時，所託非人，葛雷是一個騙子，虧空甚大，帕瑪逐漸債台高築，付不出釀酒及員工費用。心情鬱卒，將軍開始酗酒及賭博，情形愈發不可收拾，園產一片片的賣出，最後在一八四三年以二十七萬法郎代價賣給一個債權人。帕瑪離開波爾多傷心地返回到倫敦，以後便無人知其下落，僅知在一八五一年於倫敦市獨身貧病以終！

當初帕瑪買到本園時，被認爲是英雄佳話，報上頗多報導，將軍一夕成名，同時英國人也對一個冠上英國姓名的法國酒園比較容易記得住，帕瑪堡在英國市場上輕易地擄獲人心。另一個類似的例子是位於聖朱利安區的投波堡 (Château Talbot)，是以十五世紀英國名將投波伯爵 (Earl John Talbot) 命名的。帕瑪也靠著他的關係回英國促銷，包括邀請親王參加品嚐會，所以在英國頗受歡迎，帕瑪堡反倒是靠外銷英國爲主，在國外的知名度較高。帕瑪將軍賣出本園後，轉了二手，在一八五三年被猶太裔葡萄牙億萬富翁裴雷爾 (Pereire) 所購得，裴雷爾挾其雄厚財力，興蓋城堡，增購園地，聘一流釀酒師，本園又恢復活力。

裴雷爾家族掌理本園半個世紀後，也免不了衰敗命運。歷經過第一次世界大戰，及戰後大蕭條的衝擊，以及人數高達三十餘個成員的家族鬥爭不斷，導致本園管理失調，到了三〇年代，只能靠賣園地來支撐。一九三八年

本園終於易手，買主是四個酒業同行組成的聯合公司。再經五十年來這四個公司股東賣出買進，目前只剩兩大家族 (Sichel 以及 Mahler- Besse) 擁有。這兩個酒業世家皆清楚如何釀出好酒，本園總算良駒入伯樂手中！

在上個世紀，帕瑪堡的價錢往往和瑪歌堡不相上下，有時且超過之，在本世紀亦然。例如自一九六一年至一九七七年爲止，帕瑪堡皆能超過瑪歌堡，直到一九七八年瑪歌堡奮力急起直追，帕瑪堡的優勢方被取代。但到了一九八九年，又被帕瑪堡一度奪回寶座。帕瑪堡既有壓倒瑪歌堡的雄厚實力，因此雖在一八五五年「屈就」三等頂級，以帕瑪園就在瑪歌園的正下方，地理條件沒什麼不同，我們倒也願意相信帕瑪的光明前景！不少行家如休強生，即認爲帕瑪堡不僅是「超級二等頂級」，而且是晉入一等頂級的候選人。

帕瑪堡所種植者以卡貝耐．索維昂 (50%) 與美洛 (40%) 爲主，另有卡貝耐．弗蘭 (7%) 及小維多 (3%)。種植密度相當的高，葡萄樹的年齡也很高，平均三十七年，少部份是一九二八年所種植，平均收穫量很低（每公頃至多四千公升)。葡萄酒醇化期約在二年上下。一九八三年開始，帕瑪堡也不得不趕上時代潮流，創立了二軍酒——「將軍珍藏」(Reserve du General)。一九九八年改名「Alter Ego」，拉丁文意義爲「第二個我」，年產約十萬瓶。帕瑪堡的釀酒工作則由莎東(Chardon)家族包辦，祖孫三代近百年來皆擔任帕瑪堡的釀酒師。所以對於本園一草一木、土壤、氣候已瞭若指掌。帕瑪堡有柏美洛區所產的那種濃郁的果香味－因爲其使用很高比例的美洛葡萄。也有瑪歌區紅酒的複雜、雋永回甘。名品酒家派克曾道：在特別好的年份，他只要聞一聞味道，而不必品嚐，就可以閉著眼睛認出哪一瓶是帕瑪堡。帕瑪堡的氣味特殊，足讓知音「聞香」即知佳釀矣！

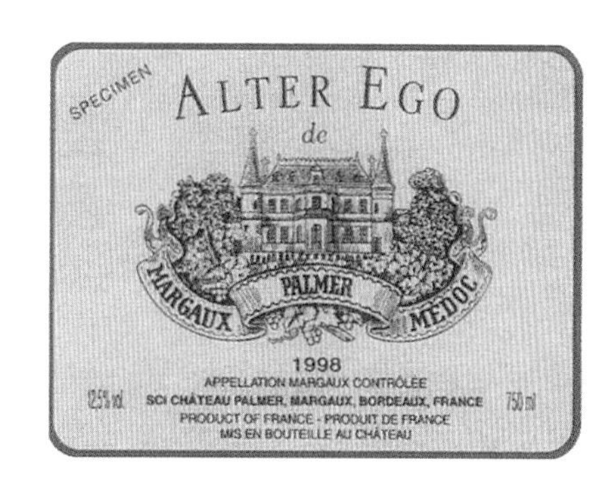

41 Château Ausone
歐頌堡

- 產地：法國・波爾多地區・聖・特美濃區
- 面積：7.3公頃
- 年產量：25,000瓶

在波爾多市東邊五十公里處，也就是在柏美洛區下方，是波爾多地區另一個重要的葡萄酒產區——聖・特美濃 (Saint-Emilion)。在這個面積達五千三百公頃的酒區，也是名園輩出。但在上個世紀中葉以前，本地區的酒普遍品質不佳，甚至有「車夫之酒」的譏諷！故在一八五五年的波爾多評鑑之中，本區並未被列入評鑑的名單。本區在一九五四年開始建立評鑑制度，共分四個等級。最高級爲「超級」(Premiers Grands Crus Classés)，其中又分爲A等及B等；次高級爲「頂級」(Grands Crus Classé)； 第三級爲「優級」(Grands Crus)；至於最低級則僅標明「聖・特美濃」。第一次評鑑名單在一九五五年公佈，爾後原則上每十年應更動一次，但並未嚴格執行，且每次更動不大！値得我們關心的是其「超級」的名單。自首次評比開始，名列A等者僅二家：即歐頌堡與白馬堡。位列B等者迭有所變更，在一九九六年之前有九家，一九九六年增加Château l'Angélus及Château Beau-Séjaur-Bécot兩家，A、B兩等共十三家。超級A等可比照波爾多排行榜一等頂級；超級B等者，可比照類似二、三等頂級的波爾多排行榜。本地區入選「百大」共有五支酒，包括二支超級A等，二支超級B等，以及一支最新才突然冒出的「瓦蘭德倫堡」。我們先由最著名的歐頌堡談起。

聖・特美濃區的超級明星——歐頌堡。

本園早在十八世紀初就已成園，當時在從事木桶生意的卡特納(Catenat)家族手中。十九世紀前半葉再轉給親戚拉法革(Lafargue)家族，到一八九一年再由親戚夏隆家族 (

Challon)繼承，並當作嫁妝進入杜寶(Dubois)家，成爲杜寶・夏隆 (Dubois-Challon) 家族的產業。嗣後，杜寶・夏隆多了一位女婿伏替(Vauthier)，於是本園就由此兩家族所有，股權各一半。

本園在最早的一代園主卡特納時就取了一個響噹噹的園名：歐頌堡，當時約一七八一年左右。歐頌 (Decimus Magnus Ausonius, 310-394) 是羅馬時代生於此地的一位羅馬教授、詩人，由於當過「太子太傅」——羅馬皇帝當太子時的老師，故官運亨通，官至當地總督及樞密院長老。他以愛酒出名，曾經在波爾多及德國擁有酒園 (見本書第72號酒)。當然現在無法證明歐頌老先生就是在歐頌園的現址種葡萄，喝酒吟詩！不過，幸虧本園面積不大，歷代園主還算爭氣，所以在十九世紀中已躋身本地區最好的三、五家酒園。到了本世紀初已無疑穩居本地區最好的酒園。

歐頌堡地朝東南，所以可以擋掉西北風，坡度甚陡。表層的土壤厚度平均僅三十至四十公分，因此樹根可輕易穿過土壤，透穿至下層的石灰岩、礫層土與沖積砂等。卡貝耐・弗蘭與美洛各占一半，葡萄樹平均年齡爲五十年。歐頌堡的面積僅七公頃，所以是一個精耕式的園地。一九八九年每公頃產量爲四千五百公升，一九八八年爲三千七百公升，一九八一年則僅有二千二百公升，可見其產量之稀。酒廠的設備堪稱袖珍，年產量只有二萬五千瓶。初榨汁的歐頌堡會在全新木桶內醇化十六至二十個月之久。

在五〇年代至八〇年代，歐頌堡一度表現平平，葡萄揀選隨便，醇化用的橡木桶使用新的比率太低，使得酒體薄弱，香味不足，大家已經懷疑歐頌堡是否已到了該卸下

有「詩人之酒」美稱的歐頌堡。由於中文頗能「以字傳義」，「歐頌」一詞令人馬上與詩文聯想在一起。

本地區第一名園的頭銜！最主要的原因是園主、總管及釀酒師不是老病就是到了退休年齡，難免使本園暮氣沈沈。一直到了一九七四年園主杜寶・夏隆去世，遺孀海雅(Helyett)終於放下照顧「病夫」的重擔，開始整頓。次年，她就聘請剛讀完釀酒學業，年方二十歲的德貝克 (Pasal Delbeck) 負責本堡的釀酒工作。他是一位年輕、並無太多經驗的釀酒師，也因此，

photo©Youyou

歐頌堡的風光何其秀麗，誰知堡內盡是齟齬人？

這個大膽的決定造成了兩個所有權人的齟齬，並反目成仇。此情形並不因日後證明海雅的「識人之明」——德貝克表現極出眾，並造成本園的復興——而稍有改變，海雅雖是目前代表伏替家族的二位兄妹亞倫(Alain)和凱薩琳(Catherine)的姨婆，且分住歐頌堡的二邊廂房，但彼此不交談，來往只靠掛號信函。幾年來為爭取本堡的經營權，兩家對簿公堂上，互有輸贏。直到一九九六年一月，法院才確定經營權由伏替兄妹擁有。同時法院也決定本堡總值為九百五十萬美元。

輸了官司後，七十八歲的海雅不願與侄孫輩們共事，便放出讓售風聲。在一九九三年風風光光買下拉圖堡的皮諾(Francois Pinault)早就垂涎歐頌堡，立刻開出一千零三十萬美金，高過法院定價及當年購買拉圖堡平均地價一倍有餘，買下海雅的股份；同時皮諾也以同樣的價錢要求伏替兄妹讓售本堡另一半股份。伏替兄妹左思右想始終捨不得離開本堡。而且依法國法律，共有人可以在一個月內擁有承購共同股份的優先權。於是伏替兄妹狠下心

來，四出借貸，買下海雅姨婆的股份，成為本堡唯一所有人。皮諾先生染指本堡的企圖遂成泡影。這兩年來，本堡由四十三歲亞倫當家，並自一九九五年起聘請極有名的釀酒大師羅蘭(M. Rolland)擔任顧問，一九九五年份的本堡佳釀又獲得熱烈的掌聲了！

在六〇年代及七〇年代，歐頌堡不能和波爾多五個一等頂級酒相提並論，價格大致差了百分之三十至五十；但到了八〇年代，兩者價錢已經打平。到了九〇年代開始，歐頌堡已經超過木桐堡等。每年本堡僅有二萬五千瓶的產量，是上述諸名酒的十分之一，將來行情絕對只漲不跌！

歐頌堡既是以詩人歐頌為名，故一直有「詩人之酒」的美譽。但這個詩人並不是一個平易近人的詩人，而是高傲、有濃厚孤芳自賞的氣質。可知本酒要等很久的時間才會變得平順入口。至少在十五年後，你會對單寧中庸、顏色至美，香氣極集中又複雜的歐頌堡驚嘆不已！派克先生有一句話形容：「如果耐心不是您的美德，那麼買一瓶歐頌堡就沒什麼太大的意義！」以我個人的經驗，歐頌堡成熟後極似花堡 (拉弗爾堡)，其高貴的氣質卓絕出眾！

葡萄酒與藝術

酒神祭

本書介紹第30號酒木桐堡時，曾提到畢卡索的「酒神祭」畫作。此幅膾炙人口作品的「古典版本」，即為上圖。由義大利文藝復興時期的大畫家提香 (V.Tiziano, 1488-1576）在一五一九年前後所作。描繪春天的酒神祭慶典中，眾人飲酒作樂的快樂場面。提香將神話故事用寫實的手法表現，構圖均衡，並有強烈的動感。現藏西班牙馬德里普拉多美術館。

42 Château Cheval-Blanc
白馬堡

- 產地：法國・波爾多地區・聖・特美濃區
- 面積：36.8公頃
- 年產量：120,000瓶

白馬堡名稱甚好，容易使人聯想起白馬王子、白馬騎士之類的軼事。事實上只是國王與白色座騎下馬休息的小客棧而已。

如同前面的歐頌堡，白馬堡也是兩個列名在聖・特美濃區超級A等的酒園之一。白馬堡的成園是在十九世紀初，本園以前曾是本地大酒園飛香堡 (本書下一號酒) 的一部份，在當時屬於一個名為杜卡斯的家族 (Ducass) ——就是在一九八九年賣給拉費堡主人之前擁有樂王吉堡一百五十年左右的家族——。一八五二年杜卡斯閨女嫁給一個擁有不少園產的福可・路沙 (Fourcaud-Laussac)，便把當時有三十一公頃的本園當作嫁妝帶來。自此而後，本園就留在福可・路沙家族迄今。一九二七年以設立公司的方式，讓股權集中，不至於瓜分本園。在一九八九年以前，董事會由家族的女婿，也就是波爾多大學的校長艾布拉 (J. Hebrard) 負責。艾布拉崇高的學術及社會地位，提高不少白馬堡的聲勢。一九八九年艾布拉退休後，園務由三位家族女士當權。

本園在一八五三年正式命名為白馬堡。為何挑中此名？據說本園舊址原有一個小客棧名「白馬」，以前有一位國王亨利四世，常在此地下馬休息，亨利四世以愛騎白馬著稱，其徽章即是為「獨角白馬」，客棧便取名為「白馬」。本園這個傳說無法證明是否為真實，但卻流傳甚廣！白馬成園後一直一路順利，首先引入先進的地下排水系統，逐漸擴充園地，酒也頗受市場歡迎，常和歐頌堡並為時人所稱頌的本區二大名酒。

白馬堡雖位於聖・特美濃區，但地近柏美洛區，所以地文與其極為相近。土壤多為碎石、砂石及黏土；下磐則是含鐵質極高的岩層。柏美洛區兩個位列「百大」的康色揚

與歐頌堡齊名的白馬堡，是一支既適合年輕時飲用，又可以陳年的好酒。

堡及樂王吉堡等葡萄園與白馬堡的邊界就只有一條小道路，所以長久以來，白馬堡被視爲是柏美洛區的酒。白馬堡主要種植的葡萄和一般名園以卡貝耐·索維昂爲主的情形不同，挑上了有索維昂「鄉下窮親戚」之稱，且較淡、色淺、早熟、單寧少、較香的卡貝耐·弗蘭(66%)與美洛(33%)，種植密度爲每公頃約六千株。在全新木桶中的醇化期約十八至二十四個月。至於未臻理想的酒則充作二軍，也就是「小馬」(Le Petit Cheval)，自一九八八年開始應市。「小馬」的酒味平平，很難想像其和名駒白馬有什麼關聯，恐怕是幾個一等頂級酒園 (例如木桐堡或拉圖堡) 所推出的二軍酒中最遜色的一個。

白馬堡最大的優點是年輕與年長期都很迷人，年輕時會有一股甜甜吸引人接受的韻味，酒力很弱。但經過十年後，白馬堡又可以散發出很強、多層次、既柔又密的個性。一九四七年份的白馬酒曾獲得波爾多地區「本世紀最完美作品」的讚譽。一九九一年起，本園聘請此地區釀酒世家路頓 (Lurton) 家族的波耶擔任釀酒師。路頓父、子四人都在各名園擔任斯職，另一個兄弟André也在入選「百大」的克里門斯酒園 (見本書第80號酒) 擔任釀酒師。在他的調製下，本園每年的價錢和波爾多一等頂級並無太大差別。

> 酒是一餐中的精神部份，肉僅是物質而已。
>
> ——小仲馬
>
> (法國小說家)

43 Château Figeac
飛香堡

- 產地：法國・波爾多地區・聖・特美濃區
- 面積：40公頃
- 年產量：360,000瓶

品質與價格永遠保持合理的比例，是飛香堡始終能擄獲人心的主要原因。

飛香堡是聖・特美濃區歷史最悠久的酒園，甚至其現名「飛香」(Figeac)也是由羅馬拉丁文「飛香庫斯」(Figeacus) 而來，可見其歷史的悠久。本園早在十四世紀時就已成園，在十七世紀中葉本園因聯姻成爲戴卡爾 (de Carle)家族的產業，那時飛香堡總面積二百五十公頃的農莊，有森林、葡萄園與小湖泊，可說是本堡的黃金時期。本家族擁有本堡一百五十年後，家道開始中落，自一八〇〇年起，入不敷出，必須拍賣產業。一些原屬於飛香堡產業的葡萄園，經此一一脫離飛香堡。其中最有名的，當屬康色揚堡與白馬堡。家產逐一散盡，最後在一八三六年才將本堡賣出。以後數十年間，產權因買賣、婚姻嫁妝等等因素，園東不斷改變。直至一八九二年轉到戴・謝弗孟 (de Chevremond)手中，再入女婿維拉波古 (Villepique) 家族，再因婚嫁進入現今馬龍庫家族(Manoncourt)，百年來始終在親戚中轉手。

現在的園主帝力 (Thierry)早年學習農機，第二次大戰時被德國俘虜，一關就是幾年。戰後主掌本園，由於是學習農業出身，所以頗爲相信新進知識，例如會精選樹種，改良釀酒設備，也會在葡萄樹中間夾植一些莢果，以求生態平衡。特別是帝力頗有歷史情懷，想要展現飛香堡的風光，故本堡一直是野心勃勃；一個老園最怕不進取，飛香堡幸運地免除了這種危險。

本地區有五個鋪滿碎石塊的小山丘，其中飛香堡就占了三個。三個中最高者達三十八公尺，碎石土的厚度達到七公尺，深層的土與岩石都以石灰岩與沖積土爲主。樹齡多

一九八九年份的飛香堡是近年來難得的佳作。

半已有三十五歲，樹種計有卡貝耐．索維昂(35%)、卡貝耐．弗蘭(30%)與美洛(35%)。因此，該地的葡萄種類與美多區較類似，而不像一般聖．特美濃區是以美洛為主，多半占六成以上。目前的栽種面積四十公頃，約是一八九二年時的規模，每公頃年獲量約為四千公升。

收成方面，當然是以人工方式摘取。儘管如此，飛香堡仍比鄰近其他酒園提早一周至二周的收成，葡萄實未達到完全的成熟度。飛香堡釀出來的酒有紅寶石的色澤、濃厚的果香、青草加上焦味，以及淡蘋果香等。飛香堡的確是一個很有特色的酒，在整個聖．特美濃區，最好的酒除歐頌堡與白馬堡外，就屬飛香堡。對於一度隸屬於飛香堡，但看到在一八三二年由本堡分離而出，且仍以「飛香堡之酒」(Vin de Figeac) 為名甚久的白馬堡竟然排名在自己之前，不啻是難堪與難言之痛。無怪乎飛香堡的園主帝力屢屢會對訪客強調白馬堡的出身，以標榜自己與過去的不同。看樣子「阿Q精神」倒不是中國人所獨有，愛面子的法國人也不例外吧！現今本地區仍有十三個園區頂著「飛香」的招牌。

在價格方面，從一九八二年起園主馬龍庫決定要開始超越自己。他對這一瓶十分好的年份，每瓶開價九十五法郎的預售價，僅次於預售價一百四十法郎的歐．布利昂姊妹園的「教會」。此後只有拉斯卡斯於一九八五年 (一百四十法郎對一百二十五法郎) 以及一九八九年 (一百三十五法郎對一百二十五法郎)，兩年所叫的預售價比飛香堡還貴。飛香堡的預售價如此之高，顯示他願意躋身波爾多地區第二等頂級的最高級俱樂部的雄心，志氣倒是可嘉！由於品質與價錢的比例合理，在一九四七年時，飛香堡每年出產的酒還得花上五年時間才能銷售完畢——聖・特美濃區在一九五四年編定評鑑表時，一位評審委員認爲飛香堡不能同白馬堡一樣編入超級A等中，其理由便是因一九四七年份滯銷——，現在只需二天就可銷售一空。這也有另一個理由，因爲主觀上本園的品質、口感和同根同源的白馬堡頗爲接近，但兩者價格相差頗多。例如年份極佳的一九九五年份，在一九九六年年底美國市場的預售價每箱白馬堡是一千四百四十美元；本園只有其四成，即五百六十美元。這當然易吸引行家青睞，連品酒師派克雖然批評飛香堡的許多缺點：例如發酵時間不應只有七天，應該延長至少一倍、等葡萄完全成熟才採收、不能儲藏太久(最多十五年，還必須是在好的年份才行)，但也不得不贊同本園的價格是「中庸、合理」。所以我們可以稱飛香堡爲「最誠實的酒」。

深鎖的愁眉唯有酒能疏潤。

——賀瑞斯（羅馬詩人）

葡萄酒與藝術

酒神祭

另一個酒神祭的古典版本，十七世紀義大利畫家卡匹歐尼（Giulio Carpioni，1613 - 1679）在一六四〇至一六五〇年間繪製。酒神也是葡萄樹之神，每到一處便教人們種植葡萄。古希臘人每年在春天葡萄開始發新芽時舉行酒神的祭典，連續五天，人們停下所有日常活動，人人飲酒歡樂。歷代畫家以此爲題材者頗多。現藏奧地利維也納藝術史館物館。

44 Château Canon
加農堡

- 產地：法國・波爾多地區・聖・特美濃區
- 面積：18公頃
- 年產量：80,000瓶-100,000瓶

加農堡成園約在十八世紀初期之前。本園也是一個出名的老園，響亮的名聲來自最早的園主——海盜出身的傑克·加農 (Jacques Kanon)。他出生在鄧克爾克——二世界大戰前期盟軍著名的撤退地點——的加農，其海盜生涯頗富傳奇色彩。他雖然是幹海盜，但當時正逢七年戰爭 (1756-1763)，法國和英、德大戰，法國海軍不敵英國，當時在海上能率領幾艘船的傑克據說被「招安」，爲國效力，將功贖罪，還官拜上尉。加農船長一面報國，一面將擄獲物納入私囊，於是乎家財萬貫。這個傳說頗爲可信，否則加農怎可能光明正大、悠閒的在一七六〇年以四萬金幣的高價買下有十五公頃大的本園 (同年也是羅曼尼・康帝園易手之時，售價爲八千金幣，但面積只有一公頃，見本書第1號酒)，團團然作富翁狀，而不至於遭到問吊與財產充公的制裁？加農在一七七〇年，亦即十年後，以六萬金幣賣掉加農堡，又揚帆海上做「無本生意」去了。復因加農先生幹過海盜，加農堡有寶藏的傳說一直不斷，所以加農堡也被稱爲「寶藏堡」。

海盜加農將本堡賣給豐特蒙 (Fontémoing) 家族時，本堡仍以原地行政區名稱聖・馬丁 (St. Martin) 爲園名，一八五三年才以名聲響亮的老園主加農之名爲園名。四年後 (一八五七年) 本園又轉賣出去，之後像滾木桶一樣，新東主進進出出，一直到一九一九年由舒泡 (Supau) 購入，當作女兒的嫁妝進入夫家富尼爾 (Fournier) 爲止，名花總算有了穩定的歸宿。富尼爾家族擁有本園將近七十五年，一九九六年十一月，富尼爾家族財力窘迫，

已成為時裝界翹楚香奈兒(Chanel)旗下產業的加農堡。

英雄不怕出身低，園主不是貴族，而是海盜出身的加農堡。

無法籌出一大筆金錢來整修此名園，終於賣給了法國香水及時裝業巨擘的衛特海姆家族(Wertheimer)。本家族手中最有名的企業是香奈兒 (Chanel)，名媛淑女無人不愛此公司的產品。本集團在一九九四年購買到瑪歌區一個頗有聲望的勞山·西格拉堡 (Château Rauzan-Segla) 後，開始對酒園感興趣，不旋踵本園讓售的消息傳開，經過一年有餘，終於以一千八百萬至二千萬美元價錢成交。衛特海姆家族挾其雄厚財力、一流行銷管理才幹，打算投入鉅資修理釀酒設備，也考慮出三軍酒。看來本園璀燦光明的前途已在望了！

加農堡園址位於聖·特美濃市西南方山坡上，三分之二的土壤屬於黏土及碎石土，地下有石灰岩。品種以美洛 (五成五) 及卡貝耐·弗蘭 (四成五) 爲主。葡萄樹平均年齡三十七歲左右，這些樹被修剪成矮樹，年產量很少，平均每公頃四千公升以下。採收與釀造過程一切都毫不妥協地追求完美，未達標準的全被打入二軍酒「加農園」(Clos J. Canon)。精選過的新釀酒會被貯於十分昂貴、且六成是全新的木桶，開始爲期二十個月的醇化。名品酒家派克說，他對加農堡唯一的批評，就是用了「太昂貴」的全新木桶！加農堡(Canon)正如加農砲 (Cannon) 一樣，味道有力，單寧很豐富，味覺很密集。同時要有耐心，才能眞正體會味道究竟有多厚，包含哪些不同的香味！至少要等上七年以後，才可以開瓶欣賞。

加農堡的名氣雖然不太大，以往在聖·特美濃區卻也一直穩坐第三把交椅，僅次於歐頌堡與白馬堡。在八〇年代的某些年份(如一九八二年、八三年、八五年、八六年、八八年

與八九年），依派克先生之見，其水準即使沒有超過白馬堡或歐頌堡，至少也算是並駕齊驅，但價格僅有前二者的一半不到。到了九〇年代，兩者之間的差距更加擴大，例如一九九五年份的白馬堡，一九九六年底在美國預售價每箱爲一千四百四十美元，而加農堡只有三百九十美元，這多少也顯示出本堡價格的低廉。九〇年代以後本園質量未見特別突出，恐怕也有關係！

另外，在購買加農堡時應注意除了聖·特美濃區的這個加農堡外，在該區的西北方不遠處也有一個一千公頃左右的產酒區，這是波爾多地區的「衛星區」，稱爲馮塞(Fransac) 與加農·馮塞 (Canon-Fransac) 區。本來這兩區產的葡萄酒也都極優良，在十八世紀、十九世紀甚至比柏美洛與聖特美濃還要出名。不過經過多年的衰頹後，近年來才又告復甦。擁有彼德綠堡的木艾家族看準這塊園地將來必成大器，於是購買僅占地一公頃，年產量八千餘瓶，也叫加農堡 (Château Canon) 的葡萄園。所以當看到一瓶加農堡時，要注意標籤上另一行是「聖·特美濃頂級」(Saint-Emilion Grand Cru Classè) 還是「加農·馮塞」(Canon Fransac)，兩者在價格上相差三、四倍。至於後者的美麗顏色 (深紅)、適度的單寧，也稱得上是本區最傑出的好酒，更何況園主木艾 (Christian Moeix) 的品味非凡！伯樂園中無劣馬，此一明日之星，且不妨一試乎！

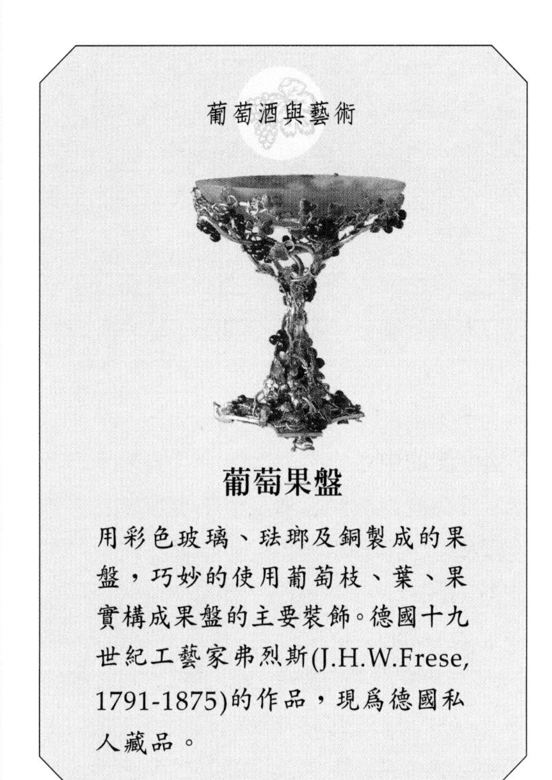

葡萄果盤

用彩色玻璃、琺瑯及銅製成的果盤，巧妙的使用葡萄枝、葉、果實構成果盤的主要裝飾。德國十九世紀工藝家弗烈斯(J.H.W.Frese, 1791-1875)的作品，現爲德國私人藏品。

45 Château de Valandraud
瓦倫德羅堡

產地：法國．波爾多地區．聖．特美濃區
面積：2.5公頃
產量：3,500瓶至10,000瓶

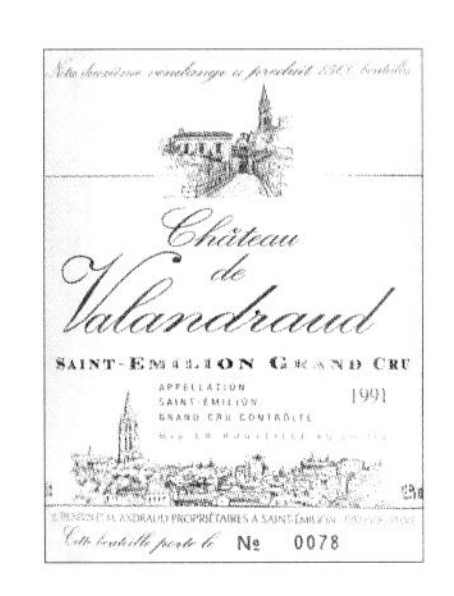

瓦倫德羅堡每年會將釀成瓶數及本瓶編號標明清楚，以表明是「精工釀製」。

這是一個新冒出頭的超級酒園。在三、四年前沒有一個人知道瓦倫德羅堡(Château de Valandraud)，但現在卻是聖．特美濃區價格最高的一瓶酒，遠超過歐頌堡及白馬堡。一九九一年份是本堡第一個上市的年份，卻在一九九六年九月倫敦蘇富比拍賣會拍出每瓶一千美元的高價；一九九二年份及九三年份的也是這個價錢！霎時間全世界的愛酒人士紛紛打探，本堡到底是何方神聖？是從哪裏冒出來的？其滋味如何？

本堡園主圖能旺 (Jean-Luc Thunevin)是一個靦腆的中年人，現年四十五歲。十幾年前本來在波爾多地區開一家小酒店，賣些頂級的波爾多酒，顧客多半是遠東商人。另外也投資開一家小餐廳及骨董店，生意平平。一九八九年他在聖．特美濃區一個普普通通的地方，買下一個名不見經傳的小園，面積僅二．五公頃，自己慢慢學著釀酒。由於他賣了十年的高級酒，知道市面上熱門的波爾多酒的竅門，所以也就嘗試走「高級路線」：園中一切皆靠手工，尤其是由採葡萄開始，去梗、榨汁……，都不假手機器，他和太太兩人親身投入；收穫量儘量偏低，以至於年產量由三千六百瓶至一萬瓶不等，一九九二年甚至只有一千五百瓶 (見標籤上登記的數量)。他們還使用全新橡木桶，並在桶中醇化一年至一年半不等。

圖能旺這個嘗試很明顯的是和柏美洛區的彼德綠堡及樂邦一樣，以「量少質精」來吸引投資客及投機客。果不其然，一上市的瓦倫德羅堡就賣得供不應求，同時也獲得了「聖．特美濃的樂邦」之雅號！

本堡在短短五年就創出了這麼好的佳績，讓百年老店的歐頌堡及白馬堡瞠乎其後，當然會引起許多行家們的義憤塡膺。在行家的筆記中，本堡的評分並不突出。例如派克對本堡前三年 (九一年至九三年) 的分數分別是八十三分、八十八分及八十九分；

沙克林(James Suckling)比較寬厚，分數也只是八十六分、八十八分及九十分及九四年份的九十一分。沙克林甚至重評聖·特美濃十個頂級酒園，本堡還被排在近二十名左右。儘管如此，本堡受到市場的青睞，光憑行家的分數也徒呼負負了！

但不可諱言地，本堡當然有其吸引買主的「起碼功夫」：極熟的果香、豐厚及飽滿的酒體、有明白強勁的回甘，換言之，很能討好人，讓品嚐者馬上知道其是「精釀」的結果！本園葡萄七成五是美洛、二成卡貝耐·弗蘭及〇·五成的馬貝克。

以僅有三年的光輝歷史，當然尚不能斷定本堡佳釀能否耐藏，及耐藏後的品質會提昇到何等境界，從而才能獲得「名酒」的資格。但現在社會誰有興趣捱這麼久？對愛酒人士而言，無疑會歡迎這種新的生力軍的加入，可以刺激已成老大的名園放棄故步自封的心態，也可啓迪許多新進小園園主的信心！有了樂邦及瓦倫德羅堡的成功例子在前，誰說先天不好的小園沒有成爲「超級名園」的可能？只是本園美酒飆到一千美元一瓶，沒法讓更多愛酒及懂酒人士有欣賞及品評本酒的機會，不免是憾事一件。然而，台北誠品書店居然賣有此酒。一瓶一九九二年份及九三年份索價一萬二千台幣，整整低過倫敦拍賣價格的一半。

一九九五年夏天，倫敦酒市場對一九九四年份每箱的預售價，本堡爲四百六十五英鎊，高過拉圖堡及瑪歌堡(三百九十英鎊)；白馬堡、歐·布里昂堡、木桐堡以及拉費堡(三百七十五英鎊)，無疑的成爲超級強棒！一九九六年底，一九九四年份的本堡在美國市價每瓶爲一百美元，已低於後來居上的白馬堡(一百一十五美元)，但兩者評分皆一樣；不過還是高過同地區飛香堡(八十八分，五十美元)整整一倍。看樣子本堡已有「退燒」之趨勢，但仍可穩坐聖·特美濃第三把交椅了。不過，瓦倫德羅堡雖然賣價甚高，但著名品酒家休強生在一九九七年版的《袖珍本酒指南》(Hugh Johnson's Pocket Wine Book)中，只給予兩顆星的評價(最高級是四顆星)。

近年來平地竄起的新星——瓦倫德羅堡。

46 Château Haut Brion
歐・布利昂堡

- 產地：法國・波爾多地區・格拉芙區
- 面積：42公頃
- 年產量：145,000瓶

歐・布利昂堡是一個歷史悠久的名園，在十四世紀已闢為葡萄園。一五二〇年屬於附近利邦市 (Libourne) 的市長。一五二五年市長嫁女兒，遂將本園當嫁妝帶入貴族朋塔克 (Jean de Pontac) 之家。朋塔克家族也是一豪門巨富，事業興隆，獲得本園後遂花下鉅資整園、蓋房，今日本堡標籤的「註冊商標」的老城堡，即奠基於一五五〇年。還在英國倫敦開設一個「朋塔克酒館」，供應法國珍饈美酒，這個酒館成為英國最時髦及知識份子的熱門聚集地。歐・布利昂在該酒館每瓶的賣價也超過一般外國酒三倍有餘。

有「格拉芙之王」之稱的歐・布利昂堡。

到了一七四九年，本園因繼承而分家，三分之二歸入擁有瑪歌堡的富媚 (Fumel)家族。法國大革命爆發時，有先見之明的園主約瑟夫 (Joseph) 放棄豪邸，散盡家財予窮人，因而被推舉為波爾多市市長。但好景不常，在隨之而來的大恐怖清算中，被推上斷頭台，時在一七九四年七月，本園被充公。革命狂潮過後的一八〇一年，園子被約瑟夫的侄子買回並售予外交部長泰蘭(Talleyrand)，一八三八年復轉售予拉路 (Lalieu) 家族。本家族在二年後把一百年前散出去的三分之一園區購回，名園復歸一統。拉路家族擁有本園直至第一次世界大戰結束為止，二〇年代轉手幾次。一九三二年將葡萄園在經營不善、幾近破落之際，轉賣給紐約一位銀行家卡拉倫斯・狄龍 (Clarence Dillon)。據說狄龍本想買白馬堡或歐頌堡，但由於當天天起大霧，狄龍一行迷失方向，而在歐・布利昂堡落腳，正巧本園也有意脫手，遂以成交。

狄龍之子卡拉倫斯・道格拉斯(Clarence Douglas Dillon) 於一九五四年時出任美國駐法國大使，晚年成為甘迺迪政府的財政部

英國啓蒙時代大師洛克最喜歡的葡萄酒——歐·布利昂堡。

長。卡拉倫斯·道格拉斯的女兒瓊（Joan）嫁給盧森堡王子查理。她丈夫去世後，一九七八年二度改嫁給慕西公爵 (de Mouchy)，也就是現在的園主。

瓊她是一位幹練的女強人，一九七五年接掌了本園之後，勵精圖治，她將本園由一九六六年以至一九七四年的缺失一一改正，終成為世界第一流的酒園。

英國啓蒙大師洛克及美國傑佛遜總統都曾在其筆記中提到他們造訪了本堡的記錄。歐·布利昂堡在享有盛名經二百年後，到了一八五五年，波爾多官方評鑑表都是美多區紅酒的天下，唯一的例外是產在格拉芙區的歐·布利昂堡，與拉圖堡、拉費堡與瑪歌堡等共享一等頂級酒的榮耀。另外，歐·布利昂堡得此殊榮的另一個原因是它成功的逃過格拉芙區到處肆虐、蹂躪葡萄園的根瘤芽蟲病，是唯一倖存的葡萄園。所以一直享有「格拉芙之王」的美名。

本園是在兩個平緩的小丘之上，海拔僅二十餘公尺，所種植的品種有五成五的卡貝耐·索維昂，二成五的美洛與二成的卡貝耐·弗蘭，樹齡平均約三十年，種植密度為每公頃六千株。由於收穫時，葡萄都經過手選，所以除非是一流的葡萄，否則全遭淘汰。歐·布利昂堡採用電腦設備，以便對於酒的發酵做精細的監控，也使用科學的方式來培養葡萄種圃。但釀酒的方式仍遵循古法，即路易十五時代的特質——慢工出細活。本堡也和帕瑪堡（本書第40號酒）一樣幸運，能由一個家族長期負責釀酒，自一九二一年就聘請到本地區最有名的釀酒師喬治·德馬（Georges Delmas) 負責釀酒。一九六〇年起再由其子傑·貝耐負責，他無疑是波爾多地區公認的釀酒大師，堪與彼德綠堡的木艾 (Christian Moueix) 齊名。德馬採取剪枝法，將每株葡萄僅留一芽，使果實盡集精華。同時七十年來家族父子照顧本園，哪些園區的葡萄特性如何，瞭若指掌，所以能在應下功夫的地方下功夫！一九八九年因而釀出了本園三十年來的「冠軍」酒，在酒界也公認爲幾乎滿分的「奇蹟酒」。本年份的本堡「得意之作」在市面上已經絕跡多時了。

十九世紀歐・布利昂堡的銅版畫，今日歐・布利昂堡的標籤完全取材於此。

發酵後的酒泵入全新的木桶，並以一種於十七世紀所開發的方式數度換桶，且在木桶醇化約二十四個月至三十六個月。本堡的特色是剛年輕時極淡、極清香，且顏色不太深，其酒香是世界上最複雜的，同時有煙味、焦味、黑莓以及輕微的松露香。有的品酒家認爲由舌尖就可以感覺出歐・布利昂堡。所以是一個屬於「美女」的酒，它氣質逼人，而且越陳越美！無怪乎在每次「盲目品酒會」上，歐・布利昂堡總是被評爲第一，因爲它不會因透過嚴格的挑選，超過二年在昂貴的新橡木桶被「侍候」過，就散發出那種懾人的吸引力，以及濃厚橡木香味的「咄咄逼人」狀；而是婉約的向品賞人眨眼，散出清新雋逸之氣，當然行家們會給予最高的讚賞了！

歐・布利昂堡占地四十二公頃，每年產量爲十四萬五千瓶。本酒也需要成熟期，至少要六年後才可飲用。名品酒家派克曾提到在他二十五年的品酒生涯中，唯一的轉變是越發愛上歐・布利昂堡，並認爲這是他「年長與智慧」增長的結果！歐・布利昂堡的魅力由此可以想見！

除了紅酒外，歐・布利昂也產極少量的白酒，但沒有任何官方賦予的等級，因爲產量不多，年產量不過一萬二千瓶，經常性亦維持一萬瓶左右。這是本園釀酒師小德馬要向布根地白酒之王「夢拉謝」(本書第85號酒) 挑戰的傑作。白酒園面積爲二・五公頃，所採用的葡萄種是索維昂與賽美濃 (Semillon) 各半。栽植與採收葡萄都嚴格把關，與紅酒無異，但價格超過紅酒。其芳香至極，在口腔中持續不散，可以列入法國乾白酒價格最昂之列。和一般白酒不同，白歐・布利昂堡至少要六年後才適合飲用，似其兄弟一般，需要同樣長的「睡眠期」。

此外，提到歐·布利昂堡不能忽略其姊妹廠:歐·布利昂教會堡 (Château La Mission de Haut Brion)。「教會堡」在法國大革命前，都是由一個天主教會經營，故名爲「教會堡 」。本園位在歐·布利昂堡東鄰，故地文完全一樣。在大革命時本園被充公拍賣，以後本園迭經轉手，直到一九一九年由瓦特內(Woltner)家族經營。一九八三年由於園主移居美國加州，於是就將葡萄園賣給歐·布利昂堡的帝龍公司，成爲歐·布利昂堡的姊妹園。幾乎在過戶的同時，歐·布利昂堡的釀酒大師德馬便解散教會堡原有班底，親自坐鎭指揮。把葡萄品種由原來的卡貝耐·索維昂占六成的比例降爲五成，提高美洛至四成，在加上一成左右的卡貝耐·弗蘭，葡萄樹齡平均近四十歲。同時更換所有用來醇化葡萄酒的木桶，大約是七成左右，而在某些年份，例如一九九〇年，會由新木桶釀出 (平均兩年至二十六個月)。如此一來，「教會堡」已經儼然成爲第二個歐·布利昂，甚至在某些年份可能比歐·布利昂堡更好。

「教會堡」比較晚採收，一般認爲其顏色較深，酒體較重，和歐·布利昂在年輕時屬於「輕型」體質不同，反而比較接近拉圖堡；至於價錢，平均每年大概是歐·布利昂的六成左右。教會堡共有十八公頃，每公頃的平均產量不超過三千公升，每年生產酒約十萬瓶左右，成熟期約八年。讀到此處，請勿認爲教會堡是歐·布利昂堡的二軍酒。二軍另有其酒，曰：巴安·歐·布利昂 (Bahans-Haut Brion)。隨著本廠的改革，二軍酒也隨之在品質上不斷迅速竄升，目前已是波爾多地區二軍酒中的後起之秀。名品酒家派克特別推薦此酒，因爲這瓶葡萄酒在美國的售價不過十餘美元，但在台灣非得上千台幣才可能購得到。

歐·布利昂堡的「姊妹園」——教會堡，品質與歐·布利昂堡時在伯仲之間。

47 La Turque
杜克

- 產地：法國・隆河區
- 面積：1公頃
- 年產量：8,000瓶

法國三大產酒區除布根地、波爾多外，還有位於法國東南部、馬賽港以北、里昂與布根地以南一段狹長的隆河河谷，也稱爲隆河坡 (Côtes du Rhône) 地區。這個以產製濃郁、酒精程度較高，且年產量可達三千五百萬箱的酒區，又可以分成南、北兩個河谷。而北河谷較爲重要，北至南又可分爲羅帝坡 (Côte Rôtie)、克羅采・賀米達己(Grozes-Hermitage) 與賀米達己 (Hermitage)。而南河谷則有著名的「教皇新堡」(Châteauneuf-du-Pape) 紅酒。整個隆河區最珍貴的紅酒，當推羅帝坡區的杜克酒。

乍看之下會以為杜克酒是廉價的餐桌酒，這不能不怪罪這張標籤，使得本酒看得「廉價」起來。

羅帝坡 (Côte-Rôtie) 意即「烤乾之坡地」，又以石灰土土色深或淺，分成「金坡」以及「褐坡」。羅帝坡的名氣比起波爾多地區顯然不成正比，只有眞正行家才能慧眼識英雄。占地一百五十公頃的羅帝地區已有二千六百年的歷史。當波爾多地區還沒有種植任何一株葡萄，而布根地地區也還是一片原始叢林、不見天日的蠻荒地帶時，希臘人就在羅帝地區種植葡萄樹與釀酒。羅馬人接踵而至，也在此地繼續釀酒，且在附近東邊坡下興建一個「維恩」(Vienne) 的小城，此城至今尚存，只不過遠不及羅馬人後來在奧地利中部成立的另一個城市「維恩」來得響亮，這個在奧地利的「維恩」，即是現在的奧國首都維也納 (英文名稱)。

由於羅帝坡是法國最早開闢的葡萄園區域，所種植的多半是顏色深紫、澀味極重的色拉 (Syrah) 種葡萄。有人說這種葡萄是當年十字軍由敘利亞帶來的品種 (因爲波斯有一城市即稱爲色拉)，不過也有充分的證據顯示這些色拉種葡萄應該是本地土種。當然經過千百年的雜交與改良，不是原先來自中東的品種。

杜克園原本隸屬德伏・卡傑 (Dervieux-

Cachet) 先生所有。本世紀初他去世之後，續由兒子小德伏·卡傑繼承。由於新園主不善周旋官場，杜克酒園不論在土地或葡萄園的收成等事項，都會變成官方找麻煩的對象。搞得小德伏·卡傑終於精神錯亂，在精神病院中度過最後的四十年。這悲劇使杜克酒自一九二八年起在市場上消失，待其復出已是半世紀以後的事了。

杜克園在園主發瘋後，乏人照料而任其荒蕪。終於因積欠稅款過久，遂於一九七〇年拍賣給維大·福利 (Vidal-Fleury) 家族。新東主僱用一位「善釀師」積架 (Etinne Guigal) 先生總管。積架師傅就任後許下重振杜克雄風的宏願。一九八一年全園的葡萄重新種植成功，一九八四年開始收成，在一九八四年夏秋之交，葡萄樹已成長得十分茂盛，但誰也不知將來結果會如何時，園主維大·福利家族便將杜克轉賣給積架父子。積架父子於是成爲杜克園的主人，也圓了老積架的另一個心願：有朝一日，入主杜克園。

據法國酒學名家 Casamayer 的記載，小積架 (Marcel Guigal) 曾回憶道，當他年方十六時，曾經一個人將杜克全年所收成，也是父親所精心試栽的葡萄扛下山去。到了一九八五年葡萄收成後，老積架先生爲了紀念往事，就問所有在園幫忙採收的工人，有誰願意獨力將全部收穫扛下山，他就將全年收穫送給他。結果，無人願意一試。因爲前一年試釀的杜克還沒有成熟，誰也不知道這個復耕後的葡萄園究竟品質如何，紛紛敬謝不敏。過了一陣子，小積架夫婦與釀酒師傅三人一起將二十五至三十桶去年釀製的杜克酒開桶試飲——這三人之中，沒有一人曾飲過半世紀之前的老杜克酒——當然，滿室的歡呼聲是可預料的！

重出江湖的杜克酒，尚未引起廣泛注意。

杜克酒在出廠前會在全新的木桶中醇化十八個月，同時具有較高的酒精度，細膩但極穩定的品質。 一般需要至少十年以上的歲月，才會使杜克趨向成熟圓滿。杜克重出江湖的時間剛滿十年，這是「百大」名酒中僅次瓦倫德羅堡 (本書第45號酒) 最資淺的一支，自然引起酒壇的重視。加上酒園僅有一公頃，每年僅有八千瓶的產量，理當供不應求。不過這也是資淺的杜克酒較吃虧之處，除非行家外，一般對杜克都極爲陌生。不僅投機客尚未染指，即連葡萄酒專業書籍也鮮有介紹，杜克的價錢因此尚未飆漲到令人咋舌的地步，對於愛酒人士也算是一個佳音吧！杜克酒唯一顯著的缺點，恐怕其標籤的設計，乍看之下，十分容易使人誤認是擺在超級市場，屬於薄酒內 (Beaujolais) 之類廉價的餐桌酒！

有「杜克第二」的慕林酒，名氣已經有逐漸超過杜克酒的趨勢。

積架酒園共有十二公頃，另外向四十公頃的其他葡萄園購買葡萄釀酒，共有四個品牌。其中高級酒除杜克酒之外，還有二支。第一支名叫「慕林」酒(Côte-Rôtie la Mouline)，面積一公頃多，年產量只有六千瓶，成爲杜克酒第二。另一支名「南多娜」(La Landonne) 是位在褐坡上僅有一・五公頃的園地所產，每年也是六千瓶，也成爲各方所搜尋的對象，並且價錢也一樣。例如一九九二年份的三支本園傑作，在一九九六年美國的市價皆是一百五十美元。所以積架先生和歐・布里昂堡的德馬先生一樣了不起。「一門三傑」的酒性差異不大，都有熟透梅子、咖啡、巧克力及橡木的香氣，中庸的單寧，除了南多娜比較生澀外，另外二支的實力在伯仲之間，都是具有大家的風範！至於積架另一支「量販酒」則是只標明「羅帝坡」(Côte-Rôtie)，年產二十四萬瓶， 味道平平，溫和、中庸、稍帶甜味，在美國平均新的年份爲三十美元上下。

48 Hermitage "La Chapelle"
賀米達己「小教堂」

- 產地：法國・隆河區
- 面積：18公頃
- 年產量：90,000瓶

賀米達己 (Hermitage) 的意義為「隱居地」。西元一二三〇年，一位參加第五次十字軍東征 (1217-1221) 的貴族武士，名叫史特林堡 (Sterimberg) 征戰歸來。據說他為了逃避悍妻的騷擾，獨自來到隆河谷地中段的山上隱居，並於一二三五年在山頂蓋了一座小教堂，為祈禱之用。這個地區以後就被稱為「隱居地」(賀米達己)。共有一百二十五公頃之大，主要生產紅酒，間亦有少量白酒。

目前在隆河谷北邊有一個城市名「唐・賀米達己」(Tain-l'Hermitage)，著名的隱居地紅酒即產於山坡上，享譽數百年而不衰。一九〇二年法國總統盧貝 (Loubet) 訪俄時，沙皇尼古拉二世饗以陳年的隱居地酒。盧貝總統十分驚訝地頻向沙皇詢問何以知其珍貴，沙皇答以：俄國皇室二百五十年來向購此酒，從未間斷，並且陳放適時後方才飲用。盧貝總統這才知道隱居地酒早經沙皇御飲多年了。

由於本隱居地酒村地廣達一二五公頃，共有十七個小產區，加上盛名在外，所以許多酒商會魚目混珠，使得隱居地酒和布根地的伏舊園酒一樣，良莠不齊，因而必須慎選酒園。隱居地酒村中最重要的一個酒園是沙布勒・安內酒園 (Paul Jaboulet Ainè)。本園在隆河區共有六十四公頃的園地，位於隱居地山區的園區共有二十五公頃，其中十八公頃釀製紅葡萄酒，有七公頃釀製白葡萄酒。本酒園在一八三四年就建立，可以說是隆河地區最具代表性的酒園，生產十三、四種各式紅、白酒，年產量達一百五十萬瓶，其中六成外銷，提起隆河的酒商而不提本園，就像提起布根地沃恩(Vosne)，不提康帝酒園一樣！

photo©Youyou

賀米達己（隱居地）山上的小教堂是本園區的地標。

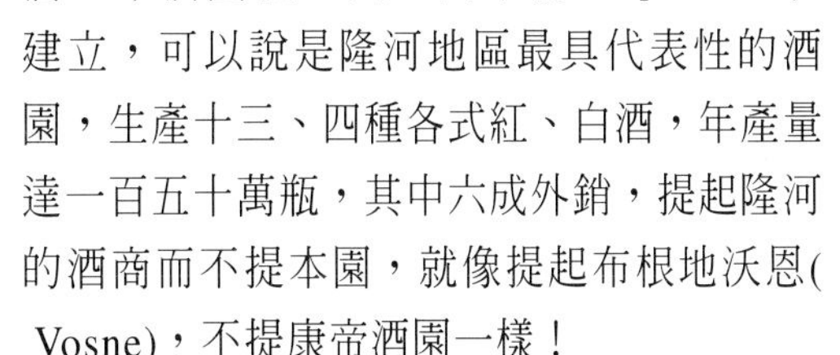

PAUL JABOULET AINÉ
PRODUCE OF FRANCE
1986
TRADE MARK
HERMITAGE
APPELLATION HERMITAGE CONTRÔLÉE
La Chapelle
MARQUE DÉPOSÉE
PAUL JABOULET AINÉ
Mis en bouteilles par

安內園區地處由海拔一百三十公尺開始至二百五十公尺爲止，土質在較低處爲沙土、碎石土與砂石塊爲主，偏高處 (二百公尺以上) 的土壤以棕色的粗土與岩石土爲主。表層土壤厚度在○．六公尺與一．五公尺之間，在此之下就是岩石。山坡的坡度爲六十度，因此必須採取梯田的耕種方式，以及以繩索運送東西。平均樹齡約在三十五歲，幾乎清一色爲色拉種。採收自十月初開始，進行十五天。葡萄籃外表看起來類似雪撬，它們以繩索運送。由於葡萄園上下高度差距達一百一十公尺，所以全園葡萄成熟的期間也相差至十日之多，因此每次只需二十五至三十人就可採收完畢。葡萄壓榨發酵後存入木桶醇化十五個月，每年有三成木桶是全新的。醇化期滿再換三至五次木桶後予以重組，使得每桶味道能夠一致。沙布勒在每個園地產製的紅、白酒都各有名稱，例如在隱居地園區釀製的紅酒命名爲「小教堂」，年產可達十萬瓶左右。白酒命名爲「史特林堡騎士」(Le Chevalier de Sterimberg)。「史特林堡騎士」可以很年輕(兩年左右) 就飲用，清新、微甜，是支可以使人十分愉悅，在任何時刻、享受任何美食的好佐餐酒！

一般而言，隱居地的酒是以酒勁、豐滿著名，是一種陽剛味極重的酒。品酒名家休強生便稱之爲「男人之酒」。「小教堂」在年輕時充滿了橡木味，掩蓋了其他氣息，因此飲用者大多不喜此時顏色深紅呈紫、也不晶瑩可愛的「小教堂」。至少要過了十年之後，酒性變得柔和一些，顏色轉淡，「小教堂」的風貌才開始散發出一種柔中帶剛的個性。比起波爾多一流的頂級酒並不遜色，但是價錢卻差波爾多甚多。

據說在上個世紀時，波爾多地區一流的酒廠，例如拉圖堡與拉費堡會到隱居地酒村來購進成批的酒，偷偷地摻進自家的酒中，以加重其口味、勁道與香氣。但這個傳言打死拉圖堡與拉費堡的人也不會承認，這大概也證明「小教堂」的口味頗有「霸氣」吧！

小教堂的「白兄弟」—史特林堡騎士，身著十字軍東征時的戎裝。

左頁／隱居地（賀米達己）的「小教堂」酒飄逸雋永，彷彿不食人間煙火的隱者。背景為北京中央美術學院孫景波教授油畫「悠然見南山」（35×25cm，作者藏品）。

49 Château Rayas
拉雅堡

- 產地：法國．隆河地區
- 面積：15公頃
- 年產量：25,000瓶(紅酒)；2,000瓶(白酒)

隆河河谷南端阿維濃 (Avignon) 北方二十五公里處，一三三三年，波爾多教區樞機主教，當時的教皇戴高斯 (Bertrand de Goth) 在此建立避暑夏宮，稱爲教皇新堡(Châteauneuf-du-Pape)。這裏也是一個產酒區，總共有三千公頃之大，以釀製紅酒爲主。教皇新堡酒一般而言口味重，酒精濃度較高 (可達十四度)，並且價格實惠，新堡酒逐漸與「薄酒內」一樣成爲大眾化酒。但眾人皆醉時，也會有獨醒者，這個「鶴立雞群」的醒者中，最著名的便是拉雅堡。

和帕瑪堡一樣，拉雅堡也是一個「將軍園」。

拉雅堡的園主雷諾 (Raynaud) 貴爲將軍，本來對釀酒毫無興趣，他的興趣是狩獵。爲了打獵方便，他買下了一個不怎麼起眼的小葡萄園拉雅堡。這個園區並不是一般人所欣賞的園地，例如教皇新堡的葡萄農通常喜歡田中有大小碎石，使石子易於吸收、保持熱量，葡萄因此都種在石海中；但本園卻盡是沙地。當地人希望有充分的日照，但本園卻全是朝北方向。另外，本園區還有三分之二爲林地，欲開墾成葡萄園恐怕還需大費周章，所以當外行的雷諾將軍買下本園時，左鄰右舍的酒農們都爲他捏一把冷汗。經過審愼評估後，雷諾採取「出奇兵」的策略，亦即摒棄傳統新堡酒的釀酒方式——「混合釀法」。查法國各地(甚至全世界) 的釀酒多以一、二種葡萄混合釀製，極少使用三、四種葡萄；但新堡酒卻反其道而行，最少使用四種，最多可使用到十三種葡萄。爲了酒的顏色、香度、飽滿、單寧、久藏性、複雜性……等目的，各摻一些葡萄混合釀製，雖然可使酒質複雜度提高，香味口感也令人滿

在教皇新堡中鶴立雞群，且特立獨行的拉雅堡。

意，但這種好比「拼裝車」的產品也因此反而失去了獨特的風格，而且飲用後容易「上頭」。新堡酒之所以不能成為名酒，其理在此。

有鑑於此，將軍摒棄此一傳統。拉雅堡幾乎完全使用本地最主要的葛利那西(Grenache) 葡萄，偶爾摻入其他例如色拉種，但絕不使超過一成；同時樹齡極高，平均至少達到三十五歲以上。因此是一種標準的「純釀酒」。

園中沙土不能保熱，且大量的林地與朝北的地勢都使得本園的葡萄必須生長在較涼爽的環境中。葡萄的糖度、酒精度也許不是太高，但是味道卻反而集中。同時在釀造的過程中，雷諾嚴格執行品管，凡有不合格者一律淘汰，列入二軍酒「楓沙列堡」(Château Fonsalette)。他也不迷信全新木桶的神奇效力，但相信長期醇化的功能。因此所有拉雅堡的紅酒都會在二手的木桶中醇化二至三年之久。拉雅堡共有十五公頃，紅酒園為十三公頃，白酒園為二公頃。紅酒每年可釀造約二萬五千瓶，白酒為二千瓶，每公頃產量之低 (紅酒二千瓶、白酒一千瓶)，自然反映到其價格之上，也被公認為新堡地區的冠軍之作。但實際上拉雅堡不是新酒堡，故不能代表新堡酒。

一九九六年十一月，我曾在溫哥華市品嚐了一九九三年份的拉雅堡。年份雖尚不足，但已經呈現出明亮清澄的棗紅色色彩，酒味極含蓄，但不失溫柔、飽滿，入口後會有一股熟透櫻桃的芬香氣味！可以久藏，且最好要十年以後才開瓶。不過拉雅堡也有不夠穩定的缺點，有時水準不免令人失望。

將軍看待本園傑作，就如同看待自己部隊一般感到十分自豪。如果他造訪一家餐廳發現菜做得太差，卻也有供應拉雅堡時，一定會拒絕繼續供酒給該「爛店」，以免糟蹋了美酒。這也是這位已逝的傳奇性「將軍酒農」流傳甚廣的一則軼事。

50 Diamond Creek Vineyards
鑽石溪酒園

產地：美國．加州．納帕谷
面積及年產量：火山園/3.2公頃．16,000瓶，湖園/0.3公頃．1,700瓶，
草原園/2.8公頃．7,500瓶，紅石園/2.8公頃．12,000瓶

長久以來，美國的葡萄酒產量雖然大，但大家一想到美國葡萄酒就立刻會聯想到一幅用機器大規模採收葡萄(所以也就連葉子上面的蝸牛、毛蟲一併攪入了葡萄汁內)、葡萄汁在冰冷無情的不鏽鋼桶內發酵、成熟，爾後在電動傳送帶一瓶瓶的貼上標籤、裝箱，然後運到超級市場及連鎖商店的圖像！沒有人敢將美國葡萄酒拿來和法國酒相比較，更不要談與法國一流葡萄酒一決勝負。不過，這個「偏見」恐怕要修正了!本書收入的「百大」名酒中，產於新大陸的就有十支，超過千百年來以產酒、飲酒知名的義大利與西班牙的入選總和。美國葡萄酒的成功絕非偶然，無一不是出於園主幾近宗教式的熱忱，方有今日的規模。加州著名的鑽石溪葡萄園的園主布朗斯坦 (Al Brounstein)，就是一個例子。

鑽石溪酒園最昂貴的「湖園酒」。

美國名酒多產於加州的納帕谷 (Napa Vallley)，納帕谷位於舊金山東北方向八十公里處。在這一萬一千四百公頃，長達四十公里的狹長地帶，遍佈著約一百五十個葡萄園。「鑽石溪」位於峽谷南方的尾端，一個名為「鑽石山」的山腳下。鑽石山雖名「鑽石」，但不生產鑽石，而是土質肥沃的火山岩。布朗斯坦本來經營一家相當規模的西藥批發公司，一九六七年他放棄了原來事業，在納帕河谷鑽石溪的火山岩地區購得一塊三十五公頃的土地，並逐漸整理出八公頃的的園區。他發現這些土地的土壤都不一樣時，便倣效法國布根地酒農傳統的作法，依

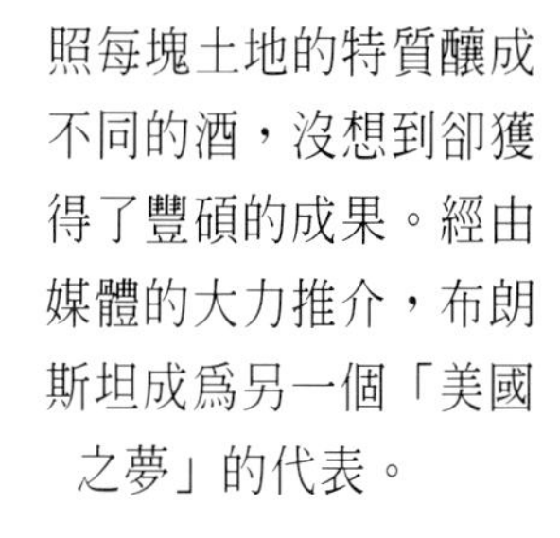

照每塊土地的特質釀成不同的酒，沒想到卻獲得了豐碩的成果。經由媒體的大力推介，布朗斯坦成爲另一個「美國之夢」的代表。

這是紀念湖園誕生二十週年的精釀紀念酒，標籤直接印在瓶上，十分別緻。在溫哥華出售此瓶佳釀的酒店老闆告訴我，全加拿大「僅此一瓶」！

位於峽谷谷底的鑽石溪本來只包括三個不同的園區：「火山園」(Volcanic Hill)有三・二公頃，位於一個朝南的丘陵地上；二・八公頃的「紅石園」(Red Rock Terrace)在溪谷朝北，土壤含高度的鐵質；兩園之間有大約二・八公頃較平的碎石地，故名爲——「碎石草原」(Gravelly Meadow)；第四個園區最後才開闢，這是一個在谷底靠湖邊，僅〇・三公頃的「湖園」(Lake)。在種植方面更是費神，採取每公頃二千株的密度標準，每棵留著四條芽苗。這些葡萄樹苗是取自波爾多一等頂級酒園的根芽，都是出自名門之後！

葡萄樹的年齡大約爲二十五年，不同品種各占以下的比率：卡貝耐・索維昂 (90%)、美洛 (6%)、卡貝耐・弗蘭 (4%)。顯然的，布朗斯坦在釀酒技術方面取法自布根地，但卻不模仿布根地最常用的皮諾娃種，理由是天氣及特殊的地形都不允許。葡萄收成一切使用人工，挑選過程十分嚴格。四個葡萄園基本上各自釀酒、裝瓶，僅有湖園可能和草原園混合釀酒。布朗斯坦堅持這種分區釀酒的原則，他曾經發過誓：假使眞有一天康帝酒園把羅曼尼・康帝和塔希與李其堡攪和在同一個酒桶裏，他才會把鑽石溪的四種酒混釀在一起！甚至園主布朗斯坦會在有些年份貼上一種特製的標籤，標上三個園區 (湖園除外) 的名稱， 這是作爲慈善拍賣酒用。在不好的年份，標籤會印上「特選」(Special Selection) 或「第一次採收」、「第二次採收」，表示葡萄是在下雨前或雨後採收。一九九一年便有六種不同的標籤！這位搞西藥出身的園主恐怕眞的怕「混酒」和「混藥」一樣可怕，當然也可看出他的執著及一絲不苟！

鑽石溪的酒在第一階段釀造時，使用加州產的紅杉木桶，後半段的成熟期則使用由法國進口的木桶。二十二個月的醇化期需換桶四次，新、舊桶的比例約五五或四六成。每公頃的收成約五千公升，所以酒園每年的總產量（以一九九四年份爲例），總共約爲三萬八千瓶左右。酒園直賣給私人客戶、固定經銷商及餐廳。

鑽石溪酒園標籤上均註明不同的產區，左為火山園區，右為草原園區。

四個園所釀造的酒各具特色，例如火山園的葡萄酒表現地底的火熱，這是四種葡萄酒中最強的，味覺豐富濃密、單寧酸高，像是一個面色紅潤、精神飽滿的青年，可以久存。紅石園的果味較多，雖然與第一種很接近，但比它更優雅、更富彈性。草原園較清淡，有時較具礦物性，單寧味雖凸顯，但會隨著時間的流逝而變柔。僅於一九七八、八四、八七、九〇、九二、九三、九四年單獨出產過的湖園是優雅中見精巧溫柔。除了湖園因所產的量少，以致一瓶難求而使價格高漲外，其他三園所生產的酒價格大致相同。

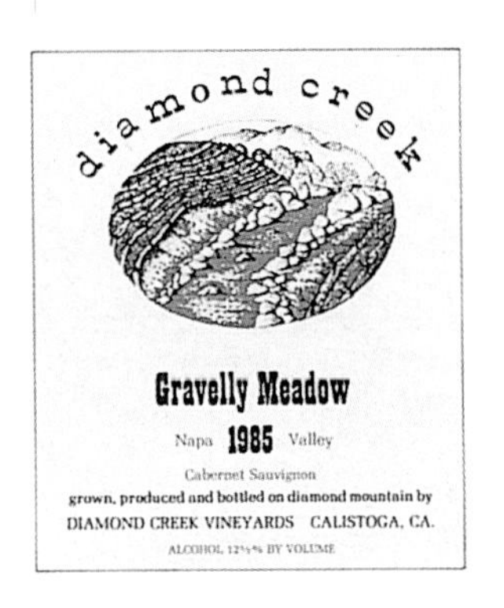

一九九二年份一瓶在美國上市時的市價爲五十美元左右，而湖園一瓶上市定價二百美元，馬上就銷售一空；一九九四年份在一九九七年初上市時，前者爲六十元；湖園則爲二百五十美元。湖園是美國最貴的葡萄酒，例如一九九四年份，年產僅一千七百瓶，當然更是一瓶難求。

> 酒是天賜的九月果汁。
>
> ——伏爾泰
>
> （法國作家）

51 Caymus Vineyards(Special Selection)
開木斯園(特選酒)

- 產地：美國．加州．納帕谷
- 面積：5公頃
- 年產量：24,000瓶

開木斯葡萄園地處加州納帕谷路德福特(Rutherford)鎮以東的「名園帶」上。環繞開木斯的蒙大維(Robert Mondavi)、柏列(Beaulieu)、瑪莎園(Martha's Vineyard)都是鼎鼎大名的酒廠。園主華格納(Wagner)經營葡萄園的歷史並不長，一九〇六年買下原屬於西班牙人的開木斯園來釀酒，旋因美國禁酒令的頒佈而戛然中斷。禁酒令規定除藥用或作爲天主教彌撒聖酒之外，禁止一切的釀酒。開木斯園因此必須砍掉葡萄樹，改種桃樹和梅樹，直到老園主的孫子查理(Charlie)，在六〇年代重新設園，種植葡萄樹後，情況才有改變。但最初並不直接釀酒，而將葡萄賣給鄰居釀酒；一九七一年查理鼓起勇氣開始掛牌釀酒。當時查理告訴他的兒子恰克(Chuck)，如果釀酒不成，只有賣掉家園一途！兒子年方二十，即輟學返家幫忙！此番初試啼聲雖未能一鳴驚人，但也贏得一些掌聲。一九七五年開始把幾塊上好園區所產的葡萄釀成「特選」酒(Special Selection)，終於嚐到成功的滋味。

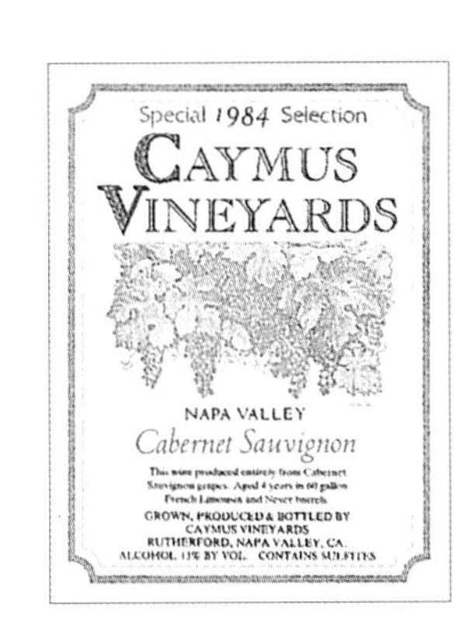

本園釀製精選酒的酒園是位在路德福特鎮邊，納帕河邊一個五公頃的園地，土壤爲火山土，上面鋪蓋很厚的碎石土。種植密度不高，僅有每公頃一千六百株。全部種植卡貝耐．索維昂，由於老天幫忙，平均收穫每公頃爲五千五百公升，比起法國「法定產區管制」(A.O.C.)標準規定，每公頃限量在四

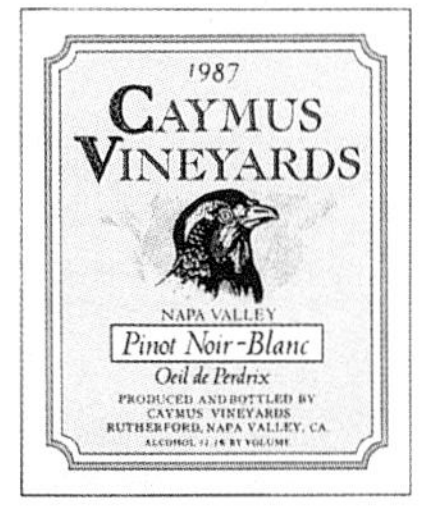

開木斯是加州最大的酒廠之一，釀製各種美酒。左方為拿手作品「特選酒」；上方左邊是普通級的卡貝耐．索維昂，右邊是白皮諾娃。

能使人對美國酒產生信心的卡貝耐・索維昂特選酒。

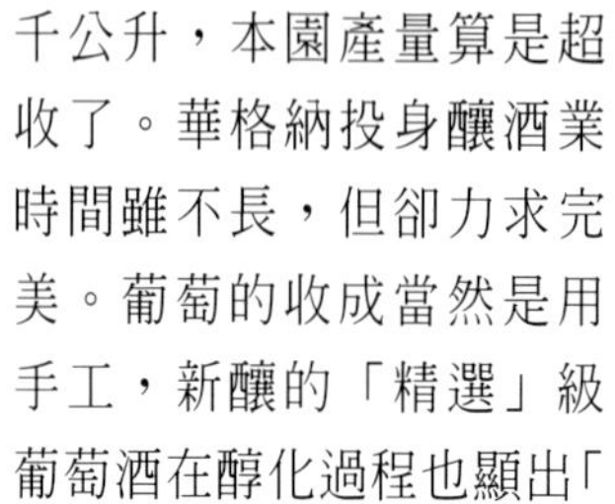

千公升，本園產量算是超收了。華格納投身釀酒業時間雖不長，但卻力求完美。葡萄的收成當然是用手工，新釀的「精選」級葡萄酒在醇化過程也顯出「匠心獨具」的特色。

爲避免新酒染上太重的橡木氣味，本園不像一般名酒園會將發酵後之汁液直接泵入新木桶，而是泵在只用過一、二次的木桶中醇化三、四年，待成熟後才放入純木桶中加強其味道之複雜，數個月後才裝瓶。所以頗有類似彼德綠堡「混桶」的功能！這種精心設計、進行的醇化，賦予它一種特殊的優雅、細膩與豐富的感覺。

一九八四年，本園成園後就擔任釀酒師的Randy Dunn離職後，八十四歲的查理就將釀酒的工作交給兒子恰克負責。本園的經營理念是以法國布根地的「絕世名園」——康帝酒園爲效法對象。本園除了精釀「特選」酒外，也釀製普通級的「納帕谷・卡貝耐・索維昂」。另外也收購別人園區的皮諾娃、金芳德 (Zinfandel) 等紅葡萄及各種白葡萄，釀造各種紅、白葡萄酒；也有二軍酒「自由學校」(Liberty School)，因此掛上本園招牌的酒年產量竟有七十二萬瓶之多。

但特選級僅有約兩萬四千瓶，它們的品質絕對是一流的。美國《酒觀察家》雜誌在一九八九年挑選的「年度之酒」，中選的便是開木斯的一九八四年份特選酒；五年後 (一九九四年) 一九九〇年份，又再度奪魁。而一九八五年份的本園也當選一九九〇年第二名的「年度之酒」；次年 (一九九一年) 的年度之酒第三名又是本園一九八七年份的傑作。六年內 (一九八九至一九九四年) 二次奪魁，各一次居亞軍及季軍，且十年來其評分從未低過九十分。所以本雜誌稱開木斯園特選酒是品質最恆定的一支酒，這當然是名酒園必備的條件！

52 Stag's Leap Wine Cellars, Cask 23
鹿躍酒窖(23號桶酒)

產地：美國．加州．納帕谷
面積：45公頃
年產量：12,000瓶

話說某希臘裔美國教授在著名的學府芝加哥大學教授教希臘文化史，某日忽覺孜孜埋首於書堆中豈不是浪費生命？或許也是感受到希臘酒神戴奧尼索斯(Dionysos)的召喚，不由得走出書房，奔向酒園。先投納帕谷的Souverain園，後赴著名的蒙大維(Robert Mondavi)酒園擔任土壤分析師，放下身段從基層幹起。終於在一九七二年，這位「前教授」維尼亞斯基(Warren Winiarski)糾集了一些同好投資人，在納帕谷東側山坡的央特維爾(Yountville)鎮附近買了一個園地，開始嘗試自己種葡萄、釀酒。面積只有十八公頃的這個園地過去一定是個打獵的絕佳場所，所以名為「鹿躍」(Stag's Leap)。嗣後又陸續將鄰近的園地，如在一九八六年購入內森．費(Nathan Fay)等，兼併成為一個大型酒園。

本園可以說是一個「全功能」的酒園，總面積達四十五公頃，總年產量可達到接近一百七十萬瓶，每個園區依照土壤、氣候……等特色，種植紅、白葡萄。所以本園不僅生產紅酒，也生產白酒，如較甜的利斯凌(Riesling)及不甜的莎多內。但紅酒則是本園的成名作。種植密度每公頃在一千一百株至三千七百株，品種多為卡貝耐．索維昂(90%)，餘為美洛；前者的種植密度較低，後者的種植密度較高。土壤是火山土及由黏土量高的沖積土所構成。紅酒初釀後經過嚴格的篩選程序，雀屏中選者作為「23號桶」的原料。列入23號酒桶等級的會在木桶裏醇化十六個月左右，木桶全由法國進口全新的木料所製成。至於其他較差一些的酒，會以其他園名，如

1992
ESTATE
BOTTLED
STAG'S LEAP WINE CELLARS
CASK 23
NAPA VALLEY
RED TABLE WINE

一九八九年開始以Fay，或SLV出售，但也是頗有水準之紅酒。

一九七二年本園開始釀酒，一九七三年份的23號桶在一九七六年法國巴黎一項「 盲目評審」，奪得首獎，一九七○年份的木桐卻屈居第二。鹿躍果如「鯉魚躍龍門」般地一夜成名。當然，把二個年份不同的酒一起評比並不正確，許多人爲木桐抱屈，但至少證明「新秀」鹿躍的品質絕對是世界一流的。故，每年限量生產一萬二千瓶，成爲美國最昂貴的酒之一。一九八五年第一號作品 (Opus One) 上市價爲五十美元，但23號桶就以七十五美元上市，唯有鑽石溪湖園在三年之後破了這個紀錄。一九九一年上市時也是維持這個價格！當年美國雷根總統在白宮宴請戈巴契夫的「歷史之旅」時，就是飲用鹿躍23號，一改白宮使用柏列 (Beaulieu) 的傳統。大概曾任加州州長的雷根比歷任總統更「識貨」吧！英國女王伊莉莎白二世在其私人遊艇上慶祝雷根總統的結婚紀念日時，也是以此酒助興。深紅的顏色，複雜、反映出炭烤咖啡、橄欖、巧克力的味道，並有細膩、密集的結構。此酒的後勁很強，放上個十年讓它更成熟後，會顯出極度的和諧、豐滿。園主維尼亞斯基形容自己的「傑作」爲：戴著絲質手套的鐵拳，唯有被它一擊後才知其威力！

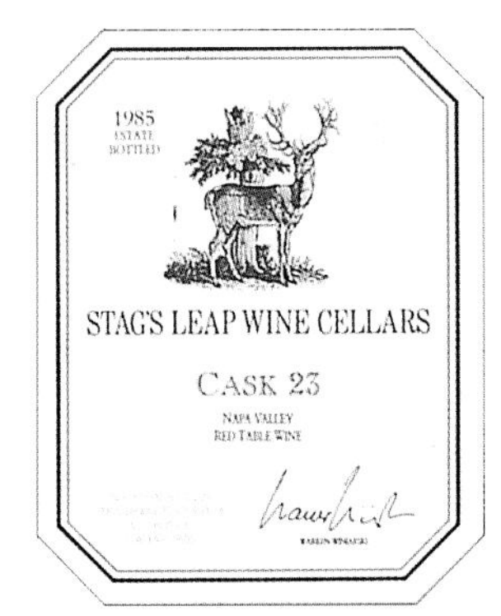

鹿躍酒園除了釀製拿手的23號桶酒之外(上)，也生產德國風味的利斯凌白酒（下）。

另外，鹿躍酒窖附近另有一家酒廠名爲鹿躍酒園 (Stag's Leap Winery)，園東本爲 Carl Doumani，一九九六年賣給著名的酒園貝林格 (Beringer) 總裁 Micheal Moone所組成的一個財團 Silverado Partners。這個酒園共有近五十公頃，一九九五年年產四十三萬瓶紅酒。品質中等，因此不能和鹿躍酒窖相混，兩者並沒有任何關聯。由於名稱極相近，消費者容易攪混，所以兩家也曾爲了使用「鹿躍」的名稱打過官司。結果誰也沒贏，各用其名至今！

左頁／美國國宴上最得意的壓軸酒——鹿躍23號桶酒。左邊是廣東石灣陶名師周永鏘的作品「羅漢」(一九九一年，作者藏品)。

53 Grace Family Vineyards
葛利斯家族園

產地：美國・加州・納帕谷
面積：0.8公頃
年產量：2,400 瓶

另一個與鑽石溪酒園主人布朗斯坦一樣，也是「都市生活逃避者」的李察・葛利斯(Richard Grace)，在一九七〇年代決定放棄在舊金山證券商的職業，和妻子安 (Ann) 遷到納帕山谷務農去了。他們在納帕山谷的聖・海倫那 (Santa Helena) 地區買了幢房子，一九七六年起就在門前僅有〇・四公頃的園地，種上幾千株卡貝耐・索維昂；整個朝東的葡萄園像一個小花園。土壤是由黏土及碎石組成，葡萄樹種植的密度相當高，每公頃三千四百棵。一九八三年後再買下另一塊小園地，使目前總面積達〇・八公頃。

由於園區太小，所以一切採精工方式處理，連釀酒的發酵桶也只有兩個小型的不鏽鋼桶。新釀成的葡萄酒會在法國進口的木桶醇化達二年或更久，但近年來有時會少於二年。每年更新一半左右的木桶。當初開始釀酒時，曾請開木斯酒園的園主查理・華特納來指導。一九八二年份的葛利斯便是貼上了開木斯的標籤，一九八三年起才使用自己的標籤！葡萄園所產的二千四百瓶都賣給固定的老客戶，所以市面上不易找到。

「葛利斯家族」的葡萄酒色澤偏暗，味道混雜著濃厚的橡木、黑莓、煙味，單寧較重，是一個「重口味」的紅酒，但三至五年即可以達到成熟期！葛利斯家族葡萄酒是每年納帕谷的公益拍賣會上的主角之一——這個構想原本來自於法國的邦內市——，曾經有過一箱由不同年份組成的十二瓶葡萄酒賣到四萬二千美元驚人高價，這當然不能反映本園平常的售價 (七十五美元)。例如一九九六年時，一瓶一九八九年份的酒，在美國市價為一百八十美元，但產量太小，形成「有行無市」，市場上根本很難找到！

右頁／除了鑽石溪湖園外，葛利斯家族園也是美國最稀罕的紅酒，其品質絕對有挑戰波爾多一等頂級酒的資格。背景為旅法名家陳英德油畫「果之系列」(50×35cm，作者藏品)。

19 89
GRACE FAMI
VINEYARD
Napa Valley
Cabernet Sauvignon
Produced entirely of Cabernet Sauvignon grapes
from the Grace Family Vineyard, this wine was aged
2½ years in French oak barrels.

54 Pine Ridge Winery, Andrus Reserve
松嶺園(安德魯斯特藏酒)

- 產地：美國．加州．納帕谷
- 面積：6公頃
- 年產量：12,000瓶

右頁／松嶺園的安德魯斯特藏酒外觀淡妝素抹，但卻有法國波儀亞克一等頂級酒的韻味。背景為清朝四品文官雲雀平金刺繡前、後章補（作者藏品）。

一九七〇年被稱爲是美國葡萄酒的「文藝復興」時代，那時興起的一股股設園釀酒的風氣，又有了一個傑出的代表！下面是松嶺園的故事。一位入選爲一九六八年美國滑雪隊的奧運選手，且出生在禁酒之摩門教家庭的安德魯斯 (Gary Andrus)，照理應該和酒沾不上任何關係，但或許命中注定得「叛教入酒」。由於安德魯斯曾在林澈．巴傑 (Lynch Bages) 及杜可綠．柏開優 (Ducru-Beaucaillou) 等著名酒廠採收過葡萄，從那時起就憧憬有朝一日也能夠擁有自己的酒園。一九七八年他在納帕谷路德福特 (Rutherford) 買下了一塊六公頃的老葡萄園：多門尼康里 (Luigi Domeniconi)，並改名爲「松嶺」，了遂平生願望。

當然，安德魯斯設園後，開始眞正的學習釀酒，多方討教，同時也由他園收購葡萄釀酒。二年後他逐漸擴充園地，擴大到鹿躍和鑽石山 (本書第52及50號酒)，目前總共有八十公頃左右。其中種植卡貝耐．索維昂園區有二十公頃；美洛有三十公頃，另有少部份的馬貝克 (Malbec) 和卡貝耐．弗蘭。至於松嶺老園則七成五是卡貝耐．索維昂，其餘才是美洛。安德魯斯主張，除非天氣過於乾旱，不需要澆水。

本園的傑作是一九八〇年上市的安德魯斯特藏酒 (Andrus Reserve)。醇化期間約六至十八個月，木桶來自法國，每年的新桶比例爲八成。在此期間，新酒數次換桶，以求味道均勻及複雜。裝瓶後仍需在地下室再度陳上二十四個月。能夠入選爲安德魯斯特藏酒的，全是在年份好時才釀造。但即使年份好，則也不過只釀造大約一千箱，本酒上市後，立刻打響了「松嶺園」的名氣，使本園由二等酒園晉入一等名園。特藏酒的氣味濃郁，夾雜著優美的橡木氣味，但在新出廠的年輕時期顯得火燥與澀感，唯假以時日，成熟後的魅力迷人。雖然有些品酒家，例如加

Reserve
1991
Napa Valley
ESTATE BOTTLED RED TABLE WINE GROWN
PINE RIDGE WINERY NAPA, CA BW

州葡萄酒權威勞伯 (James Laube) 對其就有所保留，認爲其酒體中庸，又不一定耐久，應該不值一般的六十美元的價錢。但儘管如此，本酒一上市就銷售一空，也是十餘年來不爭的事實！

除了松嶺老園所出產的特藏酒外，安德魯斯還就其園土土壤的差異，生產另外九種不同葡萄品種釀製的酒，年產量達到近百萬瓶。例如以美洛或是不同比例的卡貝耐・索維昂釀成的紅酒以及各種白酒，標籤上均會特別註明，也都是相當有水準的酒。安德魯斯被認爲是走法國路線的代表，其紅酒傾向於波爾多地區波儀亞克酒的風格，因此一九八五年份的安德魯斯特藏酒就獲得林澈・巴傑堡的技術協助；白酒 (莎多內) 則取法法國布根地，難能可貴的都獲得成功。安德魯斯這位奧運滑雪選手總算是越過橫亙於前的障礙，在酒界功成名就了！

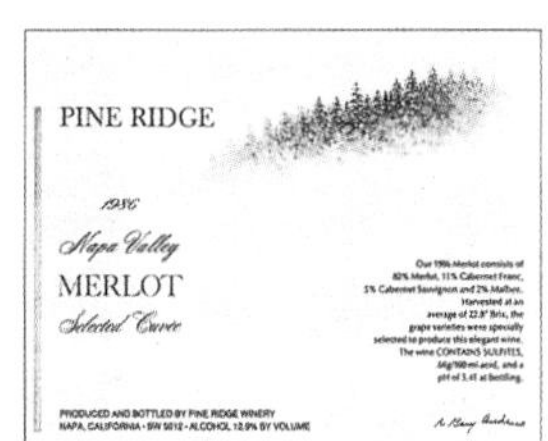

松嶺園的安德魯斯特藏酒（上）及普通級的美洛葡萄酒（右）。

葡萄酒與藝術

酒神與亞莉雅德妮

這是提香另一幅以酒神巴庫斯爲題材的畫作。繪於一五二二年至一五二三年間。亞莉雅德妮是愛琴海克里特島的公主，酒神在海岸邊救了她，後來並愛上了她。她死後，酒神將以前送給她的、用葡萄藤編製的皇冠放在眾星座之中，就成了北冕座。一如第133頁的作品，提香在詮釋神話的同時，也表現了空間處理的新意境。現藏倫敦國家畫廊。

55 Joseph Phelps Vineyards, Insignia
飛普斯園(徽章)

- 產地：美國．加州．納帕谷
- 面積：136公頃
- 年產量：徽章/66,000瓶

一位科羅拉多州的建築商飛普斯 (Joseph Phelps) 在一九七〇年初來到加州，承包了二家酒廠後，也興起了釀酒的念頭。一九七三年買下了位於聖．海倫那 (Santa Helena) 東方的葡萄園，並聘請一位在德國受過釀酒訓練，且自一九六一年起已在美國加州釀酒界工作的蘇格 (Walter Schug) 擔任釀酒師。蘇格果然不負東家厚望，次年 (一九七四年份)的「徽章」(Insignia) 便和老牌的同年份蒙大維 (Mondavi) 酒，被認為是有史以來最傑出的美國紅酒。同時，蘇格由德國學來的一手絕活 (白酒)，也使這個「酒林新生」大放異彩：本園的利斯凌葡萄 (由德國萊茵河引進之約翰山利斯凌) 釀成的「遲摘酒」，簡直令人不敢相信此酒竟是加州土產！獲得

飛普斯園的徽章酒。這是老式標籤，一九九〇年之後已改為較新式的標籤（見次頁）。

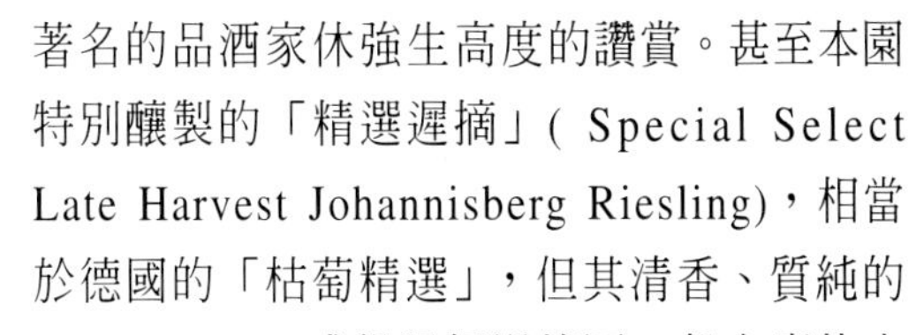

著名的品酒家休強生高度的讚賞。甚至本園特別釀製的「精選遲摘」(Special Select Late Harvest Johannisberg Riesling)，相當於德國的「枯萄精選」，但其清香、質純的感覺還超過德國一般名廠的水準。一個甫興起的酒園能夠同時在紅、白酒的領域之內連創佳績，確屬異數。一九八三年起，威廉斯 (Craig Williams) 接下了蘇格的重擔。

飛普斯總共有一百三十六公頃園地，也是整個納帕谷最大的酒園之一。生產十六種葡萄酒，年產量近百萬瓶，分散在四個地區，最大的一塊位於「春谷」 (Spring Valley)，有七十公頃大，以火山土和黏土為主，排水功能相當良好。種植密度每公頃一千二百株至三千五百株不等，平均收穫量每公頃約四千公升。占地近

飛普斯園的徽章酒外型新穎，是典型加州新潮酒之設計。但本酒毫無加州味，倒有波爾多一等頂級酒的氣質。

四十公頃的飛普斯本園所產的「徽章」是以六成的卡貝耐・索維昂，三成的美洛及一成的卡貝耐・弗蘭混合而成，這是本園的傑作。新酒會在木桶中醇化十八個月以上，木桶有一半以上是全新。本支酒被認爲有波爾多一等頂級酒氣質，可以想見其具有集中、飽滿及溫和的酒質，並且可以隱約嗅到淡淡薄荷及果香。園主對這支占本園年產量百分之六的「特產品」當然十分在意，若遇到不好的年份，如一九九三年，則和加州一流的酒園一樣，不生產此特級品。

本來飛普斯園還有一支名作「艾希爾」(Eisele)，這是本園向位於納帕谷西北方卡利史托卡 (Calistoga) 東南，一個名叫艾希爾的葡萄園購買葡萄而釀成，年產一萬四千瓶。但自從一九八九年園主艾希爾籌不出一筆錢來改種葡萄，遂將本園賣給金主發利 (W. Farley)。這塊僅有十四公頃的園地再以三百萬美元，隨後轉給建築商阿勞就 (Araujo)，新東主便以「艾希爾酒園」爲名釀酒銷售，獲得輝煌成就，且評價超過以往由飛普斯園釀造的「艾希爾」。所以自一九九一年起，飛普斯園便不再生產「艾希爾酒」。

> 當夜鶯在玫瑰叢上暢鳴，牠們真聰明，知道這是好的；當我們把酒傾入玫瑰色的唇中，我們也是聰明的，知道這是好的！
>
> ——Friedrich Martin von Bodenstest
>
> （德國作家）

56 Robert Mondavi, Cabernet Sauvignon Napa Valley Reserve
蒙大維酒園納帕谷卡貝耐・索維昂精選酒

- 產地：美國・加州・納帕谷
- 面積：200公頃
- 產量：200,000瓶

由義大利移民而來的凱撒・蒙大維於一九三六年在加州落腳後，建立陽光丘 (Sunny Hill) 酒園，一九四三年又買下位於聖・海倫那鎮的克魯格 (Charles Krug) 酒園。一九五九年老蒙大維去世後，克魯格園由二位兒子繼承。哥哥羅伯在一九六二年年近五十歲時首度去了一趟歐洲，當他拜訪了法國波爾多一流酒廠，發現了法國酒成功的秘訣，返國前就下了決心要把生產大眾化、以成桶包裝出售的作風改變；但也埋下了兄弟鬩牆的種子。羅伯提出把酒價提高，以籌措更多資金更新機器設備的提議，遭到弟弟彼德聯合其他家人──包括寡母蘿莎在內──的大力反對，認爲一旦漲價將喪失現有市場。他們先下手爲強，先趕走羅伯兒子麥可，再迫使羅伯離開。

一九六五年，年紀已有五十二歲的羅伯黯然離開了他在一九三六年取得史丹福大學經濟學學士學位（兼修化學與釀酒學）後，

photo©Youyou

「美國夢」的典型樣板──羅伯・蒙大維西班牙式的酒窖，也是加州納帕谷的葡萄酒文化展示間。

即返家擔任釀酒長達三十年的酒廠！羅伯四處借貸，湊足了十萬元，一九六六年在納帕區的橡木村 (Oakville) 買下一塊葡萄園，開始放手一搏。當年份的卡貝耐・索維昂即有一股熟透的果香，且有一種標準的波爾多酒之架式！羅伯具有高超的企業眼光與旺盛的企圖心，一心一意要生產出口味濃、讓品嚐者留下深刻印象的酒；同時強調絕對的品管及個人的獨特風格。最後，蒙大維成爲美國加州產製優質酒規模最大的園區。目前擁有四百四十公頃園地，年產一百五十萬箱 (即

本園成名作「卡貝耐・索維昂精選酒」是蒙大維進軍世界第一流紅酒行列的嘗試，一九七四年為處女年份，此支酒已成為行家酒窖的「鎮窖之寶」。

蒙大維的卡貝耐・索維昂精選酒與一般酒相差甚大，選購時要注意標籤的正中（以前在左上方）是否有"RESERVE"字眼。

一千八百萬瓶）二十二種各式的紅、白酒。

本來在剛成園時，羅伯種了許多當地品種葡萄；到了一九七〇年開始專注在卡貝耐・索維昂及莎多內；到了八〇年代又再加強皮諾娃及白富美 (Fume Blanc)。值得重視的是其「精選酒」(Reserve)。一九七四年份卡貝耐・索維昂精選酒 (Reserve Cabernet Sauvignon) 在一九七九年出廠後，價錢爲三十美元，與飛普斯的「徽章」同獲「美國加州有史以來最佳紅酒」的美譽。這個特選酒主要是產於橡木村的土卡倫 (To-Kalon) 園區，面積有二百公頃之大，以種植卡貝耐・索維昂爲主。光是此種葡萄釀成的普通酒，本園年產量就達到一百二十萬瓶之多，而特選級僅有六分之一，達二十萬瓶。

精選級的蒙大維卡貝耐・索維昂會在全新木桶貯存醇化二年左右才出廠，味道十分醇厚，層次複雜，且在二至三年即可飲用。本園共有二十二種產品，凡是掛有「精選」者——例如卡貝耐・索維昂外，尚有納帕谷皮諾娃精選、納帕谷莎多內精選及卡內羅莎多內 (Chardonnay Carneros) 都是一流的好酒，愛酒人士可千萬不要錯過品嚐的機會！

羅伯・蒙大維的「葡萄酒王國」目前是由大兒子麥可擔任總裁，小兒子提摩太(Timothy) 負責一切釀酒事宜，羅伯處於半退休狀態。近年來本園又購入二個供應「平價酒」酒園：拜倫酒園(Byron Winery) 及維頌酒園 (Vichon Winery)，聲勢扶搖直上。

長久以來羅伯・蒙大維被認爲是加州酒的親善大使，也是全美最著名的酒園主人。對於他的成就，特別是在五十二歲以後才踏出成功的第一步，其勇氣與魄力之大，值得所有愛酒人士恭敬的爲他敬上一杯！

57 Opus One
第一號作品

產地：美國．加州．納帕谷
面積：40公頃
產量：330,000瓶

一九七九年最轟動世界酒壇的大消息，莫過於法國木桐．羅吉德 (Mouton-Rothschild) 決定和美國最負盛名的羅伯．蒙大維 (Robert Mondavi) 合作，在加州納帕谷設廠釀酒。它象徵著美國釀酒科技、資金、市場及良好的葡萄生長環境將和法國波爾多第一流的釀酒文化、品管技術結合，大家當然熱烈期盼究竟這場聯姻會生出什麼樣的孩子？

蒙大維和木桐．羅吉德結緣起因於蒙大維的不服氣。才高八斗，集詩人、賽車手、電影製片人、企業家……頭銜於一身的菲力普．羅吉德男爵曾經以鄙夷的口氣說過一句話：美國酒就像可口可樂一樣，每種味道都差不多！蒙大維聽到這句話後就發誓使男爵改變這看法。一九七一年兩人在夏威夷見面時，羅伯提議共同設廠的合作意願，但男爵僅予禮貌性的回應。一九七六年，大概是木桐堡在三年之前晉級波爾多地區「一等頂級」的夙願得償，意氣風發，「玩心大起」。兩人經過一個鐘頭的會談，便敲定了合作計畫。隨後兩年研商合作細節，一九七八年雙方簽訂議定書。雙方視議定的內容為營業機密，密而不宣，但大致上是蒙大維將所有四百餘公頃園地劃出最優秀的一部份園地，並提供大部份硬體設備 (如釀酒房、地窖) 及資金。木桐則「傾囊相授」，派出最優秀的育種師、釀酒師……。一九七九年本園正式成立，當年就生產五千五百箱，總計六萬餘瓶，每瓶售價五十美元。 但酒名遲遲未定，最後終於敲定以「

一九七八年蒙大維與菲力普男爵（右）於議定合作時握手的歷史照片。由菲力普男爵的衣著可知其一派名士風範，瀟灑不拘俗套。

第一號作品」(Opus One)爲名，當然是考慮這個「作品」是二位大師第一次合作的結晶。

一九八四年份本園的產品開始冠上這個名字。標籤的設計亦甚突出：淡乳白的標籤，簡單的以藍色勾勒出羅伯與男爵的頭像，彷彿是以前緊張大師希區考克影片系列標誌——希區考克頭像的翻版。頭像下兩個人的簽名顯得更爲特殊！一九八四年甫出廠每瓶即攀升至六十美元，一九八五年後完全獲得各界肯定，近年來新上市每瓶皆在一百美元左右。

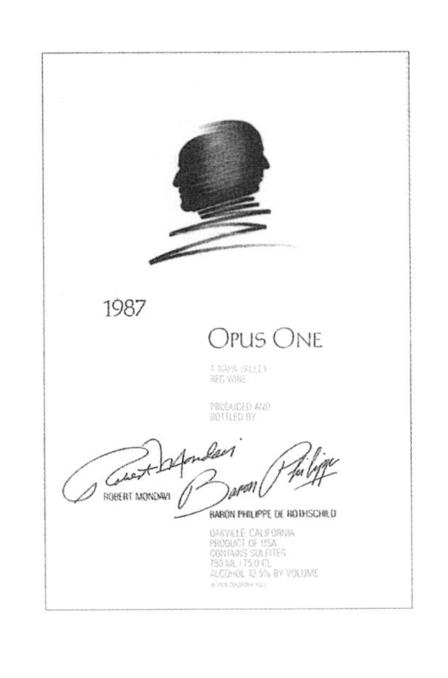

第一號作品的標籤有美、法兩位大師的頭像側面剪影，相當特殊，令人記憶深刻。

被選入作爲「第一號作品」酒的葡萄都已經仔細挑選，葡萄種類爲卡貝耐・索維昂(85%)、卡貝耐・弗蘭(10%)及美洛(5%)，和木桐的比例相差不多(分別爲85%、7%、8%)。新釀酒會在法國製的木桶中醇化十八個月，裝瓶後會再陳上十六個月，才算完成了此一作品。目前每年(例如一九九三年份)生產約二萬八千箱，共三十三萬瓶。

然而「第一號作品」希望走出自己的風格，而不是法國波爾多的翻版。但不可避免的，行家們還是指出本酒反映出波爾多地區，甚至是美多區波儀亞克酒的風味；但這種評語也反證「第一號作品」的絕佳品質：深紅的色澤、黑莓與木桶香味，飽滿而深沈。本園雖然是開園不久，但仍可以讓人確信其耐得久藏。

「第一號作品」本來是相當程度的仰賴蒙大維之設備，隨著羽翼漸豐，也感到有獨立設廠的必要，美輪美奐的新廠房因此在一九九一年落成。這座斥資二千六百餘萬美元，帶有法國十八世紀建築風格與內部一流的科技設備，一千四百平方公尺的釀酒房以及法國的技術，表示兩個釀酒文化的交流薈萃。可惜男爵已於一九八八年去世，二位大師已無法在塵世攜手再譜第二號作品，「第一號作品」遂成爲廣陵絕響了。

右頁／法國與美國兩大「酒國巨人」合譜的「第一號作品」，也是「最後一號作品」，已成絕響。右側立者為法國十九世紀「少年莫札特」銅像（作者藏品）。

OPUS
BARON PHILIPPE

58 Dominus
多明納斯園

- 產地：美國．加州．納帕谷
- 面積：約45公頃
- 年產量：100,000瓶

蒙大維和木桐合作成功的消息震驚了全世界，也鼓舞了法國新一代酒園的經營者。他們久困於天候、地文皆已成定形，而土地有限的波爾多地區，要想再宏圖大展已極困難，此時「新大陸」的招手，就顯出了莫大的吸引力。另一個動心的人，就在彼德綠堡！

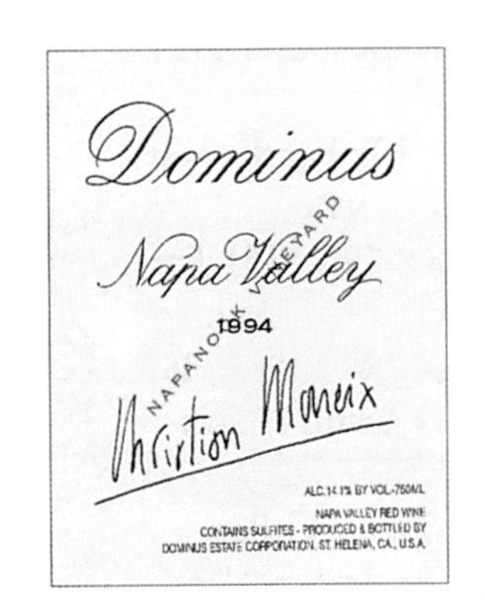

彼德綠堡的「美國苗裔」——多明納斯園。

提到木艾 (Moueix) 家族，立刻會想到尚．皮耶．木艾 (Jean-Pierre Moueix)，這位經營彼德綠堡以及「木艾王國」的霸主，目前接棒人則是老木艾之子——克里斯丁(Christian)。克里斯丁在巴黎農業系畢業後，到加州大學觀摩釀酒技術。看到美、法三年前合作「第一號作品」的成就，他動心了。一九八二年起他投資「納帕角」(Napanook)葡萄園，並和繼承此園的萊爾兄妹 (Robin Lail & Marcia Smith) 合作，成立「多明納斯」(Dominus) 酒園，園址就在鹿躍酒窖所在的央特維爾鎮附近。本園有八成的葡萄樹是卡貝耐．索維昂，其他還有美洛、卡貝耐．弗蘭以及種植在最炎熱一塊地的小維多。種植密度每公頃一千六百株，平均收穫量控制在每公頃五千公升以下。

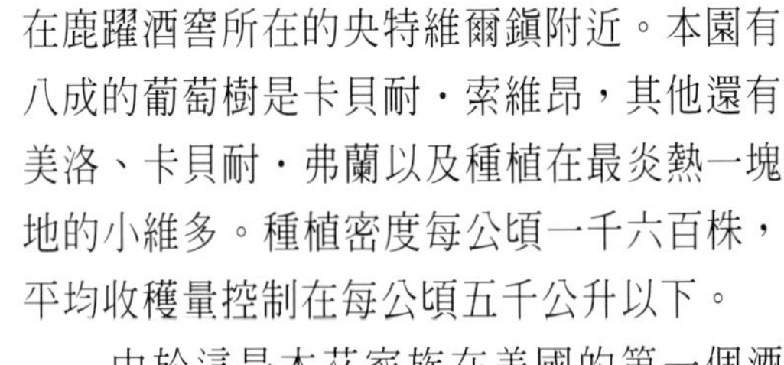

由於這是木艾家族在美國的第一個酒園，可不能砸了木艾的金字招牌，也不能讓木桐堡看了笑話，於是聘請本廠法國專家前來協助。酒園的總管巴龍 (Daniel H. Baron) 將法國一流酒園的管理技術、嚴格的紀律以及品管要求移植到新大陸。釀酒的顧問爲大名鼎鼎的巴洛 (Jean-Claude Berrouet)，他自一九六四年起就處理彼德綠堡的栽植工作及擔任釀酒師。相信日後彼德綠堡優質的葡萄苗種會移來本園繁殖也不一定！

在大師的點撥之下，本園的水準蒸蒸日上，自第一個年份開始上市 (一九八三年)就迅速獲得好評！本園的葡萄等到完全成熟後才採收並嚴格分類，發酵後的新酒會裝入法國進口的木桶中靜存十五至二十個月。木桶有二成至五成是新的。裝瓶後會再陳放二年才上市。木艾當年在加州的冒險，並不打算仿用其在法國柏美洛區「木艾王國」的作法，而是要開創具有美國特色的好酒，所以不採取彼德綠堡全部使用美洛葡萄的策略。因而本園美洛比率每年有所不同，最低可能僅只有3%(一九八八年)，而最高則可達到26%(一九八四年)；卡貝耐·弗蘭的比率亦不固定，一九八九年份的酒中都沒有含此葡萄種，一九八八年份的酒含有12%的卡貝耐·弗蘭，然而仍以卡貝耐·索維昂爲主力。多明納斯的顏色

深黑、味道醇厚集中、單寧較重，一入口鼻就可以知其出自名門之手!本園成園甚晚，一九八三年至今僅僅出產十多個年份的酒，雖然已獲得品酒界及市場(及價格)的高度肯定，目前每年份上市價格約爲七十至一百美元不等。但是否有「越陳越香」的潛力，仍然有待觀察。這正是名評酒家摩里耐·巴利 (David Molyneux- Berry) 對本酒所稱的"A wine to wait."。

一九九四年萊爾兄妹將股份售給予木艾，使其成爲本園唯一東主。萊爾兄妹則承接原作爲本園二軍酒的「丹尼爾酒園」(Daniel Estate)。

本酒原來以克里斯丁·木艾的人像做為標籤(右)，但是自一九九二年之後就去掉了人像(左)，看來清爽些。

59 Heitz Cellar, Martha's Vineyard
赫茲酒窖(瑪莎園)

- 產地：美國．加州．納帕谷
- 面積：14公頃
- 年產量：90,000瓶

喬．赫茲 (Joe Heitz) 在加州一個學院 Fresno State College修畢釀酒系的課程，到蓋洛(Gallo)及柏列(Beaulieu)酒廠實習，並在美國最有名的釀酒大師切利斯夫 (Andre Tchelistcheff) 手下學習數年後，一九六一年獲得友人羅德茲 (Rhodes) 及梅 (May) 的幫助，在聖．海倫那鎮離飛普斯酒園不遠處附近買下一座小葡萄園，並由別處買木桶製酒，分級裝瓶出售。一九六五年又買下附近園區，使總園區增加到六十五公頃的規模。赫茲不僅由本園產葡萄釀酒，也向朋友的葡萄園收購葡萄，釀製了許多種類的紅、白酒及香檳。每年生產約五十萬瓶，共有六種不同的酒。其中半數是由卡貝耐．索維昂釀的紅酒，共有四種。

赫茲酒窖的瑪莎園酒都會在標籤上方註明何時裝瓶及生產數量。

赫茲最有名的酒是由朋友湯姆．梅 (Tom May) 所擁有「瑪莎園」(Martha's Vineyard) 所產的葡萄所釀成。湯姆和妻子瑪莎於一九六四年從赫茲的朋友羅德茲處買下此園，改名為「瑪莎園」，沒想到卻造就了赫茲園的盛名。剛開始瑪莎園只有五公頃，以後慢慢擴充到十四公頃。瑪莎園主要位於瑪亞卡馬 (Mayacamas) 山的山腳下、橡樹鎮以西的「凳子」(Bench)產區，土壤以碎石和沖積土為主。所種植的全為卡貝耐．索維昂，種植密度相當低，每公頃只有一千三百株。由於山坡朝東，所以下午不致過於炎熱。有的評酒家也認為本園附近有許多尤加利樹林，也使瑪莎園的葡萄稍帶有尤加利樹的特殊氣味。新釀酒會先在美國製的木桶中，後來才置入由法國、美國木材所造的木桶中醇化，但新桶的比例並不高。醇化期約三年至四年不等，裝瓶後還會再陳上一年才上市。

由瑪莎園釀成的赫茲酒是一種「陽剛」性極強的酒：個性強、顏色暗紅而且近似黑色，強烈味道中可以感到薄荷、尤加利葉、巧克力和蜜餞的混合氣味，同時也需要十至十五年，才會達到完全的成熟期。開瓶後並要經過相當時間才會散發出其應有的香氣！赫茲酒在一九六六年開始在標籤印上「瑪莎園」，一九六八年甫一出廠就造成了轟動。本來年產五萬瓶，現在產量增多，例如一九九一年份即生產九萬一千餘瓶。赫茲的標籤會在左下角標明本瓶係來自瑪莎園，或是另外的園區——例如「好橡園」(Bella Oaks Vineyard)，這也是其友羅德茲(Bella Rodes)的葡萄園——，年產約三萬六千瓶；或「路邊園」(Trailside Vineyard)，年產約四萬瓶。同時，不論是瑪莎園、好橡或路邊園都會在標籤正上方標明葡萄年份、裝瓶年份、總數量及本瓶編號，一絲不苟的態度令人肅然起敬。尤其是每瓶的編號，好像母親對孩子的關懷，也代表園主對產品的重視。不過，這三個園在非新桶中儲放的時間頗久，也可能是使用的軟木塞品質不良，故在八〇年代——特別是一九八四年份——的產品產生霉變，使本園聲譽受損甚大。後來園方對木桶及木塞的清潔嚴加注意後，霉變的問題已能解決。

> 自荷馬以來，有哪位宣揚人道精神的偉大詩人不看重酒的功效？
>
> ——詹森・A・麥道格爾
>
> （美國參議員）

赫茲酒窖的佳作——瑪莎園。

60 Ridge, Montebello Cabernet Sauvignon
利吉(蒙特貝羅園)

- 產地：美國・加州・聖塔克拉拉
- 面積：20公頃
- 年產量：48,000瓶

前述鹿躍園吸引了維尼亞斯基教授投身於釀酒行業，無獨有偶，於一九五九年，史丹福大學從事機械研究的本寧恩(Dave Bennion)糾集三位同事買下一座在一八八〇年就經由義大利人佩隆（Osea Perrone) 所闢建，但已荒廢的葡萄園。本來他們只是懷著購買「別莊」的構想：自釀自飲，不搞商業企圖；當年就釀了四十五公升。後來本園葡萄不夠時，他們也到別處找可以調配他們酒的各種葡萄。孰料竟釀出令他們不敢相信自己舌尖的好酒！於是乎，本園「善釀」的名聲傳開了，本寧恩等及其家人開始在周末來此園整理園區及賣酒。他們由於野鹿常來此啃食葡萄苗及果實，竟然想出一個絕招：到舊金山動物園收集獅子的糞便撒在園邊四周，果然嚇走野鹿！

RIDGE 1985
CALIFORNIA
CABERNET
SAUVIGNON
MONTE BELLO

GRAPES: 93% CABERNET SAUVIGNON, 7% MERLOT

屬於「高山酒」的利吉蒙特貝羅園。

十年後 (一九六九年)，一位在智利學過老式製酒法，也是技藝高超的釀酒師醉坡 (Paul Draper) 在一個偶然的智利酒品嚐會上遇見本寧恩，兩人初次見面，一談之下彼此大為欣賞，於是醉坡加入行列，由內行人領導的本園開始步上巔峰。十七年後 (一九八六年)，由於合夥人把股份賣給了財力雄厚的日本大塚製藥公司，本園即易手！不過釀酒重責還是由醉坡負責，易主對本園並未有太大的影響。

利吉園位於舊金山之南與納帕谷遙遙相對的「聖十字山」(Santa Cru)上，也是美國酒入選「百大」十支酒中唯一非納帕區生產的酒。海拔七五〇公尺，山坡相當陡，故才取名「利吉」(Ridge，山脊、山嶺之意)，離太平洋約三十公里，氣候溫和而多風。當納帕谷已採收完畢開始釀酒之際，此地的葡萄園才開始收穫。利吉園雖只有二十公頃，但收購其

他葡萄園所產的葡萄來釀酒，在利吉總共十二個產區中最令人矚目的產區是位置最高的「蒙特貝羅」(Monte Bello)，生產以卡貝耐·索維昂種所釀造的紅酒。

蒙特貝羅在法文中意義爲「美麗的山丘」，紅色的土壤很貧瘠，深層有石灰岩，天然的排水功能甚佳。種植密度在一千八百至三千三百五十株，品種主要是卡貝耐·索維昂(85%)，還有少量的美洛(15%)。由於本來是一個廢園，園中早就種有葡萄，故樹齡極高，至少四十年以上。每公頃收穫量平均在二千五百公升至四千公升。葡萄在採收後立刻分類，新釀完成後也再度分類，及格者才列入「蒙特貝羅」的行列之中，淘汰率之高，有時達到二分之一。「正選酒」會放在美國橡木製造木桶中醇化二年左右，木桶八成是新桶。

蒙特貝羅的顏色深沈，有豐富的丹寧酸、果香及橡木味，的確有大家的氣派！並且至少要等上十年的成熟期才適合飲用。而且也具備名酒的首要條件——能耐藏至少二十年以上，且愈久味道愈見香醇！許多行家認爲本酒的氣派及豐富、雄厚的內涵頗似拉圖堡，也是全美國酒中最易和拉圖堡混淆的一支，其功力可思之泰半了！

利吉園共有約六十公頃園地，每年出產大約六十萬瓶十六種各式的葡萄酒，每年(例如一九九二年)生產四千箱，近五萬瓶可以貼上利吉(蒙特貝羅之卡貝耐·索維昂)的標籤。至於其他種類紅酒，例如在一九九一年才購入的萊頓泉園區由金芳德葡萄所釀的紅酒 (Zinfandel Dry Creek Valley Lytton Springs)，口碑也甚佳，是一個極具「美國特色」的葡萄酒——一入口鼻就直截了當地顯現出其品質及內涵！

蒙特貝羅園酒可能是全美國紅酒中最醇厚的，絕對具有大師氣派。依我個人品嚐經驗，此酒當是美國紅酒的第一傑作，葛利斯家族居次。

61 Gaja, Sori Tildin
歌雅(提丁之南園)

產地：義大利．皮孟地區．巴巴勒斯可區
面積：3.22公頃
年產量：14,000瓶

右頁／義大利皮孟地區首屈一指的名園歌雅園之「提丁之南園」。圖右為清末鏍鈿黑漆紅木鳥籠，後方背景為清末紫藍地平金彩繡牡丹荷花女袍（作者藏品）。

義大利有個古名：「歐音諾特利亞」(Oinotria)，意思是「酒之國」。羅馬歷史中的一切都與酒分不開，羅馬軍隊所到之處，葡萄園亦隨之闢建。荒淫殘暴的尼祿王欣賞羅馬焚城時，手上正是一杯火紅色的葡萄酒。麵食與葡萄酒成爲義大利人數千年來每日不可或缺的兩樣東西。

直到目前，義大利仍是全世界生產與消費葡萄酒最大宗的國家。不過，樂天知命的義大利人不像法國人那麼兢兢業業地力求品質的提昇，法國經過兩百年的努力與琢磨，名園輩出，早已將義大利酒拋在腦後。義大利酒也變成廉價餐桌酒的代名詞。在美國還有一度稱義大利酒爲「洗車酒」，眞是諷刺、挖苦之至！羅馬神話之酒神巴庫斯若在天上有知，恐怕要爲義大利酒的淪落而潸然淚下了。

爲挽救義大利酒的聲譽與打開義大利酒的市場，義大利於一九六三年開始實施「產地品質管制」(D.O.C.)制度，擬仿效法國法定產區制度(A.O.C.)，將各自爲政、毫無章法的酒業統一標準與分類。一九八〇年進一步推行「產地品質保證」 (D.O.C.G.)制度，義大利酒的品質這才有了明顯的提昇。

儘管義大利酒水準普遍平庸，但仍不乏鶴立雞群的名酒。義大利紅酒入選「百大」之列共有六瓶，全部集中在北部地區。首先登場的是歌雅 (Gaja) 園。

義大利共有二十個主要的葡萄酒產區，最好的紅酒產區是位於義大利西北角的皮孟(Piedmont) 地區。「皮孟」在義大利文的意義是「山腳」，表示這裏北有阿爾卑斯山的屏障，以抵擋冬天寒冽的北風，陽光充足，空氣較爲潮濕，適合葡萄生長。一直是著名的產酒區，且九成左右的葡萄酒是紅酒。皮孟地區最有名的兩個產區分別是以中心鎮爲名，一是巴巴勒斯可 (Barbaresco) 區，另一爲巴洛洛 (Barolo) 區，兩村彼此雞犬相聞，

GAJA
GAJA
BARBARESCO
DENOMINAZIONE ORIGINE CONTROLLATA
SORI' TILDIN®
1979
75 CL. e 13,3% VOL.
BOTTIGLIA NUMERATA
№ 470
DENOMINAZIONE ORIGINE CONTROLLATA
IMBOTTIGLIATO DA ANGELO GAJA - BARBARESCO - ITALIA

前者的面積與產量約為後者之半。歌雅園無疑的是巴巴勒斯可區的代表園。

由歌雅的名稱頗似西班牙偉大的畫家哥雅(Goja, Francisco de),可知其乃西班牙的後裔。歌雅家族於十七世紀由西班牙移居義大利,從一八五九年的老喬萬尼(Giovanni Gaja)在皮孟的巴巴勒斯可鎮邊蘭格山(Lamghe)的山坡闢園開始,逐漸建立了歌雅王國,總計有八十四公頃的園地,年產四十二萬瓶各式紅、白酒。

歌雅園本來與一般義大利酒園一般,對於品質並不十分堅持原則。改變歌雅園命運的是當今負責的第五代掌門人安其羅二世(Angelo II)。一九四〇年出生,在大學學界曾釀過酒,並擁有經濟學博士學位的安其羅從法國名酒成功的經驗,獲得革命性的啓示。一九六一年剛滿二十一歲就進入酒園,擔任管理葡萄園之工作,一九六九年進入酒廠中,次年父親退休後接掌本園,開始大刀闊斧的改革。在進入酒園的第二年,也就是一九六二年開始,安其羅就指示園方嚴格採行重質不重量的政策,大量裁枝,將每株的芽眼由原來的二十個減為十個,每公頃年產量由原本的七千公升降低為原來的一半。種植密度也減少到每公頃三千五百株到四千株不等。老歌雅園原本也向別的葡萄園買葡萄以供釀酒,以後則完全以本園所產為限,以期品質的一致性。

另外,由於經常赴法國等名酒園觀摩,安其羅大膽引進新式科技,經過十四年的摸索、試驗,終於在一九八四年引進電腦控溫等設備,成為皮孟地區最進步的酒園。

自從安其羅掌園後,他經常到法國,特別是布根地一流酒園觀摩。他領悟到布根地一流酒園將每個園區不同的葡萄分別掛上名稱,而義大利則是喜歡「大鍋混」,所以回到義大利,他馬上把手上十四個小園區挑出三個,作為「強棒」。這三個都是巴巴勒斯可紅酒。第一個是一九六四年購入,位在巴巴勒斯可鎮外一個海拔二百六十公尺高的「聖羅倫索」(San Lorenzo),由於園區南向面陽(Sori)——Sori是當地土話「南方」——,故稱為「聖羅倫索之南園」(

打響歌雅園王國聲名的「聖羅倫索之南園」。

Sori San Lorenzo)，於一九六七年開始應市，面積爲三・二二公頃，年產一萬一千瓶。第二個是一九六七年所購，位於附近海拔二百七十公尺的「提丁之南園」(Sori Tildin)，一九七〇年開始上市，面積三・八公頃，年產量稍多，達一萬四千瓶。第三個也是在一九七〇年所購，園區在提丁園址旁的「柯斯塔盧西」(Costa Russi)，面積四公頃，年產一萬瓶，一九七八年才冠上歌雅的招牌。這三園所種植的葡萄都是皮孟地區最流行的葡萄品種：「內比歐羅」(Nebbiolo)。這種在當地也叫做「史帕那」(Spanna) 的黑紫色、晚熟、耐寒易種的葡萄，提供強有力的單寧及氣味。土壤爲黏土與石灰岩組成，排水功能不錯，葡萄根可貫穿地面以下七十公分。

同樣的，安其羅也由布根地了解到木桶醇化的功夫。本來皮孟地區千百年的傳統是把酒放在超大的老木桶中醇化幾年，固然酒醇化了，但沒有酒香及木頭香。故安其羅嘗試將葡萄榨汁之後先在全新的小橡木桶（二百二十五公升，合五十加侖）中醇化六個月，而後泵入大橡木桶中再醇化一年半。如果年份特別好，則在小桶中存放十個月，縮短在大木桶中存放的期間。這個目的在使透過(小)木桶中能與空氣有更多接觸的機會，新木桶也帶給酒一股淡甜、強勁的香草味，使得名酒的單寧能夠不疾不徐的溫和適中。這也必須歸功於歌雅園的橡木桶。這些木桶由歐洲各地——不止法國——購來橡木，會在本廠陳放三年使其穩定，而後製桶。桶製成後用蒸氣及滾水浸洗一個鐘頭把濃烈的單寧先去掉一半，免得新酒泵入後被「奪味」！所以可使酒產生芳香、圓滿、多層次的體質。

歌雅園的三個園區釀產的巴巴勒斯可酒的品質大致相同，如欲嚴格地要找出些微的差異，則聖羅倫索酒的口感較重，需要至少四至五年才適於飲用；提丁酒可稍早成熟；盧西酒則又更早些，果味也比較濃。但是在價格方面，三個名園的出產價格完全一樣。以目前情形(例如一九九三年份)大約都在一百四十美元左右。安其羅對於園下三個得意的傑作當然也懂得要愛惜羽毛，對於年份不好、找不到好的葡萄，就不釀製此三種酒。例如一九九一年、九二年及九四年，在採收時豪雨連續幾天，就未出產此三種酒，估計園方損失二百五十萬美元，也在所不惜！

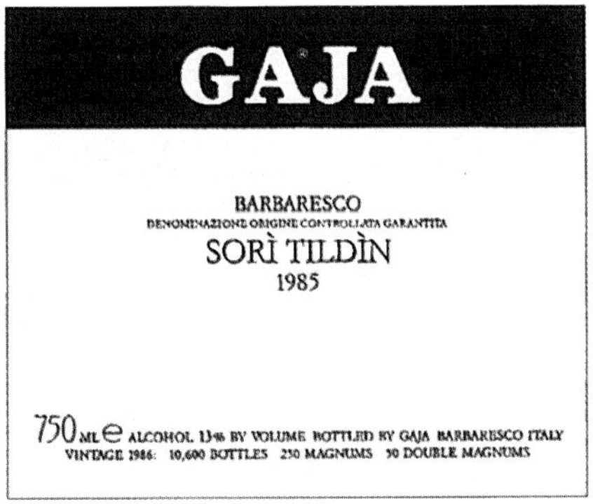

歌雅園的標籤極其簡單，僅黑白兩色，一目了然。

歌雅已有名園大家的氣派，美國《酒觀察家》雜誌曾對一九八五年份、八九年及九〇年份的提丁酒評分，各爲九十八分、九十六分及一〇〇分，使得提丁酒成爲最有名者。三支酒的評分比較，一九九三年份，提丁酒得分爲九十四分；另外二支酒得分稍遜，聖羅倫索得九十二分，柯斯塔盧西得九十三分；一九八八年份，除柯斯塔盧西爲九十二分，另二支皆爲九十三分。但據安其羅本人的看法，他最中意的則是聖羅倫索，認爲這支酒將來的前途要高過前二者之上。

除了拿手的巴巴勒斯可酒讓歌雅在皮孟地區出盡了鋒頭外，本園在一九八八年購進了位於巴洛洛區的一個二十八公頃大「馬林卡與麗維塔」(Marenca & Rivette) 葡萄園，開始釀製巴洛洛酒。本來歌雅園在安其羅當家前也釀製巴洛洛酒，且已極有名，價錢賣得可算是當地最高的！但鑑於歌雅園本身在巴洛洛區沒園區，必須向別園買葡萄，酒農爲了大量生產，葡萄水準自然打折扣。安其羅於是痛下決心放棄巴洛洛，專攻自己有園區的巴巴勒斯可酒。成功後，才回頭「再搞」巴洛洛酒，故取名「懷舊」(Sperss)。歌雅園的巴洛洛酒即在一九九二年初次上市也一鳴驚人，新酒價格約爲提丁酒的一半，也算是昂貴的酒了。

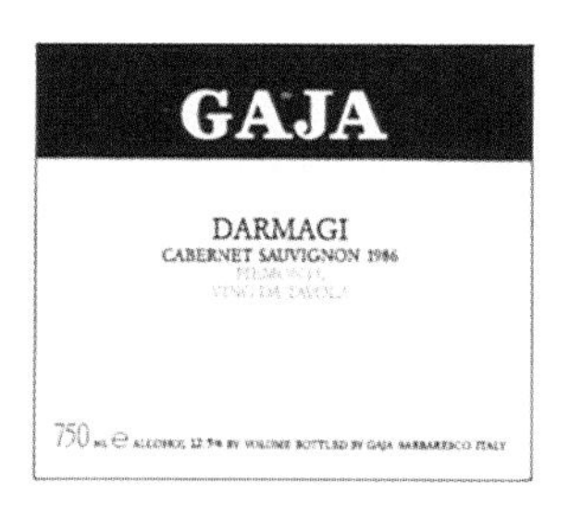

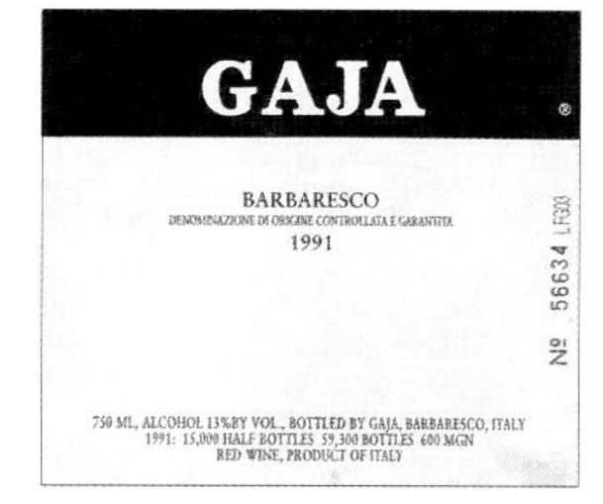

歌雅園勇於嘗試的產品：皮孟的波爾多酒——「大馬吉」(左)；皮孟的白布根地酒——「歌雅與雷」(中)；以及人人喝得起的巴巴勒斯可(右)。

另外，安其羅看到全世界都流行種波爾多的卡貝耐·索維昂葡萄，所以也決定跟上時代潮流，目標是釀出類似木桐堡的一等頂級酒。故本園是皮孟地區第一個引進法國卡貝耐·索維昂葡萄的酒園，新園區名爲「大馬吉」(Darmagi)，占地二公頃，一九七八年設園，一九八二年第一次釀製，一九八五年才上市，頗有波爾多頂級酒的架式，但評價則不能與前述幾個本園佳釀相比。本園也生產白酒，這款酒是園主想要嘗試釀出布根地超級白酒「夢拉謝」的試驗品。由莎多內釀成的白酒，名叫「歌雅與雷」(Gaya & Rey)，起步較晚，一九七九年才開始種植，一九八九年美國的《酒觀察家》雜誌將歌雅二個年份的莎多內評爲幾近滿分，立刻在美國市場受到歡迎。歌雅這種兼釀紅、白酒，且迅速獲得成功的名園，實在不愧爲「皮孟第一園」之美譽。

不愛酒的人，猶如一座磐石。
——雷辛
（德國作家）

不分貧富，一體的造福，這是上帝創造酒的樂趣。
——尤里披蒂斯
（希臘劇作家）

62 Ceretto (Bricco Roche)
傑樂托(羅西峰頂)

產地：義大利．皮孟地區．巴洛洛區
面積：1.2公頃
年產量：20,000瓶

提到義大利皮孟地區的葡萄酒一般是巴巴勒斯可與巴洛洛並稱。歌雅以代表巴巴勒斯可酒入選「百大」，巴洛洛酒——這個比巴巴勒斯可酒更爲濃郁、飽滿，也需要更長的時間才能成熟，並稱爲「王者之酒、酒中之王」的巴洛洛酒亦不該不推派代表進入「百大」。

也屬於「高山酒」的傑樂托布魯特圖，把巴洛洛的特徵發揮淋漓盡致。

巴洛洛酒以酒區中心鎮巴洛洛鎮而得名，與巴巴勒斯可區都在八〇年代初期就被義大利政府封爲最高等級的「產地品質保證」(D.O.C.G.)產區，而目前全義大利僅有十二個酒區享有這份殊榮。巴巴洛酒的葡萄全部是內比歐羅(Nebbiolo)。這種在羅馬時代就種植在此地的葡萄由義大利文「霧」(Nebbia) 衍生而來，形容秋天山區多霧，當霧起蔽山之時，此種葡萄已成熟待摘了！此葡萄顆粒較小、皮厚，釀出的酒酒精度至少爲百分之十三，一般醇化期間至少持續二年。但是列入「珍藏」則爲四年，「特別珍藏」(Riserva Speciale) 者則醇化期爲五年。整個巴巴洛區共有一千一百公頃大，每年可望生產六百萬瓶巴洛洛酒。但最好的巴洛洛酒集中在東南方向的阿爾巴 (Albe) 小村附近，傑樂托家族擁有的酒園尤爲其中佼佼者。

傑樂托酒園正式於一九三五年成立。本來該家族不以自己所種植的葡萄，而賴購買他人葡萄作爲釀酒原料。現在的園主是布魯諾 (Bruno) 與馬傑羅 (Marcello)，兩兄弟於一九六七年起當家時，本來是一切蕭規曹隨，但從買賣葡萄的經驗中知道最佳的葡萄園在哪裏，於是陸陸續續地趁機購得。

傑樂托園生產各式紅酒，甚至是白蘭地酒。紅酒包括了在不同園區生產的兩種不同的巴巴勒斯可酒與四種巴洛洛酒，最普通的巴洛洛酒是所謂的松切拉 (Fratelli Zonchera)，每年出產約五萬瓶。布魯勒特園 (Bricco

Roche Brunate) 位於牟拉(La Morra) 鎮之海拔三百公尺的高度，面積為七公頃，此園的葡萄酒口感相當溫柔，成熟期較早。帕拉坡(Bricco Roche Prapo) 園區在海拔三百五十公尺高、阿爾巴村的色拉倫 (Serralunga d'Alba) 地方，園地朝南。由於土壤較為肥沃，鐵質含量稍高，所以本園葡萄酒內含的單寧也就較為豐富，味道較濃郁。

帕拉坡園的拿手作品是布利可·羅西酒。「布利可」意即「峰頂」，布利可羅西即為「羅西峰頂」，本園顧名思義是在山頂，是在海拔三百五十公尺的卡斯替利歐內(Castiglione) 地方。僅一·二公頃，園地朝南，土壤與上述的葡萄園似乎無甚差別 (土壤半為黏土，半為沙土)。每公頃種植二千八百株，一般本地內比歐羅葡萄每株可生個十六串葡萄，收成約二公斤，但本園將其產量減半，即每棵被修剪至八個芽眼，故能生產較密集、果味重之葡萄。由於羅西酒為本園的代表作，在品管上自不馬虎草率。年份不佳、生長不良的葡萄便毅然捨棄不用，故每十年間大約僅有三年得以出產。總計十年可生產五萬六千瓶，平均每次約兩萬瓶 (例如一九八六年份產一萬九千瓶)，一般酒店根本不可能看到一瓶。醇化過程是在(捷克)斯拉夫區木材所製成的木桶中進行，期間為三年。一般需費時十載至十五載方得成熟，而羅西酒的成熟是一種「瞬間迸發」的成熟。一九九七年二月，我曾在巴黎著名旅法油畫家陳英德先生家中品嚐一瓶一九八六年份的羅西峰頂，一開瓶後立刻使周遭空氣瀰漫一陣陣的木料、野草、紫羅蘭及其他不知名的香氣。口感則是隱約而富多層次，酒勁柔中帶強與不斷襲來的「回味」，顏色明亮的泛出紅光，令人難以忘懷！

義大利美食家最熱中的羅西峰頂酒。

63 Biondi Santi, Riserva
貝昂地·山弟(特藏酒)

- 產地：義大利·托斯卡納地區
- 面積：12公頃
- 年產量：約7,000瓶

義大利中北部以佛羅倫斯為中心的地區，稱為托斯卡納 (Toscana)。這裏古蹟處處，不僅是文藝復興的聖地，也是義大利最重要的產酒區。最著名的酒是價廉物美的香蒂(Chianti)酒。一九八四年的香蒂酒榮膺當年僅有五個D.O.C.G.產區的排行榜。總計一百零三個鄉鎮生產，年產達一億二千萬瓶的香蒂酒，當然不可能是豪華昂貴的酒，但無需陳年窖藏。它果香濃厚、少澀味，和法國薄酒內一樣，是其普受歡迎，甚至成為「義大利酒的代表」的原因。

義大利最貴的紅酒——貝昂地·山弟特藏酒。

托斯卡納最好的酒產於千年老城的西耶那 (Siena) 東南方四十公里處的孟塔西諾(Montalcino) 區。一八四〇年間，一位名叫克里門·山弟的在此地設園造酒。到了其孫斐魯吉歐·貝昂地·山弟 (Ferrucio Biondi Santi) 引進變種的「大山吉」(Sangiovese Grosso) 葡萄，這是一種矮小但色深味濃的葡萄，名曰「布魯內羅」(Brunello)——意即「褐色的小東西」。孰料獲得意外的空前的成功，於是乎整個地區都蜂擁搶種此新種葡萄，所釀製的酒即為「孟塔西諾的布魯內羅」(Brunello di Montalcino) 酒，連本地區位於山坡的中心鎮，也以酒名稱之。現在布魯內羅酒年產約三百四十萬瓶，一九八〇年是第一個列入 D.O.C.G. 名單內的產區。

山弟家族對於孟塔西諾區酒業的貢獻實是無與倫比，本園於一八八八年起所釀製正宗的布魯內羅酒亦名聞遐邇。現今當家的已是斐魯吉歐之孫傑可布 (Jacopo)。一九八九年貝昂地·山弟的過半數股權為鄰園沙臥 (

有義大利貴族身段及氣勢的貝昂地．山弟特藏酒。

Poggio Salvo) 的東家買下，但仍保留最精華的約十二公頃的老園，易名為「依格雷坡」(Il Greppo)，生產真正的布魯內羅酒。園主會很驕傲的向訪客展示百年來的商標、酒評與各種分析報告，這些資料都集中保管於地下室之中，採編年式的編纂方式。另一個地下室乃當地歷史博物館，其中所藏的酒瓶甚至超過百年。不過，它並非真正的博物館，有時仍會賣些酒或取來自家飲用，例如本園就仍有七瓶一八九一年份的老酒，每瓶售價達二萬美元。義大利總統於一九八四年在此品嚐了一瓶近百年佳釀，開瓶時雖發現酒色棕如洋蔥皮，但仍未走味。

本園既是布魯內羅酒的開山祖師，且百餘年來仍固守家業，當然擅長釀製正宗、老式的布魯內羅酒。本園的布魯內羅酒分「特藏級」(Riserva) 及普通級 (二軍酒)。特藏級的貝昂地．山弟醇化三年，且是在老的、由捷克斯洛伐克橡木製成的大木桶中醇化，所以不時興用全新木桶，這也是園主所自豪的——所謂「真正的布魯內羅酒」！酒的成熟期平均需八至十年，年份好的特藏酒可以輕易地貯上二、三十年而無變質之虞，園主更保證可以儲上百年。所以本園提供買主「換軟木塞」的服務，任何年份的山弟酒只要花很少的服務費，園方可替其換上新木塞！

山弟家族的布魯內羅酒之所以出名，固因名氣響亮，惟更重要的是山弟家族的大家風範。與法國波爾多之柏美洛區的彼德綠堡一樣，對於品質的維護不計代價。以手工採收，年份欠佳或成長不良的葡萄一律淘汰，製成二軍酒「安那塔」(Annata)，標籤則只標明「貝昂地・山弟・布魯內羅」，若因此而全年毫無收成釀製特藏級的貝昂地・山弟亦在所不惜。十年中就會有二、三年如此，故其價格由此可以推知一二。本酒曾被譽爲「義大利的首支頂級酒」，也是義大利最昂貴及唯一經常出現在世界各地酒拍賣會上的義大利酒。一九九〇年份的山弟特藏酒在一九九六年美國上市時 (一般特藏酒會在第五年才上市，安那塔則四年後才上市)，價格爲二百三十美元，而安那塔價錢也高達五十美元。

甫釀成的特藏級貝昂地・山弟並不易入口，澀感極強，同時顏色呈磚紅色，極其漂亮！惟若經過十年左右陳放後，開始急遽的轉化爲平衡、圓滿。酸度與單寧雖然較同年齡的波爾多頂級酒來得高些，卻正是它迷人的地方。而每年 (例如一九九〇年) 僅七千瓶的產量，無疑是最搶手的義大利酒。

上帝造水，人類造酒。

——雨果(法國作家)

葡萄酒與藝術

秋之寓言

義大利文藝復興時代畫家柯沙(Francesco de Cossa,1435-1477)在一四六〇左右的作品。圖中掌管藝術、文藝的謬思女神，並未如一般所見，拿著書本或彈琴，而是肩負鋤頭，手拿兩串有成熟果實的葡萄藤。似乎認爲沒有葡萄酒來催化，文藝之思也會枯竭。現藏柏林國家畫廊。

64 Sassicaia
薩西開亞

- 產地：義大利．托斯卡納地區
- 面積：50公頃
- 年產量：120,000瓶

義大利是歐洲最有文化的國家，義大利人的藝術水準也是舉世公認！由葡萄酒的標籤設計，往往可以反映出該國平均的藝術水準。在琳瑯滿目的葡萄酒架上，您很難不被一瓶寶藍色瓶蓋，標誌是一個圓形藍底八道金針的義大利酒所吸引。您會忍不住拿起此設計高雅、品味不凡的酒來端詳一下。這便是一九九〇年夏天，我在德國慕尼黑市維多利亞市場 (Victoria-Markt) 一個專賣義大利酒的攤子上，初次「邂逅」薩西開亞酒的經過。

一位義大利的富家公子在本世紀二、三十年代是一個典型的歐洲貴族青年，在比薩 (Pisa) 讀大學時不甚用功，沈迷於賽車、賽馬、飲昂貴的法國酒。這位出身在因希沙．德拉．羅切塔 (Incisa della Rocchetta) 家族的馬里歐侯爵 (Marchese Mario)，正是這樣的公子哥兒。馬里歐最大的嗜好是賽馬與喝葡萄酒，且訓練自己的馬參賽。結婚時，妻子卡拉莉斯 (Marchesa Clarice della Gherardesca) 帶來一座位於佛羅倫斯西南方一百公里處，近海的波格利地區的聖貴多 (San Guido a Bolgheri) 酒園作爲嫁妝。

標籤典雅精緻，頗似指南針的薩西開亞酒。

二次大戰爆發後，法國葡萄酒不易在市面上見到，因此馬里歐決定自給自足。一九四二年開始在十五世紀所闢建的卡斯替利翁傑羅 (Castiglioncello) 城堡附近，面積僅有一公頃的石頭山上種植卡貝耐．索維昂。剛開始時酒園一切從缺，甚至連鐵線也沒有，爲了每株葡萄樹，必須另外釘下一樁。在義大利地區種植外來的葡萄種是件很冒險的事，卡貝耐酒甫一釀成，並不見得適飲，薩西開亞酒亦不例外——味道太澀。他所採用法國一流酒園常用的「剪枝」方式，在每株葡萄樹僅留下一根枝苗與五至七個芽，以使得每株

有義大利首支波爾多頂級酒之稱的薩西開亞。

產果限於一・三公斤。此外，因爲容量二百二十五公升的小木桶所採用的木材爲單寧量偏高的南斯拉夫橡木，所以釀出來的酒單寧極強，難於入喉！每年產的六百瓶酒連家人都不願喝，只能堆在酒窖中生灰塵！

家人力勸馬里歐放棄釀酒，並建議最好改種牧草餵馬還來得實惠些。經過數年的消沈，馬里歐仍不死心，這次他決定改弦易轍，既然要在義大利釀製「純正」的波爾多酒，就必須向法國佬取經。在葡萄種苗方面，除部份擇選本地與鄰近各園優秀的種苗外，還向以前在賽車場上較勁，後來成爲好友的法國木桐堡主人菲利普男爵處得到木桐堡的四種種苗，全面更新了葡萄種。醇化所用的木桶也捨棄廉價的南斯拉夫桶，改以法國橡木桶。同時也要重新找葡萄園，原來園區太小了。一九六〇年代初他找到兩塊土地，其中一塊他特別中意，因爲山坡朝向東北，可以不受海風的影響(此地離地中海不過數公里)。葡萄園的高度在三百五十公尺左右，所以有點像著名法國布根地的金坡地區；氣候沒有平地那麼熱，當地碎石土又有點像波爾多的格拉芙地區。這片佈滿石頭的山坡，義大利人稱爲「薩西開亞」(Sassicaia)。一九六五年開始種植卡貝耐・索維昂，一九六七年釀成並在本園開始販賣。

次年馬里歐的外甥，也是酒業鉅子的彼德・安提諾里侯爵 (Marchese Piero Antinori，見本書第65號酒) 十分讚賞薩西開亞酒，進而經銷並廣爲推銷，本年度的薩西開亞酒開始正式應市。名品酒師克拉克 (Oz Clarke) 曾經敘述到他首次在一九七七年品嚐到一瓶一九六八年份的薩西開亞，馬上直覺反應是：這是波爾多一等頂級 (如拉費堡、拉圖堡) 的好酒，但貼錯了標籤！一九七八年英國最權威的《醒酒瓶》(Decanter)雜誌在倫敦舉行世界卡貝耐紅酒的「盲目評審」，結果五位評審中有二位首獎選中了薩西開亞，薩西開亞終於舉世聞名。

寫到這裏，我想起了英國一位很著名的品酒師沙克林(James Suckling) 在一九九四年十二月號的《酒觀察家》上曾透露的一個故事。一般人對義大利酒頗歧視，對於法國一等頂級酒又過度崇拜，就連品酒師也不例外。有一次在盲目評審時，一位著名的酒學專家，在評定一九九○年份的薩西開亞、索拉亞及歐納拉亞(本書第65號及第66號酒)及九一年份的瑪歌堡時，把所有義大利酒全評爲十六分 (滿分是二十分)，而瑪歌堡則只十二分。當不久這位評審者知道瑪歌堡是哪瓶後，立刻把記分本上的分數十二分改成十八分，並宣稱瑪歌堡是所有待測中最好的一瓶！沙克林這個故事恐怕可以給迷信法國酒的愛酒人士一個最好建議，畢竟口舌與鼻子是相通的，義大利菜可以和法國菜一樣名揚天下，酒何不然？

本園葡萄種類是卡貝耐．索維昂種與卡貝耐．弗蘭種，比率爲八成五與一成五。近五十公頃的園地每年只生產一萬箱，大約是法國一等頂級酒園產量的一半，可知本園的精挑細選。在榨汁後就互相混合，醇化期二年是在法國木桶內度過，二分之一以上的木桶是全新的。薩西開亞酒深紅色的光澤、十分圓滿、深厚的口感、中庸的木材味道，比起木桐堡等一流波爾多酒園不遑多讓。在一九八三年去世的馬里歐侯爵，可以含笑九泉了，因爲他的夢想終於實現，並且證明卡貝耐葡萄 (包括索維昂與弗蘭) 都可以在義大利種植並釀酒。

薩西開亞酒的成功因此鼓舞了許多義大利人接踵而至，爭相挑戰法國頂級紅酒的獨領風騷。薩西開亞酒被認爲是義大利酒在下個世紀的「出路」，其重要性與前瞻性已不容置疑！馬里歐侯爵去世後，園務由尼可拉(Niccolo)接掌。本來本園並未遵守——也不願遵守他們認爲外行官僚所訂下的——「產地品質管制」(D.O.C.)，所以只標明最低等的「佐餐酒」(vino da tavola)。但由於本酒太精采，反而凸顯義大利官方品管分類的僵化及官僚主義，使義大利政府頗失面子，官方只好「拜託」本園掛上(D.O.C.)的字樣。故自一九九四年份起，本園漂亮、顯目、很像指南針的標籤上不再出現「佐餐酒」的字樣了！目前剛上市時，每瓶價格在五十至六十美元不等。

65 Antinori(Solaia)
安提諾里(索拉亞)

產地：義大利・托斯卡納區
面積：40公頃
年產量：60,000瓶

受到薩西開亞酒的影響，許多義大利酒農紛紛跟進改種外國種苗，如卡貝耐・索維昂、美洛、皮諾娃等。在義大利酒界最重要的人士之一，尤其是在香蒂（Chianti）中無人堪與比擬的彼德・安提諾里侯爵(Marchese Piero Antinori)也見獵心喜，追隨此改革的新潮流，幸運的亦獲得令人羨慕的成就。

安提諾里王朝的創始人——喬萬尼・狄比羅（Giovanni di Piero）的肖像。

安提諾里家族一九八五年在大肆慶祝家族從事酒業六百週年的紀念，雖然目前的證件上載明家族企業成立日期爲一三八五年五月十九日，但實際上在此之前從事酒業已經有二百多年。一個家族有能耐從事一項行業達一世紀已屬不易，何況將近九世紀之久！安提諾里可說是全世界從事酒業歷史最悠久的一個家族了。目前安提諾里的園區有三百六十公頃，並且還向附近的葡萄園購買葡萄，生產各種紅、白 酒與香檳。

以目前當家的彼德・安提諾里侯爵，在義大利酒業的地位相當於法國木桐堡的羅吉德男爵以及美國的羅伯・孟大維。在一九六六年彼德接掌家業後，便領導義大利酒業同行追求技術的更新、完美的品質及開拓海外市場。他們一面改進現有的葡萄酒，另一方面也以新的樹種與新的科技創造出新興的葡萄酒種類。後者便在一九七一年先產生了著名的提格納內羅 (Tignanello)，繼之則有索拉亞酒。本來安提諾里以釀製香蒂酒著稱，看著舅舅馬里歐侯爵改釀法國式葡萄酒，薩西開亞竟邀得世界性名聲，便也開始種植卡貝耐葡萄。這種由義、法兩國培養的種苗多達十種。

義大利酒業革命的代表指標——提格納內羅。

本來安提諾里家族也不是沒有移植卡貝耐的經驗，早在二、三〇年代，其叔父已種此種葡萄釀酒；彼德的父親也早就把卡貝耐摻入香蒂酒。現在當家的彼德剛開始比較於保守，不敢完全取代釀製香蒂酒爲主要原料的山吉維賽(Sangiovese)葡萄，一九七一年先嘗試性的摻進一至二成可以減低山吉維賽勁道的卡納歐羅 (Canaiolo)葡萄，但到一九七五年全由卡貝耐·索維昂取代，與山吉維賽的比例爲一比四。對於醇化的處理也追隨波爾多地區之方法。將傳統泵回大木桶醇化的方式，改爲在法國橡木桶中醇化，這是聽從波爾多釀酒大師裴洛 (E. Peynauld) 的建議。以安提諾里的名氣，復以其對品質的掌控，這支新創的「折衷」性質的「提格納內羅」被認爲是一種波爾多酒，且比傳統的香蒂酒醇厚，迅速在市場上獲得迴響，安提諾里的信心增強了甚多！

既然卡貝耐·索維昂已可順利生長、結果，何不朝釀造純波爾多紅酒邁進一步？更何況當年薩西開亞也是由安提諾里行銷成功的。於是位於聖克麗斯汀 (Santa Christina) 園區，一片向南的坡地，叫作提格納內羅園，在一九七八年起就劃出五分之一的地方改種卡貝耐·索維昂。一九七九年，新園獨立產酒，但也不純由一種卡貝耐·索維昂葡萄釀製，而是與山吉維賽及卡貝耐·弗蘭混合，比率爲七比二比一。至於釀造、醇化過程大致相同，此新創的酒定名爲「索拉亞」，一九七八年是其「處女年份」。

索拉亞酒標籤的白底只以橙紅色簡單地寫上 "Solaia"，並沒有其他任何的設計。本來義大利酒的標籤色彩、造型豐富活潑，遠非死板單調的法國或德國酒可比。爲了新酒

安提諾里王朝的首席大將——索拉亞。

的誕生，安提諾里特別舉辦一次標籤設計比賽，在剩下最後三個設計圖時，有一位評審委員將評鑑成績單撕下一角，寫上 "Solaia"；另外以垂直方向寫了 "vino da tavola"(佐餐酒)，結果出乎意料的受到一致好評，標籤之選就此拍板定案。

索拉亞酒僅可冠上「佐餐酒」(和薩西開亞以前一樣)，而不能像本園其他香蒂酒享有D.O.C.G.的榮耀，主要是它違反法令，摻入了法令所不允的卡貝耐葡萄之故。儘管如此，正像波爾多之彼德綠堡酒只用「好酒」(Grand Vin)，而不能使用「頂級酒」(Grand Cru)，但並不影響其水準一樣。索拉亞酒年復一年獲得國際的好評，一九九〇年份的索拉亞且被一九九五年的美國《酒觀察家》雜誌評爲極高的九十七分。安提諾里出產的索拉亞及提格納內羅，都是在聖克麗斯汀山上一個四十公頃左右的園區所產的葡萄。索拉亞的葡萄產於園區中間地方。葡萄採收榨汁後，法國血統的卡貝耐葡萄汁會泵入三分之一是新的法國木桶，山吉維賽葡萄汁則依傳統泵人捷克老橡木桶醇化一年，而後再依比例來釀製索拉亞酒或提格納內羅酒。裝瓶後會再陳上一、二年，以行話來形容是：讓三種已發酵的葡萄汁來「結婚」。已完成「送收堆」手續的本園佳釀，至少還需七至十年才會眞正成熟！

索拉亞酒顏色呈深紅寶石光輝，可隱約嗅到香草以及淡淡的果香。入口溫順，必須靜下心來才能體會出其味道。現在索拉亞酒成爲「安提諾里王國」之中最昂貴的酒，價格一般是七十美元，超過年產量四倍多的提格那內羅酒約三成左右，直逼薩西開亞酒——但仍約有三成左右的差距。

66 Ornellaia
歐納拉亞

- 產地：義大利・托斯卡納地區
- 面積：92公頃
- 年產量：180,000瓶

看到堂兄尼可拉 (Niccolo) 擁有薩西開亞；哥哥彼德・安提諾里成功的推出提格納內羅及索拉亞，自己從小耳濡目染，也對如何經營葡萄園與釀酒頗有心得，何不自立門戶？拉多維可・安提諾里 (Lodovico Antinori) 在八〇年代初期決定了人生一大轉捩點。本來拉多維可並不想把一輩子「困在」葡萄園中，他有一個天眞、浪漫的念頭，想從事電影事業，所以在六〇年代中，爸爸退休後才把事業交給老成持重，且一心一意要繼承祖業的長子彼德。年方二十四歲的拉多維可則繼續「追夢」生涯。到了年近四十，他開始徹底的檢討，才下定這個決心。由於家裡祖產田地不少，他在薩西開亞附近找到了一塊有平緩坡地、總面積九十二公頃的園地，規模不可說不小。義大利人家族觀念甚強，最小的弟弟出來創業，哥哥們豈可袖手旁觀？於是彼德園中負責釀酒的大師，也是當年創造出「提格納內羅奇蹟」的大奇士 (Giacomo Tachis) 及與其關係甚深的美國加州釀酒權威契里契夫 (A. Tchelistcheff) 也幫忙設計釀酒房；波爾多釀酒大師裴洛 (E. Peynauld) 以及羅蘭 (M. Rolland)，都給予甚多的建議。這種集世界第一流釀酒專家的協助，再投入七百萬美元的鉅資，本園的成功在望！

安提諾里家族第二個成員——歐納拉亞。

一九八五年本園推出的「歐納拉亞」一鳴驚人，沒有多久便在市面上絕跡！八六年份的本酒甚至被評爲整個義大利最好的紅酒，這種成功的速度簡直令人不敢相信！一九九〇年份並且被美國《酒觀察家》評爲九十五分，本園的「名園地位」至此確立。

有「義大利樂邦」之稱的馬塞多，儼然成為義大利酒壇的新星。

歐納拉亞是由百分之八十的卡貝耐・索維昂，加上近百分之二十左右的美洛及極少量的卡貝耐・弗蘭釀成。釀造方式和波爾多差不多，醇化木桶是昂貴的法國橡木桶，醇化期爲二年，因此需等三年後才會在市場上露面。目前年產量十八萬瓶，其中三分之一銷美國。由於價錢平均在四十五美元上下，故普受好評！

除了歐納拉亞外，本園另一種純由美洛葡萄釀成的「馬塞多」(Masseto)，儘管在採收、釀造和歐納拉亞無異，但卻極爲受歡迎——特別是德國。每年出產極少，只有歐納拉亞的十分之一，即一萬八千瓶，出廠價只高約二成半。但到了市場，價錢就飆漲。例如一九九三年份的馬塞多，一九九六年上市後，在美國市價爲一百一十七美元，而同年份索拉亞爲六十七美元，提格納內羅爲四十二美元。馬塞多因此贏得了「義大利之樂邦」的雅號。

歐納拉亞的果味十分強烈，由於採收期較晚，因而泛出熟透的草莓、杏子及香草味。單寧中庸，基本上和索拉亞頗類似。隨著本園經驗的累積，以及葡萄樹齡的增加，本酒目前稍嫌酒體薄弱，以及能否「耐貯」的疑慮當可解除！

一九九八年份的歐納拉亞贏得了美國《酒觀察家》月刊二〇〇一年的「年度之酒」(九十六分)的桂冠，眼明手快的美國羅伯・蒙大維酒園 (本書第五十六號酒) 立刻在二〇〇二年年初，以三千五百萬美元的高價購下了本園，並將股份一半讓與著名的費斯可巴蒂(Frescobaldi)酒園，共同經營。除了馬塞多外，本國也生產了二軍酒La Serra Nouve及三軍酒Le Volte,都屬於極優質的佐餐酒。

67 Vega Sicilia, Unico
維加・西西利亞園(珍藏酒)

產地：西班牙・斗羅河谷地區
面積：185公頃
產量：60,000瓶

有一百六十萬公頃的葡萄園面積，占世界第一位，而葡萄酒產量僅次於義大利的西班牙，沒有一隻酒入選「百大」，定會令酒壇憤憤不平。特別是當維加・西西利亞園不能上榜時，此一「百大」評鑑的公信力就有待商榷了。

一八六四年一個與義大利西西里島毫無瓜葛，但名叫「聖西西利亞」(Santos Cecilia)的西班牙家族，在西班牙北方，也是馬德里正北偏西一點的斗羅河谷(Duero)區購買了一塊園地，取名爲「維加・西西利亞園」(Vega Sicilia)。斗羅河谷是長一百公里、寬三十公里，呈東西走向的河谷，貫穿東北部著名的黎歐哈(Rioja) 產酒區，最後流入西邊鄰國葡萄牙。斗羅河谷自古便是交通要道，雖然天候不佳，冬天寒冷而春有霜凍，但夏天陽光充足，有益於葡萄成長，儼然成爲與黎歐哈酒分庭抗禮的名酒產區。斗羅河谷南北岸二十三萬公頃的產區，葡萄園面積只有一萬二千公頃，稱爲「斗羅河區」(Ribera del Duero)。名氣雖不如黎歐哈大，但卻出產最昂貴的紅酒。斗羅河谷一個猶如鑽石的園區便是位於南岸、高度七百公尺的維加園。

本園富含石灰質的黏土，每公頃僅種二千株葡萄。有些樹齡已高達六十歲，故年產量甚低，通常每公頃不超過二千公升，這也是一般西班牙

可以用「老窖珍藏」來形容維加・西西利亞的珍藏酒。

酒園的平均年產量。維加園一開始就引進波爾多的葡萄種，諸如卡貝耐・索維昂、美洛與馬貝克，同時也不放棄本地最流行的，一般稱爲「黎歐哈葡萄」的「騰波拉尼羅」(Tempranillo, Tinto Fino)，其比率爲騰波拉尼羅占六成，卡貝耐・索維昂占二成五，美洛占一成五。維加園成功的秘訣在於絕對的品管與超長期的窖藏。維加園對於本園拿手的成名作，取名「獨一珍藏」(Unico)酒；二軍酒「瓦布倫納」(Valbuena) 也一樣必須選用最好的葡萄釀製，年份不佳時寧可整年不出產這二種酒。但是更精采之處乃是在窖藏功夫方面。

西班牙紅酒桂冠之作的維加・西西利亞珍藏酒。

「珍藏級」的維加園酒會在榨汁、發酵後置於大木桶中醇化一年，而後轉換到中型木桶中繼續儲放。木桶中七成是由美國橡木、三成是法國橡木製成。醇化三年後，再轉入老木桶中繼續醇化六年至七年。裝瓶後會至少待一至四年才出廠。算起來一瓶「珍藏級」必須在收成後十年才能上市。對於某些不盡理想年份的葡萄雖勉強釀酒，或年份雖好但醇化情況未如預期者，園方會延續窖藏到滿意爲止，最高紀錄可達二十五年！無怪乎吊足了愛酒人士的胃口。而二軍酒的瓦布倫納酒的窖藏雖然比不上一軍酒，但也在大、中木桶中醇化四至五年才出廠，品質早就非可小覷，而有波爾多頂級酒的氣勢了。

雖然維加園的好酒成名極早，早在英國邱吉爾時代，這位喜愛法國香檳酒、雪茄不離手的大政治家就對維加的濃厚口味公開讚揚；教宗若望保祿二世把此酒當作私房酒，因此本園每年照例進獻四箱給教宗享用；佛朗哥元帥更宣佈本園爲西班牙的國家文化財……。但在六十年代中期以前，本酒卻未得到應有的尊重，七十年代之後仰慕者才日漸增多。維加酒園在二、三十年前，每年不過出產不到三萬瓶一、二軍酒，面積近年提高到二十五至三十公頃，但「珍藏」酒每年生產仍是由三萬至九萬瓶不等，例如一九八三年份只生產四萬七千瓶，每年份的標籤上都會標明當年產量，使人一目了然。故年平均爲六萬瓶上下。廠方爲了穩定供貨源，遂仿效法國狄康堡 (Château d'Yquem) 的配銷方式，將三千名顧客列表，每年供應六萬瓶。目前候補名單極長，西班牙的社交名流若未能被列入本園供酒的名單，便會覺得沒有面子，失去了社會地位！

經過十年不見天日的窖藏，維加珍藏酒開瓶接觸到空氣時，立刻把蓄積酒體內的活力迸發出來。酒精度達十三度半，且單寧仍顯著地存在，煙草味以及野生薄荷、漿果等一股腦的湧至，會令人口中感覺到西班牙粗獷的陽光照耀下不是炙熱、而是溫暖的吸引力！維加珍藏酒雖產於斗羅河谷，而不在黎歐哈區，但其氣味實際上仍偏向於陳年的黎歐哈酒。以上述一九八三年份的維加珍藏爲例，我於一九九六年十一月在溫哥華與友人品嚐時，當一開瓶就可發現此酒有極爲明顯、具有一流陳年黎歐哈酒的香味及勁力！維加珍藏酒變成西班牙最昂貴的葡萄酒，出廠價不比波爾多一等頂級——如拉圖堡或拉費堡便宜。

對於維加珍藏酒要在木桶中醇化十年才出廠，引起許多品酒家批評，認爲稍微過份，或有些做作，反而建議大家品嚐二軍酒瓦布倫納。因爲瓦布倫納的四、五年陳放，正値體態輕盈、滋味飽滿的青春年華。這個建議我也頗有同感！一九九六年底我曾品嚐過一瓶一九八九年份的瓦布倫納，沒想到這瓶酒之濃郁、飽滿與果香之芬芳，可以說是極有個性，極令人「感動」的一瓶酒。且完全沒有黎歐哈的味道，我個人認爲不僅不輸一軍酒，同時一起品嚐的友人們一致同意這瓶瓦布倫納不讓同年份的拉圖堡專美於前，但價錢兩者相差一倍有餘！連二軍酒都普受肯定若斯，維加園這個「西班牙第一名園」的桂冠可說是實至名歸了。

維加．西西利亞的二軍酒——瓦布倫納是令人「感動」的好酒。

西班牙酒的兩顆明日之星

西班牙酒除了維加園「混種」釀成的「珍藏酒」邀得國際盛名後，另有兩支西班牙酒成功的打入世界高級酒行列。這兩支酒有共通的特色「純」，一支是由純「土種」葡萄，另一支由純「洋種」葡萄所釀成。我們先由「土方法」談起。

被派克稱為「西班牙的彼德綠堡」的耶魯斯。

由純「土種」葡萄——騰波拉尼羅——所釀成的佳釀「佩斯奎那酒」(Pesquera)，出在離維加園不遠一個六十公頃的酒園——費南德茲園(Bodegas Alejandro Fernandez)。費南德茲成園僅二十年，生產年產量達三十五萬瓶的費南德茲普通紅酒，佩斯奎那算是西班牙最受歡迎的優質紅酒。 但年產僅三千瓶 (如一九九〇年) 的珍藏酒「耶魯斯」(Janus)，會在全新的橡木桶中醇化二年才出廠。自從被派克稱為「西班牙的彼德綠堡」後，就在美國走紅，價格居高不下，在斗羅河區僅次於維加園的「珍藏酒」，和其年產量可達十二萬三千瓶的二軍酒瓦布倫那差不多。一九九一年份的耶魯斯在目前美國的市價約七十美元，而瓦布倫那一九九〇年份也是同樣價格。

另一支西班牙「超級巨星」出現在西班牙東北角鄰近法國的堪塔羅尼亞區(Catalonia)，靠近巴塞隆那下方塔那勾那 (Tarragona) 西邊的一個較小的產酒區——普利歐拉多(Priorato)。在這個多山、多峽谷、土壤貧瘠、靠海，共有一千八百四十公頃種有葡萄的產區普利歐拉多——意義是「聖階」，以紀念耶穌在受難前曾痛苦走過的階梯為名——，本來生產色深、酒精強 (可高到十六度) 的酒聞名，價錢和一般西班牙酒無異，只維持在中、下水準。直到五年前有位二十七歲的年輕人到了本園設園後，一下子就讓歐、美酒壇震驚，拿起酒書看看到底「普利歐拉多」酒區是在哪裡！

這位創造奇蹟的青年，今年(一九九七年)才三十三歲，名叫阿瓦洛·帕拉西歐斯(Alvaro Palacios)。阿瓦洛到波爾多讀了一年釀酒課程，再到彼德綠堡木艾家族處實習，並向釀酒大師討教，了解了彼德綠堡的成功訣竅，然後到加州的鹿躍酒窖去觀摩了一陣子。阿瓦諾體會出這幾家名廠成功的不二法寶便是：量少、全新木桶及嚴格品管。一九九〇年前後他和四個志同道合的年輕釀酒師到本區一齊釀酒，但不久就分道揚鑣。一九九二年獨自設園，並以本名爲園名，建立了一個小酒園。單位產量每公頃僅有七百至八百公升！葡萄種是以Grenache馬主，且是一九四〇年栽種的老園，年產量約在五千瓶，醇化期二十個月是在全新的法國橡木桶中度過，一九九三年第一個本園珍藏級「拉米塔」(L'Ermita)上市後，馬上打響了知名度！德國《一切爲酒》季刊給予十九點五分(二十分爲滿分）的掌聲，市價二百八十八馬克(相當台幣四千六百元)，立即銷售一空，把剛上市一九七〇年份、售價二百〇九馬克的維加園「珍藏酒」拋在後邊。一九九四年份的「拉米塔」也獲得同樣的驚人成果，並且被西班牙的「酒保協會」推選爲當年度西班牙最好的紅酒。而本園稍差的第二支酒「海豚園」(Clos Dofi)——一九九四年改名爲"Finca Dofi"——也同樣傑出，在一九九三年首次上市，德國市價爲七十五馬克，並不算低；一九九四年份獲得接近滿分的十九分評價！此圖的葡萄栽種到只有十二年而已，年產量一萬四千瓶上下。

拉米塔的顏色較深，酒體稍強，核桃木、黑莓、皮革味隱約可見，單寧因酒齡尚淺故仍不平衡。但行家們幾乎一致認爲本酒可以久貯，並且應該在十五年後才可以享用。本酒園除拉米塔、第二支由當地葡萄種騰波拉尼羅釀成頗受好評的「海豚園」外，還出產第三支酒「平台」(Les Terrasses)，這是混種釀成。拉來塔的成就光榮加諸在當時只有二十九歲的青年，實在是個異數。這個成功是否來得太快？如單以迄今只有三個上市年份的價錢，本園應該取代了維加園的珍藏酒，成爲西班牙「第一名園」。除了德國的市場及葡萄酒雜誌稍有介紹外，其他英語及法語系的葡萄酒世界尚未垂青本酒、本園佳釀在一九九七年秋才正式登陸美國，一九九八年六月底出刊的《酒觀察家》首次介紹本酒，並給予極高的評價一九四年份及九五年份的拉米塔各獲得九四及九七分的高分！

目前剛竄起的「西班牙之星」——拉米塔。

68 Penfolds,Grange Hermitage

彭福(農莊酒)

產地：澳大利亞·南澳之巴羅沙河谷
面積：2,000公頃
年產量：60,000瓶

彭福醫生像。

農莊酒的催生者──釀酒大師舒伯特，他的鼻子果然有「過人之長」。

雖然早在一七八八年澳洲已經開始釀製葡萄酒，但到了本世紀八十年代澳洲酒才像大地驚雷般的震動全世界。澳洲生產的莎多內白酒、卡貝耐·索維昂與色拉茲(Shiraz)成功的打進、也打亂了美國本土的葡萄酒市場。在幾乎已經定型的歐、美酒園，澳大利亞彷彿一片處女地，還有無窮的發展潛力。在此南半球的葡萄酒王國中已經竄起一顆顆閃亮的新星。這群閃亮的星群出現一顆金星，也是澳洲酒唯一入選「百大」的代表。

一位在英國習醫的彭福醫生(Dr. Christopher Penfold) 在十九世紀初由英國蘇瑟克斯 (Sussex) 遷居到南澳的阿得雷德市 (Adelaide)。除了行醫外，並在本市北方不遠的阿得雷德平原看中一塊園地，這個稱爲「馬琪」(Magill)園的葡萄園便於一八四二年建立。馬琪園種植以前從法國隆河河谷移植而來的葡萄──即色拉茲，當地稱爲「色拉」(Syrah) 或「農莊的賀米達己」(Hermitage de Grange Cottage)。澳洲果然是葡萄的天堂，不僅是色拉茲，其他由歐、美移植而來的莎多內以及德國的利斯凌種等，都毫無困難的在澳洲存活下來，酒園取名爲彭福家族所有之意，故爲複數(Penfolds)。

彭福醫生投入釀酒業後，興趣大增。他的後人也繼續經營，彭福酒園逐漸變成澳洲規模最大的酒園，總計有二千公頃，散佈在東、西、南澳各地的園區，生產各種紅、白酒七百萬箱，八千四百萬瓶，不折不扣是一個釀酒的工業。光是榨葡萄汁每年就接近十萬公噸。當年最大的郵輪瑪麗皇后號 (八萬五千噸) 一次還裝載不了！一直到一九六二年彭福家族才易手，一九七六年由現在的阿得雷德汽船 (Adelaide Steamships) 公司承接下來，這是因爲本園規模太大，已不是一個家族所能單獨承擔也。

彭福奇蹟的幕後最大功臣是一位德裔的

釀酒師舒伯特 (Max Schubert)。一九三一年，年方十六歲的舒伯特就進入酒廠工作，一九四四年起負責釀酒。由於舒伯特善於釀製雪莉酒，而酒園老闆也喜歡雪莉酒，故在一九四九年就派尚未去過西班牙的舒伯特去西班牙考察正宗雪莉酒的製造方式。舒伯特趁著波爾多葡萄成熟時，順道去了一趟波爾多。這次旅程讓這位青年獲得一個全新的眼界與偉大的抱負：要在南半球釀造出第一支符合法國波爾多一等頂級水準的葡萄酒。回到澳洲後，便在馬琪園開始努力。在這塊由沙土與黏土構成的山坡，每公頃栽種二千二百株葡萄，其中僅有少部份是高齡(超過三十歲)老株，每年每公頃收成約二千至三千公升左右。釀造過程與波爾多大同小異，但醇化過程則使用由美國進口的橡木桶，爲期二年。一九五一年首次釀成這隻新酒，命名爲「格蘭治・賀米達己」酒，簡稱「農莊酒」(Grange)。不過，釀成後並沒有獲得太大的掌聲。不少等著看好戲的，甚至嘲笑的給予「嚐起來像鬥牛血」、「煮透的草莓」……的評價。但舒伯特還是不屈不撓，讓酒在瓶中再醇化四年才出廠，過沒多久總算熬出頭了。一九六二年農莊酒在雪梨大賽中獲得金牌獎，在澳洲酒中的地位總算是穩固了。一九九〇年美國《 酒觀察家》雜誌更挑中了農莊酒爲「年度之酒」，這個年份當年售價爲一百美元。農莊酒獲得了「世界級」美酒的地位！一九九三年去世的舒伯特一定會含笑九泉了！

有南半球第一名酒之稱的農莊酒。

繼舒伯特接任本園釀酒大任，是位年輕人杜瓦 (John Duval)。杜瓦自祖父起就在其他酒園工作。大學在本地讀釀酒及農業，畢業後在一個酒廠實習及工作一陣子後，就開始找工作，恰好彭福酒廠徵求釀酒師，二十四歲的杜瓦應徵且獲得了此職位，時在一九七四年一月。杜瓦進了彭福公司，幸運的被派到馬琪園，接受舒伯特的指揮。舒伯特有伯樂之才，慧眼識英雄，馬上賞識杜瓦。十二年後(一九八六年)舒伯特退休時，便推薦杜瓦接任總釀酒師的職位。杜瓦當時年僅三十六歲！杜瓦擔任彭福總釀酒師職位已十年，開創不易，守成亦難。杜瓦這十年的成就，可以不愧對舒伯特的提攜了！

農莊酒雖然主要由色拉茲種釀成，仍也摻雜一點點的卡貝耐・索維昂，但卻欠缺隆河酒那般的強勁，反而像波爾多酒(參閱本書第48號酒：賀米達己「小教堂」)。農莊酒主要是由馬琪園的葡萄釀成，但也會由其他園區來補充色拉茲的葡萄混釀，比例有時會超過一半以上。在一九八二年以後，由於阿得雷德市區的擴展，馬琪園大半被賣掉當作爲興建都市設施之用，因此彭福便把生產農莊酒的重責轉到阿得雷德市東北方、五十公里處的巴羅沙河谷(Barossa)。此處是澳洲歷史最爲悠久與最重要的產酒區，一八四〇年由大量的德國移民開墾成功，到處是一流的酒園。彭福特別選擇本地園區最好的葡萄，每年釀產二萬瓶至三萬瓶不等的「第九十五窖」(Bin95)的農莊酒。至於原來老園的馬琪園則於一九八三年起另以新的馬琪園(The Magill Estate)做爲品名，繼續生產深色、味道極集中的老農莊酒；本酒另有一個綽號：「小農莊酒」(Baby Grange)。農莊酒應該經過

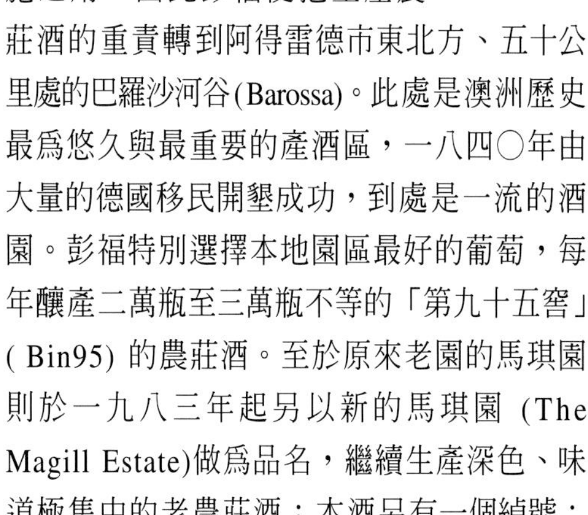

彭福的「出身老園」——馬琪園。

至少十年的光陰才會達到她的巔峰，高貴、圓滿、隱約的咖啡、橡木與濃郁的果香……，嚐遍天下名酒的克拉克曾敘述一瓶一九七七年份農莊酒的味道：把木桐堡、賀米達己「小教堂」與羅曼尼・康帝三大名酒匯合在一起才有的滋味。英國名品酒師休強生稱這支酒是「南半球」唯一一支一等頂級酒！能夠在整個南半球奪魁，就靠這種偉大、但難以名狀的氣味了。

彭福園除了價昂、量稀的農莊酒外，另一支價錢甚廉，但產量多得多的「優質量販酒」是編號「第707酒窖」(Bin 707)，這是杜瓦的得意傑作。這是把本園在可以算是澳州最優秀的一個產區，距離阿得雷德市東南三百八十公頃的「可那瓦拉」(Coonawarra)和「巴羅沙」園區所產的卡貝耐・索維昂葡萄混釀，由杜瓦親自調配，以求其平衡。這是一瓶被行家搜求的「家常飲用酒」，十分醇厚、耐貯又可於年輕時飲用。據說香港紅星成龍是一個「彭福迷」，每次他到澳洲拍片或訪問，當地彭福「頂級酒」就會缺貨，成龍家中窖藏的「農莊酒」想必已十分可觀了！

第2篇

白　酒

- 德國甜白酒
- 法國甜白酒
- 匈牙利甜白酒
- 法國乾白酒
- 義大利乾白酒

69 Egon Müller, Scharzhofberg, TBA
伊貢·米勒園(枯萄精選)

產地：德國·莫塞河區
面積：12.5公頃
年產量：200瓶至300瓶

右頁／全世界最昂貴的葡萄酒——伊貢·米勒之枯萄精選。左邊為廣東石灣陶名家周永鏘之作品「簪花少婦」（於一九九一年製，作者藏品）。

本書世界「百大」名酒，德國酒中選十支，全部爲白酒。同時，除了一支爲「冰酒」外，其他九支——包括全世界最貴的伊貢·米勒——均爲寶黴酒。在此，我們應先明瞭德國酒的種類及分類。

一般德國葡萄酒園採多元化種植，不似法國酒園多半只釀單一酒爲原則。德國白酒可以因葡萄成熟度而釀造各種優質酒（Qualitatswein, wine of quality）。由下而上可以分成六個等級，且經官方審定。至於優質酒以下的普通佐餐酒 (Tafelwein) 就不必如此大費周章了。六個等級的優質酒是：

1.小房酒：德文稱「卡必內特」(Kabinett)，本意爲小房間或內閣，這是由正常成熟葡萄釀製，較爲清淡、微甜清香，有時會有微澀感。

2.遲摘 (Spätlese)，待葡萄成熟後，再過一週至十天才採收，使得甜度增強，香味加重。

3.精選 (Auslese)，一般是以遲摘等級爲基礎，但經篩選程序，將沒有熟透與不佳的葡萄剔除而成，這是德國白酒的招牌酒。

4.逐粒精選 (Beerenauslese, BA)，葡萄成熟後超過遲摘階段，待葡萄長出黴菌後，才將長黴菌與過熟的葡萄逐串逐顆採收。

5.枯萄精選 (Trockenbeerenauslese)，比起逐粒精選的不同處，是等待每顆葡萄都完全枯萎成葡萄乾才予採收。由於德文字母甚長，國語音譯爲「特羅坑·貝冷·奧斯樂熱」，所以一般簡稱爲ＴＢＡ，這種酒至少應陳上十年，才會眞正成熟！

6.冰酒 (Eiswein)：這是將葡萄留在枝梗上，直到下雪當天清晨才採收。其等級雖說應與枯萄精選在伯仲之間，不過應較前者遜色些。

「寶黴」(botrytis cinerea) 是一種天然、灰色 (cinerea) 的黴菌，葡萄感染後，會被黴菌蛀穿許多肉眼不能見的小洞，最後

MOSEL-SAAR-RUWER
1975
Abgefüllt im
Keller zu Scharzhof
D 5516 Wiltingen

占整顆葡萄成分的百分之九十五的水分會被吸乾，果體便成爲葡萄乾狀。此時，葡萄的含糖量、香氣與酒精 (平常葡萄的一倍，達到十六至十八度) 成分都達到飽和，所釀出的酒自然極度的甜、香及有勁。生產這種葡萄酒必爲白葡萄，地理環境爲其先決條件。葡萄已經極度成熟時，每日早晚必須要有潮濕的天候，使得黴菌能夠滋長蔓延，但中午過後又必須萬里晴空，使驕陽能蒸發葡萄內的汁液，促使糖分集中。所以，要找到適合產製這種葡萄酒的園地並不容易，多半是河谷地才有可能。例如德國萊茵河與其支流，德國十支入選「百大」的酒園全在此區。法國則有加宏河 (Garonne) 河谷的蘇代 (Sauternes) 區——例如狄康堡 (Château d'Yquem) ——，東歐地區唯一入選「百大」的匈牙利拓凱 (Tokaji) 也是位於一個名叫波多克河(Bodrog)的河谷地。

寶黴菌。葡萄感染到這種黴菌，不僅不會使葡萄腐敗溢臭，反而帶來一份可觀的財富。所以著眼這種黴菌的珍貴，歐美便稱之為「寶貴的黴菌」，簡稱「寶黴」(英文noble rot；德文Edelfaeule)。本圖為攝自柏恩·卡斯特醫生園(本書下一號酒)之枯萄。

釀製寶黴酒，必俟葡萄已被黴菌侵蝕得形銷骨立時，才予採收、榨汁，且逐串逐粒挑選，而每串葡萄也不一定同時萎縮，必須分次採收，極爲費時費力。因此每株葡萄樹往往榨不出一百公克的汁液。同時，葡萄皮不可有破損，否則汁液流出與空氣接觸會變酸發酵而腐壞掉，若至此則前功盡棄矣！而此時正是滿園籠罩甘甜芬芳之氣，自然吸引無數蜂蠅鳥雀，爲避免寶貴的葡萄被啄啃，有的園區便會裝置網罩，這又是一筆開銷。量少工多，自然將寶黴酒的價格推到最高點。

現在我們要介紹世界最貴的葡萄酒生產園——伊貢·米勒園(Egon Müller)，及其所生產的寶黴酒。

一七九四年十月初，法國軍隊攻占德國科隆與波昂，佔領整個盛產美酒的萊茵河地區後，代表法國大革命打破權威與教會勢力、貴族統治的自由風氣也傳進了這個封閉的河谷。教會與貴族所擁有的龐大葡萄園被充公、拍賣，「小農制」的葡萄園於是如雨後春筍般的成立，截至目前約有二千六百個葡萄園，開啓了德國葡萄酒的新紀元，也造就世界最昂貴的葡萄酒——伊貢·米勒酒園的誕生。

追溯伊貢．米勒的歷史，可自西元六世紀建成的聖馬利亞 (Sankt Maria von Trier) 修道院說起。該院在維庭根 (Wiltingen) 鎮附近的一座名叫沙茲堡(Scharzhofberg) 的小山上。隨著法國勢力進入了萊茵河流域，「教產還俗」的運動於焉展開。伊貢．米勒的高祖父柯赫 (Jean-Jacques Koch) 便趁機購得此一酒園。柯赫去世後，葡萄園平分給七個子女繼承。伊貢．米勒的祖父買回所有被繼承的部份，重新創造一個六公頃大的葡萄園，是原來修道院所有園區的三分之一。老伊貢．米勒目前已不太參與園務，而是交給長子(也叫伊貢．米勒) 負責。小伊貢．米勒是一個靦腆的年輕人，接下重擔後，十分敬業。每年秋天採收釀酒完後，都會風塵僕僕到世界各地推介本園佳釀！

上╱老、少兩代伊貢．米勒先生。

伊貢．米勒家族擁有沙茲堡山約七公頃的山坡地，其坡度高達五十度。另外，近年來另在附近收購五公頃的園區，總面積達十二·五公頃，土壤含有板岩、石塊的比例極高。這個山坡有一個好處，既可排水，也可以保存葡萄成長所需要的水分。樹種全爲利斯凌(Riesling)，每公頃約八千株，平均每公頃生產五千至六千公升，而附近一般園區可達八千至一萬公升。

左╱秋夏之際的伊貢．米勒園。

大約三分之一的葡萄樹仍留原根，而非嫁接。大部份的樹已超過四、五十年，不少是二次世界大戰前種的。每株冬天裁枝，只留下二芽，大約每株每年結果低於一公斤的葡萄。

俗話說：不能將雞蛋全放在一個籃子裡，伊貢·米勒自亦不能例外，他也生產各種優質酒。因此在採收時，僱用數十名工人，必須多次地將葡萄收到兩種不同的籃子。一九二二年，他們僅收成了三次；一九八九年與一九九〇年收了五至六次的葡萄。兩個籃子是要將遲摘及精選級與逐粒精選級分開放置所用，採收極精細。以一九九〇年爲例，全園僱用三十五個人採收葡萄，一般每日可採收八千公升榨成汁的葡萄，但是其中只能收成五百公升釀造精選級及五十公升的枯萄精選的葡萄汁，其困難可想而知！

採收枯萄精選的情形。

除了枯萄精選及冰酒外，伊貢·米勒每年都出產精選等級以下的白酒，遲摘酒年產三萬瓶，精選酒約一萬瓶，價錢大都比市場上同等級酒貴一倍以上。例如一九九五年份的遲摘酒，一般市價二十馬克就可買到不錯的，但伊貢·米勒出廠價已四十馬克；精選級市價一般三十馬克即可購得，但伊貢·米勒出廠價至少八十馬克。至於逐粒精選級以上的特種酒，並非每年釀製。即使老天幫忙，在葡萄成熟後的寶黴繁殖期間不興風作雨的話，那麼每年最多也僅生產二百至三百瓶左右。自一九七〇年以來，僅有一九七一、七五、七六、八九、九〇、九四與九五年生產枯萄精選酒，一九九六年沒生產。物以稀爲貴，每年拍賣萊茵河酒最重要的特里爾 (Trier) 拍賣會上，伊貢·米勒都是令人驚嘆的高價。例如一九九一年所拍賣的一瓶一九七六年份的枯萄精選已達一千五百一十馬克，而一九九五年九月拍賣一九八九年份的枯萄精選，一瓶更達二千八百馬克，折合新台幣約五萬元！至於冰酒釀造較易，除一九九四年沒生產之外，一九九五年及一九九六年都生產約四百瓶極優良的冰酒。

伊貢・米勒的冰酒也極特別，他再把冰酒分成一般冰酒及特種冰酒 (Extra Eiswein)，即使是普通一瓶新年份的冰酒，在德國的市價皆超過一千馬克，這也是全德最昂貴的冰酒。

一九九七年一月二十一日，幾位友人與伊貢・米勒的少東共同品嚐了兩瓶一九七六年的枯萄精選。只見這陳上二十年已達最巔峰狀態的枯萄精選的顏色呈橘色，散發著濃厚的蜂蜜、橘子味與花香，嚐起來稠密似膠。常常有人形容歌聲之美是「繞樑三日不絕」，對於伊貢米勒的枯萄精選，也可以用「繞舌三日不絕」來比喻。盛酒的酒杯在酒乾後三個小時仍然香氣不減，眞不愧有世界「第一甜酒的桂冠」之稱。這兩瓶酒使人畢生難忘！

伊貢・米勒的枯萄精選產量之稀，比起年產有六千瓶的羅曼尼・康帝酒不可同日而語；而比起同樣是由寶黴菌感染而釀成，也是法國最有名甜酒的狄康堡 (本書第78號酒)，年產量可達十五萬至二十萬瓶之多，更顯得稀有而珍貴。這應歸因於德國氣候太冷，且利斯凌葡萄多半生長在萊茵河邊坡度甚大之山坡，產量自然減少。曾有人統計，以同樣的面積在法國蘇代區能出產五萬瓶寶黴酒，而德國萊茵河區只能生產二百五十瓶，而且還不能包括「枯萄精選」在內——因為枯萄精選是看年份——。這是德國的逐粒精選級以上的寶黴酒價錢居高不下的主要原因！難怪甫一出場即刻被歐洲企業界——特別是德國企業界搶購一空，枯萄精選酒實際在市場上已經絕跡。至於冰酒味道較淡，一九九五年生產的冰酒淡綠帶黃色，有一股花香及鳳梨味，幽雅精緻宛如美婦素妝，和一般普通冰酒及加拿大冰酒流於濃俗香甜，眞有雲泥之別！

上／一九七六年份的枯萄精選。

左／本園精選酒的品質也是一般白酒之最。

70 Thanisch, Bernkasteler Doctor, TBA
塔尼史園，柏恩卡斯特之醫生(枯萄精選)

產地：德國．莫塞河區
面積：6.5公頃
年產量：100-200瓶

位於萊茵河支流莫塞河 (Mosel) 中段的一個小鎮柏恩卡斯特 (Bernkastel)，正是整個萊茵河產酒區的心臟地帶。柏恩卡斯特鎮旁，莫塞河右岸的山坡上有一個小葡萄園出產的酒，在一三六〇年立下了一個大功。

當年本地區的行政及宗教領袖，也就是特里爾 (Trier) 的大公爵及樞機主教，名叫伯孟二世 (Boemond II) 生病了，當群醫束手無策時，一個老頭兒獻上一瓶飲料，反正「死馬當活馬醫」，大公爵．大主教一喝之下，精神提起來了。日後連續喝了幾瓶後玉體竟然痊癒了。大公爵於是親自封這瓶酒的產區爲醫生園！從此，這個園區被稱爲「柏恩卡斯特的醫生」(Bernkasteler Doktor)，簡稱「醫生園」。五百年後，無獨有偶地也傳出了有另一個因此酒而痊癒的大人物，此人即是英王愛德華七世。但實際的情形是當年愛德華七世遊萊茵河時，在旅遊勝地 Bad Homburg 試飲本酒後大爲讚賞，當即訂購一批運返英國；他並沒有生病，也未將本酒當藥喝！不過，幾百年來醫生給病人開藥方，常把此酒加入，本酒變成了藥酒，確是事實！但還有另一個理由——價昂，一般人平常是買不起的。

現在的園主塔尼史 (Thanisch) 家族早在一六三六年就定居在柏恩卡斯特．庫士(Bernkastel-Kues)。這個小鎮與柏恩卡斯特隔河相眺，是一座雙子城。塔尼史家族從一六五〇年開始，擁有「醫生園」已超過三個半世紀。在十九世紀時，家族中出現了一位哲學家及後來擔任普魯士國會議員的雨果．塔尼史博士，於是醫生園成功的打入高級社交圈。一八九五年，塔尼史博士逝世，由遺孀凱薩琳娜 (Katharina) 接掌。這位女士是位女強人，反而把本園經營得有聲有色，故本園即改名爲「塔尼史博士遺孀園」(WWE Dr. H. Thanisch)。在酒園名前加一個「寡婦」

右頁／有「妙手回春」傳說的柏恩．卡斯特之醫生酒（塔尼史園之枯萄精選）。背景為蘇州著名的雙面繡精品「松鼠葡萄」(作者藏品)。

BERNCASTELER DOCTOR
Wwe Dr. H. THANISCH
GROSSER RING
1991
VDP. MOSEL-SAAR-RUWER
Berncasteler Doctor
Trockenbeerenauslese
1989
D-5550 Bernkastel-Kues
RIESLING
Mosel-Saar-Ruwer

上／風韻迷人的園主塔尼史．史匹爾女士。

右／一九九四年秋天採收枯萄精選時，由本園鳥瞰景色怡人的柏恩卡斯特．庫士小鎮。

——WWE是德文寡婦（Witwe）的縮寫，「遺孀」則是中文較文雅的措詞——，的確是比較少見。目前園主是開園第十三代的傳人，也是自博士遺孀掌園後第四代女性掌門人的蘇菲．塔尼史．史匹爾女士（Sofia Thanisch-Spier）。

塔尼史家族的葡萄園面積有六．五公頃，產地分散在三個不同的小鎮，除柏恩卡斯特外，尚有莫塞河南岸的布勞山堡（Brauneberg）與葛拉哈（Graach），每一個地方都是寸土寸金的園區，園區鳥瞰莫塞河，眞是優美極了。葡萄園面向西南，土壤以板岩爲主，透水性強。全部植利斯凌葡萄，葡萄樹的平均年齡在四十至六十歲之間。醫生園的種植密度偏高，每公頃約八千五百株。每平方公尺約生長八至十個樹苗，園中所有的葡萄樹都是老株。葡萄顆粒較小，但質重味厚，產量甚少，平均爲鄰園一半。在布勞山堡的園區有部份葡萄樹被更新，是因爲官方推行的土地重劃所致，且種植密度較低，每公頃六千三百株，樹排間距增加爲一公尺六，這樣一來耕種的工作可較輕鬆些。

如同伊貢．米勒的沙茲堡山一樣，醫生園也釀造各不同等級的白酒，所以葡萄在摘獲時已經分類，採收工人帶著兩個桶子，其中一桶是準備釀逐粒精選級以上的酒。若有必要，在釀酒房還會進行第二度的分類。總共生產有二十種不同的葡萄酒，這些來自八

個不同園區與不同等級的酒，會在標籤上註明，以符合德國商品標示法之規定。假如天公作美，極有可能釀成枯萄精選酒與冰酒。例如一九七一年、一九七六年、一九八九年、一九九四年生產枯萄精選，一九八三

年生產冰酒，一九九六年本來極有希望釀成冰酒，沒想到快要收成前天空飛來一批小鳥，把甜透芬芳的葡萄一啄而光，冰酒也就釀不成了！枯萄精選每次生產量極少，只有一百至二百瓶之間，一瓶約七百餘馬克，冰酒的價錢比較便宜，一九八三年份的冰酒在一九九七年的定價是六百馬克。本園偶爾也生產少量的逐粒精選(BA)，近年來只有一九九〇年及九四年生產，也和冰酒一樣，僅一、二百瓶之譜，價錢也相去不遠。

塔尼史自一九〇一年起就使用這種「新藝術」風格的標籤。
上圖是一九二一年枯萄精選，下圖為一九八九年的枯萄精選。

「醫生園」出產的枯萄精選與冰酒都有濃密的芳香氣，夾雜些許的果酸與苦味；同時既可趁新鮮時飲用，亦可保存二十年而不改其味，甚且更加芳醇動人。一瓶一九二一年份的枯萄精選在一九八五年的德國拍賣會以一萬一千馬克成交，刷新德國酒拍賣紀錄。這位買主顯爲一高手行家，蓋此瓶正是莫塞河生產此類型枯萄精選的首批之一。

71 Joh. Jos. Prüm, TBA
普綠園(枯萄精選)

- 產地：德國．莫塞河區
- 面積：14公頃
- 年產量：150瓶

在柏恩卡斯特附近，名園薈萃，許多家族數百年來賴葡萄為生，也以釀葡萄酒為業。除了塔尼史園外，另有一個名氣也不輸塔尼史園的是「普綠園」(J.J. Prüm)。普綠家族在十六世紀就定居於此，世代在「御園」——本地權勢最大的樞機主教之葡萄園——擔任總管。拿破崙旋風吹到了本地後，普綠家族也像伊貢．米勒的祖先一樣，由教產拍賣會上標到了一塊園地——當然是最好的一塊。於是舉家遷移到該園地，便是今日離柏恩卡斯特車行十幾二十分鐘，靠近河邊的「衛恩」(Wehlen) 小村莊。

上／作者與曼費德．普綠博士。

右頁／一九九○年份普綠園的枯萄精選，背景為清朝一品武官平金刺繡「麒麟」章補（作者藏品）。

普綠家族日後逐漸擴充園產，子孫也繁衍。到了一九一一年分配遺產時，共分成七家。其中一個名叫約翰．約瑟夫 (Johann Josef) 分到一塊名叫「日晷」(Sonnenuhr) 的園區，遂自立門戶，創立「J.J. 普綠」酒園。目前在衛恩地區尚有四個酒園也掛上「普綠」家族名稱，但也會加上其他名字 (如 Studert Prüm)，以示區別。 在衛恩地區外的柏恩卡斯特也還有幾家， 都是源自一九一一年的分家。約翰．約瑟夫．普綠 (Johann Josef Prüm，1873-1944) 本是現在園主曼費德 (Manfred) 博士祖父的名字，曼費德在高中畢業後，曾到附近著名的「蓋森汗」(Geisenheim) 專科學校唸了一年的釀酒課程；後來發現志趣不合，便轉到波昂大學攻讀法律，並且獲得法學博士的學位。正當要展開法律生涯時，父親便命其返園準備日後的接班。他不敢違抗父命，只得「棄法從酒」。在「嚴父」的調教下，曼費德博士也學到了一手的絕技。一九六九年父親去世，便由他接掌本園至今。

本園面積為十四公頃，葡萄全為利斯凌種。園區散佈在四個地區，但最重要的園區

JOH. JOS. PRÜM
Joh. Jos. Prüm
1990
Wehlener Sonnenuhr
Trockenbeerenauslese

普綠日晷園區的精選酒。

是五公頃大的「日晷」園區——因一個頗大的老式日晷而聞名——。這是曼費德博士最寶貴的園區，幾乎每天他都會帶女兒來此「散步」！土壤爲板岩，老株的種植密度是每公頃一萬株，經過田地重整後的葡萄園每公頃僅五千一百株，大部份仍爲老株，而不是許多鄰園採用美國來的嫁接株。曼費德博士認爲由老株的葡萄樹所釀造的酒較其他嫁接枝要來得均衡與協調；同時受到霜凍不易落果，也不致因霏霏陰雨而腐爛，他認爲這邊的土地本來就會最適合「本地種」的老株！

葡萄園面朝南東南，坡度爲六十度，是整個莫塞河坡度最陡的葡萄園之一，僅次於附近另一個極有名的「路森博士園」(Weingut Dr. Loosen) 。因此必須用升降機耕作，成本較一般葡萄園高出二成。透過少量的施肥、除草劑與殺蟲劑，可以達到每公頃六千三百公升的產量。本園每年生產約十二萬瓶各式白酒，一九三四年及三七年起分別開始釀製逐粒精選及枯萄精選，但產量仍然極少，例如一九九〇年份生產有一百公升的枯萄精選與二百公升的逐粒精選；即使在豐收的一九八九年份也僅有三百公升的枯萄精選酒與逐粒精選酒，故非年年產製特級酒，因此價格昂貴是可以預期的。每年的逐粒精選酒與枯萄精選酒都無定價，一切俟拍賣會決定。一九七六年份的枯萄精選甫一上市就以一千三百馬克賣出，一九九〇年的更超過二千馬克，一般市面上根本是難以尋獲。行家們反而願意以十分之一的價格購買普綠的精選酒。一九九七年一月底我曾在香港品嚐了一九九三年的普綠精選酒。酒色呈淡綠，微稠，既有蜂蜜、淡淡的檸檬味，也有混合蘭花、紫羅蘭的香氣，品嚐這種酒簡直是欣賞一件藝術作品！精選級的已是如此精采，當可想像更上一層樓的滋味了。美國的《酒觀察家》雜誌一九七六年將「年度之酒」的榮譽給予普綠的精選酒，因此成爲愛酒人士競相搜尋的對象。

普綠的精選酒也可區分爲普通的精選及特別精選，後者又稱爲「長金頸精選」(Lange Goldkapsel)。這是德國近年來一種新的分級法，「長金頸」是指瓶蓋封籤是金色且比較長。之所以要有這種差別，是因爲葡萄若熟透到長出寶黴菌時，也有部份葡萄未長黴菌。此時固可以將之列入枯萄精選，而部份未長黴菌似乎不妥，但其品質又高過一般精選，故折衷之計再創新的等級，有的酒園亦稱爲「優質精選」(feine Auslese)。本園在第二次大戰後就使用此用語，到了一九七一年起才改爲金頸。普綠的長金頸精選價錢極高——也和枯萄精選及冰酒一樣是透過拍賣——，一九九〇年份的在一九九二年拍出每瓶一百七十美元。比較起普通精選，例如一九九四年份日晷的普通精選在一九九六年德國市價爲三十三馬克，而長金頸則爲二百三十馬克，相差六倍有餘。美國的《酒觀察家》雜誌在一九九四年三月號曾給八八年至九〇年份的長金頸精選評分，成績爲九十七分、九十六分及九十八分。此外，幾乎每年的普通精選及遲摘酒皆可評到九十分之上，無怪乎本雜誌會將本園作爲封面故事，大肆介紹一番。

同樣的，若到了十一月底、十二月初，在當年初雪前，且沒有暴風驟雨將殘留在樹上的葡萄吹落的話，那麼就可以採收葡萄釀製冰酒。通常三、四點就必須上山入園採收，趁葡萄尚未解凍前，立即進行壓榨過程。一般產量甚微，年產量不過四百瓶 (一九八三年) 至七百瓶之間 (一九九〇年)。

若問學法律出身的曼費德博士的釀酒成功秘訣在哪裡，他會說「耐心」及「細心」。除非葡萄熟到最後階段，他絕不採收，所以常常和天公爭時間，能拖一天就一天。因此本園往往在鄰園已採完一、二週後才進園採收。在那時德國已進入初冬的時刻，下雨是時常及轉瞬之事，因此風險甚高也。曼費德博士在開一瓶一九八二年的精選酒請我品嚐時，提到他的釀酒哲學。頓時讓我覺得杯中散發出那股芬香、濃郁，連陪我往訪的一位本身也在附近經營酒園的德國友人，都會一口咬定此瓶至少是逐粒精選的「精選酒」，每粒每滴都來之不易！它們不只是藝術，也是哲學及責任的結晶！

上／一九七六年日晷園區之精選酒曾被美國權威雜誌《酒觀察家》評選為「年度之酒」。

左／美國《酒觀察家》一九九四年三月號之封面，該雜誌稱本園為「德國偉大的利斯凌葡萄園」。

72 Schloss Johannisberg, Eiswein
約翰山堡(冰酒)

產地：德國．萊茵溝
面積：35公頃
產量：約200-300瓶

德國總共有十一個產酒區，其中有五個最重要。除了萊茵河最大的支流莫塞河與其兩條小支流魯渥與薩河組成的莫塞河區外，還有萊茵溝 (Rheingau)、萊茵發爾茲(Rheinpfalz)、萊茵黑森 (Rheinhessen) 與納河(Nahe)，都是萊茵河流經之處，都可稱爲萊茵區。此處的風光甚爲明媚，早已是詩人吟誦之處。我在書房中找到一本以前在德國讀書時買到的一本介紹德國萊茵河風光及酒的老書，赫然看到了被法國波爾多地區的聖．特美濃區的桂冠酒——歐頌堡(見本書第41號酒)，拿來當園名的羅馬詩人歐頌的大名。原來歐頌據說雖在波爾多地區終老，但他也和當時羅馬帝國全盛時代的貴族、將軍與富商一樣，在羅馬軍團占領的萊茵河河谷擁有一個葡萄園。羅馬軍團所到之處，不久就有葡萄園出現，因此有「羅馬軍團以劍與酒壺征服整個歐洲」的名言。羅馬人在萊茵河紮營築寨，抗拒東邊的「野蠻人」達數百年之久。萊茵河區由那時開始便成爲一大片葡萄園。歐頌由波爾多遷往萊茵河，不禁爲此地的山光水色所迷住。他在西元四世紀所寫的一首讚美風光的詩，仍流傳至今。這首由拉丁文譯成的德文詩，我試譯如下：

眺望翻騰銀沫的河流，
游魚與槳船已令人心曠神怡；
瞻望葡萄爬滿山際的美景，
心中充滿對歡樂酒神所賜厚禮之感激；
且攀登上陡峭之邑采頂峰，
不畏陡峰、懸壁與斷崖之橫阻，
但見葡萄枝蔓延伸宛如天然劇場，
園中採收葡萄的歡聲響徹雲霄！

萊茵河由瑞士發源，向北流入德國，經過萊茵黑森的曼茲市 (Mainz) 後，向西流至綠德斯汗 (Rüdesheim) 附近北轉至萊茵河谷。這一段約二十公里的狹長地段，稱爲「

右頁／萊茵河地區名聲最響亮，且最為傳奇的約翰山堡一九九二年份的冰酒。背景為廣東石灣陶名家周永鏘之作品「醉羅漢」(一九九一年製，作者藏品)。

V D P
Schloss Johannisberger
Eiswein
1992er Rheingau · Riesling

萊茵溝」。地處萊茵河北岸、陶努斯山(Taunus) 的南麓，陶努斯山坡度平緩，但足以阻擋來自北方的寒風，向陽的葡萄可以享受充分的陽光，且晚間順山勢而下的霧氣，使受到整日日曬的園地可冷卻下來。秋天這種日夜溫差與「日陽夜霧」極適合寶黴菌的生長，本區寶黴菌品質因而甚佳。

萊茵溝共有二千九百公頃的葡萄園，分屬十個酒區，因本區「約翰山堡」極爲有名，此酒區遂稱爲「約翰山產區」(Bereich Johannisberg)。本區名園甚多，一八六一年份本地的酒曾在巴黎、倫敦與維也納獲得白酒的首獎。母親是德國普魯士公主的英國維多利亞女王，特別鍾愛本區一種名爲「霍汗」(Hochheim，「高屋」之意) 的葡萄酒。英國人將德文 "Hochheim"的" Hoch" (霍喝　) 錯唸成「霍克」，於是以訛傳訛地將以後凡是萊茵溝的酒稱爲「霍克」。而莫塞河的葡萄酒，也改稱「莫克」(Mock)，使得「霍克」之名在英倫三島歷久不衰。

德國遲摘酒的創造者—遲到的信徒石像，現樹立在本園庭院之中。

約翰山既是萊茵溝最具代表性的酒園，也是一個充滿故事性與傳奇的酒園。早在八世紀時，據說有一次查理曼大帝 (768-814) 看到附近山區的雪融得早，知道這裡的天氣溫暖，適合種葡萄，就命人在約翰山種植葡萄。不久，山腳下就建起葡萄園，並歸王子路德維希 (Ludwig der Fromme) 所有。西元八一七年八月四日的記錄是收成了六千公升。不久，曼茲 (Mainz) 市大主教馬格努斯 (Hrabanus Magnus) 於西元八五〇年在此地蓋了一個奉獻給聖尼克勞斯 (Sankt Nikolaus) 的小教堂。西元一一三〇年，聖本篤教會的修士在此教堂旁加蓋了一個奉獻給聖約翰的修道院，因此而有約翰山之名。這些修士如同大部份其他中古時期的修士，都會釀酒。一五二五年與一五五二年的兩次動亂使修道院解散， 教產爲政府沒收；一七一六年修士們重返約翰山，擁有伯爵身份的富達 (von Fulda) 修道院院長買下了約翰山。一七二一年，修士們由岩石中鬪出長達二百五十公尺的酒窖成爲「地下圖書館」(Bibliotheca Subterranea)，並將歷年所釀的酒儲藏下來作爲紀念。這個可儲酒七十五萬公升的地窖仍可使用。

約翰山堡成名的另一個典故是關於發現遲摘酒的有趣過程：一七七五年，本園的葡萄接近成熟之際，正巧園主富達大主教外出開會，修士們於是遣人請示大主教能否如期採收。不意差人在路上突告患病，耽誤了幾日的行程。待回院稟告主教「如期採收」之諭告時，所有的葡萄都已過熟，部份且長黴菌。修士們不願一年的努力就此落空，照常採收與釀製，竟發現其美味遠非昔日能比，遲摘酒製法就這樣歪打正著的誕生了。大主教自一七一六年買下本園後，以後每年的收穫都詳細記載。所以在一七七五年秋天釀出遲摘酒，次年(一七七六年)四月十日，酒窖總管思格 (Joh. Michael Engert) 在記錄本上註明下列文字：「我從未嚐過這種酒！」這可以證明遲摘酒的發現期間。以後整個萊茵溝與萊茵河地區也學會釀製遲摘酒。現在每逢本地有葡萄酒的節慶，這段故事必是必演的劇目！本園院中有一個石雕「遲來之信使」也成爲訪客照相的焦點。

這些對萊茵河地區美酒付出極大貢獻的修士們後來在一八○二年被法國軍隊趕走，教產世俗化，歐蘭尼伯爵(Fürst von Oranien)成爲此地的新園主。一八○六年拿破崙在耶拿大破普魯士軍隊，論功行賞而將該園賜給柯樂曼(Kellerman) 元帥(「柯樂曼」德文本意即是「酒窖」或「地下室」管理人)。一八一三年拿破崙征俄失利後，本園易手爲反法盟軍 (普魯士、俄國、法國) 所有，並轉贈給奧皇。一八一六年七月一日，奧皇法蘭茲復轉送首相梅特涅伯爵 (Fürst Metternich-Winneburg,1773-1859)，以補償其萊茵地區家產的損失與清算拿破崙的維也納和會 (1814-1815) 中的貢獻。梅特涅這位老謀深算的縱橫家，也是美國前國務卿季辛吉最崇拜的偶像，於是入主本園。但奧皇保留一個條件：必須每年進貢皇家十分之一的產量。這個「什一稅」到現在爲止，仍年年完納給在第一次世界大

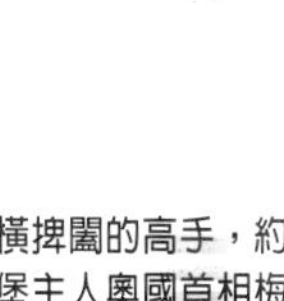

縱橫捭闔的高手，約翰山堡主人奧國首相梅特涅伯爵。德國有一著名氣泡酒（香檳）即以他為名，並以此肖像為商標。

一九四三年的小房園。一九九三年本園為慶祝本酒「誕生」五十週年，特別把窖藏貨釋出。

戰已被推翻的哈布斯堡家族。二次大戰時，本園受到美軍轟炸嚴重受損，有賴梅特涅的曾孫保羅・阿芳士 (Paul Alfons) 慘澹經營，戰後迅速恢復盛名。雖然家族迄今仍擁有約翰山，但保羅・阿芳士伯爵於一九九二年去世後，本園即交給食品業大亨歐特格 (Rudolf August Oekter) 經營，歐特格同時也擁有另一個有名的姆恩 (von Mumm) 葡萄園。

自西元七二〇年起，本園就種植利斯凌的品種，在富達大主教入主時的一七一九年，已種有的二十九萬四千株葡萄之中，就有三萬八千五百株利斯凌，所以本園種植利斯凌歷史之久，已和利斯凌成爲同義詞，現在各國所種的利斯凌全名即是約翰山利斯凌。目前本園種植密度甚高，每公頃一萬株葡萄樹，每公頃收穫約七千公升。每年總共可生產約二萬五千箱，即接近三十萬瓶各種不同的酒。平均樹齡在三十至三十五歲之間，均非母株，而是由不遠處的蓋森汗 (Geisenheim) 農業試驗所發展出的「科技產物」。易言之，經過優種繁殖後移種本園，這和普綠園的作法完全不同。同時葡萄園的一半以鏟子除草，另外一半不除草，使土壤產生更多的有機質。約翰山堡採收葡萄也是分次採收、榨汁，經過四週的發酵後會移入百年的老木桶靜存，木桶的容量在六百至一千公升不等。這些木桶放在城堡的老舊、牆壁上長出黑色而無害黴菌的地下室中，時間約半年之久，至來年春天的三、四月即完全成熟，隨後裝瓶與上市。

本園的枯萄精選入口有一股蜂蜜、煙燻、杏子與水蜜桃的香氣，而稠狀微酸更令人牙根稍稍發麻，隨後而來的正是滿口的芳香，令人回味無窮。德國偉大的浪漫派詩人海涅曾經有一詩讚揚約翰山堡：「如果我有幸能擁有一山，萬非約翰山莫屬。」這位詩人似乎也如詩仙李白：識詩也識酒！

由於約翰山的名氣太大，雖年產量亦有三十萬瓶之多，但仍供不應求。其各等級酒的水準比起鄰近酒園，當然有顯著的差別，否則價錢不會特別突出。例如其「開山名作」的遲摘酒便有一股高級香檳酒的芬香，但入口毫無香檳汽泡的刺鼻干擾，反而是一股清香幽淡、蜂蜜般甜甜的感覺，眞如古人所形容的「口神雙暢」！遲摘酒能融入香檳的迷人氣味，除了伊貢・米勒的遲摘酒外 (但無約翰山來得強烈)，別家的遲摘酒只能望塵莫及了！約翰山堡除了遲摘酒外，小房酒亦起源於此園。本園由於產量豐富，故各級酒本來各有一般等級與優等兩種，較優的稱爲" Cabinet Wine"。但自從官方將" Cabinet"引用到各種優質酒的最起碼等級「小房酒」(Kabinett)，約翰山便用不同顏色的瓶口封籤，代表一般或優質酒。例如小房級爲紅與橙(優)；遲摘級爲綠與白(優)；精選級爲粉紅與天藍色(優)；逐粒精選級爲粉紅底鑲金色與天藍底鑲金色(優)；枯萄精選級一律爲金色；冰酒爲黑藍底中間爲天藍鑲邊。約翰山的「十旗子弟」頗有德軍「領章」的傳統——以不同顏色代表不同兵科。由一顆葡萄可以釀成十種酒，可以說明約翰山的品管達到何種精緻的程度，不能不令人佩服。

除了遲摘酒外，本園的特級酒當然也是精采極了。枯萄精選只有在一九七一年、七五及七六年出產，一九八〇年代全無釀造，接著是一九九三年及九四才生產。一九九四年總共才生產六十二公升而已！而本園另一個拿手貨是冰酒。德國首支冰酒也出自本園，時在一八五八年。自一九六六年以來，只有六六、八五、八六、九一、九二及九六年生產，新出廠價是三百馬克。這些酒的數量太少，年產大約僅在二、三百瓶之譜，所以只能單獨向酒園洽買，並不外售。

上上／一九九二年份的遲摘酒。
上／一九九四年難得一見的枯萄精選。

左／本園的遲摘酒是引導我愛上葡萄酒的「引信」，因此對本酒有一股特殊的感情。

73 Langwerth v. Simmern, Erbacher Marcobrunn, TBA
西門園，艾爾巴哈之馬可泉區(枯萄精選)

- 產地：德國．萊茵溝
- 面積：1.5公頃
- 年產量：50至200瓶(西孟園)

在約翰山東側不遠處的山腳下，近萊茵河處稱「艾爾巴哈」(Erbach)的地方有一個僅五．二公頃的葡萄園，叫做「馬可泉」(Marcobrunn)。本園早在西元一一〇四年就以一個地界的泉水爲名，稱「界泉」(Markbrunnen)，一二〇〇年正式出現在折抵兵役或徭役的文書上。「末代沙皇」尼古拉二世在一八九三年曾有意染指，所幸未能得逞，馬可泉的名氣可見一斑。甚至艾森豪總統在位時，亦曾訪問本園，對一九五九年份的精選酒讚不絕口。一個名園先後爲俄、美兩國元首所激賞，誠非易事。

馬可泉園地面積僅五．二公頃，而這塊小園地又分別爲十位貴族後裔所擁有，其中一塊在一四六四年由本地區諸侯發爾茲公爵(Fürst von Pfalz-Zweibrücken) 把此塊土地送給一個臣子作爲其效力的酬庸。這個臣子西孟 (Langwerth von Simmern) 家族於是擁有一．五公頃的園區，生產十分精采的枯萄精選級白酒。西孟家族是萊茵區歷史最悠久的家族，以後逐漸收購園區，在萊茵溝擁有本區五個園區所有園產，總計三十三公頃，故亦爲名園世家。馬可泉因泉得名，故知尚不虞水源。所以一旦天候乾旱，其他園地歉收時，獨本園不受絲毫影響。葡萄百分之九十爲利斯凌種，且與約翰山堡一樣，都是蓋森

本園標籤色彩鮮艷，但不俗麗，武士頭盔及盾牌的標幟，頗有中古時代的情懷。

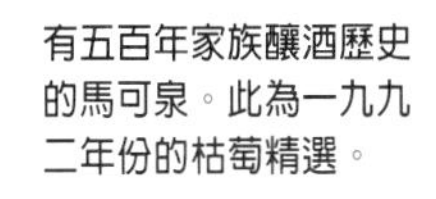

有五百年家族釀酒歷史的馬可泉。此為一九九二年份的枯萄精選。

汗農業研究所培育的苗種。

馬可泉以往對寶黴酒的生產不甚積極，但自一九八七年起，每年都依氣候條件的許可，盡可能產出一些各種寶黴酒，所以每個年份都可以買到西孟家族所釀製的逐粒精選或枯萄精選或冰酒。

酒瓶上貼的標籤正中央是家族徽章，乃一個武士頭盔與鑲有百合花的盾牌，在芸芸眾酒中果有鶴立雞群的架式，已沿用一百五十年之久。較諸「柏恩卡斯特醫生」自豪其酒標籤自一九〇一年起就未予更動，還早了半世紀有餘。本園的遲摘酒與精選酒都以淡雅出眾，甜香氣絕不喧賓奪主著稱。而且本園自一九八〇年以來，只有一九八三年、八九年、九〇年、九二年至九四年等六個年份，才產製枯萄精選酒，每次生產五十至二百瓶不等。這是集杏子、蜜桃、酒精、酸度成爲一個完美的結合，有人稱呼這個泛出「家族驕傲」的酒爲「謙虛的黃金」，可謂絕配之至，價格 (一九九二及九四年份) 在德國一九九七年初的拍賣價約爲五百二十及五百四十馬克。

> 醫生給我西班牙奎寧，嘗過這些粉末，我身僵直！用匈牙利的方式後，使我心清氣爽——我喝了窖藏五十年的好酒！
>
> ——Jozsef Gvadanyi
>
> (匈牙利詩人)

74 Schloss Schönborn, Lage Pfaffenberg, TBA
動彭堡，發芳山園(枯萄精選)

- 產地：德國．萊茵溝
- 面積：6公頃
- 年產量：300瓶(動彭堡)

由萊茵河邊的馬可泉葡萄園向西距離一公里左右，可看到一塊占地約六公頃的小丘陵地，上有一個極著名的的葡萄園，即爲「發芳山葡萄園」(Lage Pfaffenberg)。這個酒園自一三四九年起就爲顯赫的動彭家族所有，並且在萊茵區以及法蘭根 (Franken) 區的Pommersfelden與Wiesentheid 二處都蓋有美輪美奐、文藝復興時代風格的城堡，目前這個家族的後裔仍住在後兩棟的城堡之中。每瓶本園出產的酒都會很驕傲的在瓶蓋封籤上註明「一三四九年開始釀酒」！

動彭堡發芳山園區一九九四年份的枯萄精選。

動彭家族——一個已存在六百五十年歷史的家族，當年可說是最有權勢的家族之一，自然有豐厚的產業。在萊茵地區共擁有七十四公頃、分散在四十五個園區的葡萄園。這些葡萄園統一以「動彭堡」(Schloss Schönborn) 爲名，幾乎囊括萊茵溝的所有名園區。例如在馬可泉區所在的艾爾巴哈山，動彭堡擁有二公頃的園區；在萊茵溝的中心地帶也擁有寶貴的四公頃園產。入選本書「百大」者是該園獨攬的「發芳山」葡萄園所生產的枯萄精選。

本園主要品種仍是利斯凌，佔了九成；另有部份的白布根地 (Weisser Burgunder)，種植密度爲每公頃五千株，產量不超過六千公

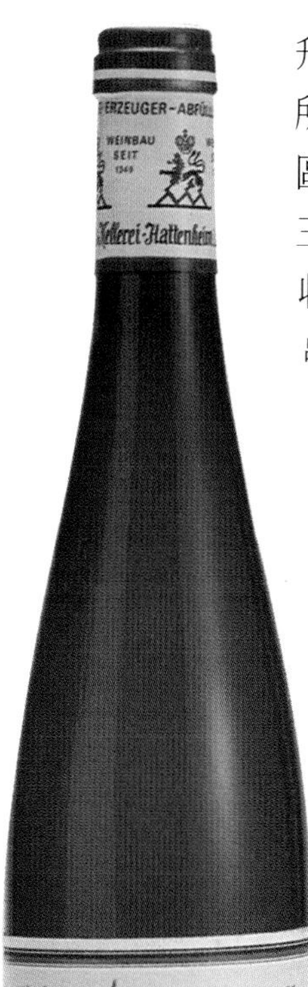

升。為留下生產寶黴酒所需的葡萄，在某些園區每公頃僅能生產三千五百公升。每次採收動用二十個工人，每串葡萄必須有一半已生出寶黴菌方予採收。當運到釀酒房時，還會被重新分類。採收分數次進行，若未生長出寶黴菌的葡萄就留在樹上，不予採收。假如天候良好，在當年十一月份就可以當作遲摘酒的原料。若老天賞臉，當年的逐粒精選級可釀製三百公升、枯萄精選級為一百五十公升。在十年中大約僅有三年才可以釀造枯萄精選級的酒，最近二、三十年，僅一九七一年、七六年、 七九年、八六年、八九年、九〇年、九四年與九五年才有此一傑作問世。

動彭堡的枯萄精選只以〇．五公升的「半瓶裝」上市。一九九〇年份的顏色是一種濃密的、橘色金黃的液體，其味覺極具豐滿性格，含有檸檬、芒果、水蜜桃與杏桃等香味、優雅與細緻。一九九二年份在目前德國售價達三百二十馬克。另外，本園出產的精選酒，儘管價錢僅是枯萄精選的幾分之一，但同樣有優雅的氣質，也是德國最好的精選酒之一。動彭堡的精選酒曾有「萊茵溝的魯本斯」(Rubens von Rheingau)之美譽，每瓶當然都是大師級的作品，值得大家一試！

曾有「萊茵溝的魯本斯」之譽的動彭堡精選酒。這是傳統的標籤，和前頁新的枯萄標籤不同。

> 深鎖的愁眉唯有酒能疏潤。
>
> ——賀瑞斯（羅馬詩人）

75 Weingut Dr. Bürklin-Wolf, Wachenheimer Luginsland, TBA
布克寧・沃夫博士園，瓦亨汗之魯金斯園區(枯萄精選)

- 產地：德國・萊茵發爾茲
- 面積：109公頃
- 年產量：20,000瓶(布克寧・沃夫博士園)

布克寧・沃夫博士園一九九二年的枯萄精選。

萊茵發爾茲 (Rheinpfalz) 位於萊茵黑森的南方，也是僅次於萊茵黑森，爲德國第二大葡萄酒產區。全區二十二萬公頃，種植超過一億五千萬株的葡萄，再加上每年平均有一千八百個日曬小時 (一般德國酒園每年僅需一百天有日曬即可)，使得發爾茲的葡萄成長狀況極佳，也較莫塞河區的葡萄酒來得甜、口味重些。本區因爲氣候溫和，也就無須非要種植抗寒性較強的利斯凌，而有更多的選擇。幾乎所有德國的葡萄種類，皆可在本區生長。所以，除了有少部份園區完全以利斯凌釀製外，大多是採取「混合釀造」的方式，也是本區的一大特色。

布克寧・沃夫博士酒園 (Weingut Dr. Bürklin-Wolf,簡稱沃夫園) 是德國第二大的私人酒園，廣達一〇九公頃。而全德國最大的酒園也在本區，即布爾參事葡萄園(Reichsrat von Buhl)，面積爲一百二十公頃。一七七七年，沃夫家族的約翰・路德維希(John Ludwig) 購買了這個在一五九七年所闢建的葡萄園，並且逐步收購本區最好的園區，特別是在法國大革命後，在德國天主教遭劫的「教產充公」運動中，更是收穫頗豐。一八四六年，約翰的孫女嫁給擔任德意志帝國議會副議長的布克寧博士，布克寧議長以他的政治手腕在十九世紀中、末葉，將本園的名聲拉抬到了巔峰，儼然成爲發爾茲地區最優良的酒。其姪孫愛伯特博士 (Albert Bürklin) 在一九七九年去世前，更是憑本身精湛的專業知識，使其酒園在他掌理的半個世紀中，品質達到前所未有的水準。一九九〇年，係由其女貝庭娜 (Bettina) 與女婿古拉則 (Guradze) 接掌本園。

沃夫園區是由二十餘個小酒園集合而成，但四個鄉鎮的產區中最佳。其一爲瓦亨汗 (Wachenheim) 鎮，這裡的酒以具有吸引人的果味出名；其二爲弗斯特(Forst)鎮，這兒強調的是葡萄的礦物性；其三爲魯波特斯山(Ruppertsberg)，此地的酒以質純著稱；其四爲戴德斯汗 (Deidsheim) 鎮，此處的葡萄酒以味道清淡見長。在所有的葡萄園中，利斯凌的比率爲八成五，夾雜其他五種白葡萄與紅葡萄，不過紅酒的聲譽不如白酒。

由於沃夫園區面積廣大，全年可生產六十餘種不同的葡萄酒。甚至在一九九〇年貝庭娜接掌後所釀製的「法式酒」——由利斯凌釀製成功，可媲美莎布里頂級酒 (Chablis Grand Cru)，引起酒界一陣陣的波瀾。這不啻爲德國酒業中的革命性創舉，顯示出本園製酒的能耐。

沃夫園區的四個主要酒園都產釀白酒與部份的寶徽酒等特級酒，但產寶徽酒最好的園區是瓦亨汗鎮上的園區。沃夫家族在這個面積五十公頃的園區共有九塊小園地，其中只有一塊小園區是獨自擁有。九塊小園中，最小園區之一的魯金斯蘭(Luginsland)園區所產的枯萄精選爲深黃色，樹種爲秀樂貝與利斯凌 (其他園區則以利斯凌爲主)。近年來種植的慕斯卡德(Muskatell)種葡萄，這是慕思卡(Muscat) 葡萄的一種，在德國較少種植，但在本

本園的枯萄精選酒產量為最豐，但品質不打折扣，此為一九九五年的枯萄精選。

園卻種得十分成功，並且枯萄精選甚多已由此種葡萄釀成，是各園所釀製類似產品之冠。

沃夫園區每年各園產釀的寶黴酒與冰酒總數可達二萬瓶，這也是其他酒園所望塵莫及的。除歸功於其廣袤的面積，本地區陽光充足，夜有霧氣冷風、霜害少……等因素外，也要歸功園主敢於利用最新科技來提昇產量。本區樹種全為蓋森汗農業試驗所培育的種苗，不斷提昇釀酒技術與經常更新設備，而且成為許多年輕釀酒師的養成所。採收葡萄時，也分次進行。每次又分二輪進行：第一輪專收長有寶黴菌的葡萄，第二輪才採收其他白酒所用的葡萄。工人將採收到感染寶黴菌的葡萄運回釀酒廠後，又會再度篩選，不愧為慢工出細活。一九九五年份本園的枯萄精選次年年底上市後，在德國市價為三百七十五馬克。

除了三種特級酒外，本園出產的遲摘酒也廣受行家們的欣賞，這些橙色的遲摘酒有強勁的果香味，比起其他名園的精選級不遑多讓。也難怪許多人會認為沃夫園的遲摘酒才是本園的招牌酒。

葡萄酒與藝術

酒中存眞理

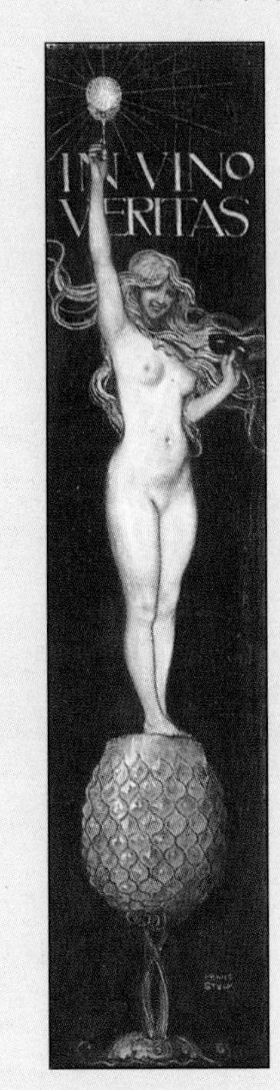

In Vino Veritas這是流行最廣的拉丁文酒諺。慕尼黑出身的「新藝術」大師史突克（Franz von Stuck，1863～1928）因為對德國藝術的卓越貢獻，於一九〇五年被封為貴族，遂有「藝術貴族」之稱號。本畫作係史突克詮釋上述酒諺的作品，現藏柏林國家畫廊。

76 Weingut Dr. von Bassermann-Jordan, TBA
巴塞曼・喬登博士園(枯萄精選)

產地：德國・萊茵發爾茲
面積：40公頃
年產量：未公開

好像德國博士不僅喜歡喝酒，也喜歡蓋酒園！在以前有塔尼史博士園、布克寧・沃夫博士園，現在又有另一個「博士酒園」。巴塞曼・喬登家族與布克寧・沃夫家族都是萊茵發爾茲的酒業巨室。十八世紀末，也是法國大革命以後，萊茵河區葡萄園主歷經「大換手」時代，本家族才遷移到萊茵發爾茲。老喬登 (Anderas Jordan) 買下一塊園地，開始他務農的生涯。到了曾孫費德利希博士 (Dr. Friedrich) 時終於攀上了高峰。費德利希博士不但是一位議員，也是一名德國酒史專家，不僅陸續收購其他園地，還將本園改爲巴塞曼・喬登博士園。費德利希的兒子路德維希博士 (Dr. Ludwig) 後來繼承父業及影響力。

喬登家族產業由二十五個產區共同組成，總面積爲四十公頃，可產出二十五種不同的酒。這些酒表現出不同的風格與特質，土壤大部份屬於黏土、沙土等類型，靠山處土壤偏黏土，鄰平原沙土多。主要分佈在戴德斯汗 (Deidesheim)、佛斯特 (Forst)、路佩茲山(Ruppertsberg)、杜克汗 (Dürkheim) 與翁格斯坦 (Ungestein) 等地區，已囊括全區精華之大半。

喬登園和本區其他名園較爲不同處在於獨鍾利斯凌種葡萄。每年分數次採收，工人

保持傳統的巴塞曼・喬登博士園，一九八九年份的「枯萄精選」是可遇不可求的。

本園一九九〇年份的逐粒精選酒曾獲德國政府及工會兩項金牌大獎。

在採摘的同時已將葡萄分類，喬登園的利斯凌較其他園區甜些，由利斯凌釀出的兩種寶徽酒也呈現出優雅至極的風貌。喬登不像沃夫園一樣醉心於新科技，反而一切力求古風，保持傳統。因此任何等級的白酒只要出自本園，都可以保證是道地的德國酒風味。

本園雖可以細分爲二十五個小園區，但品質均十分接近，尤以枯萄精選爲然。故本酒廠各個小酒園釀出的枯萄精選皆可入選於「百大」，而不必選定哪個小園區，這也是喬登博士的「品質保證」。另外和枯萄精選一樣稀少的是逐粒精選（B A），產量和枯萄精選一樣都不甚確定，合理的推斷是大概幾百瓶左右，價格極高。例如一九九〇年份的逐粒精選在香港人頭馬專賣店 (Remy Martin)，一九九七年初的定價爲二千零九十五港幣，年份差不多的八九年份之法國「甜白酒之王」狄康堡，小瓶裝爲一千五百五十三元港幣，價錢相去不遠。而同年份克里門斯堡 (Château Climens) 則只有八百九十八港幣，可知道本逐粒精選酒價位之高了！

> 如果您只邀請一位朋友吃晚飯，拿出第一流的酒出來；如果邀請兩位，就拿出第二流的吧！
>
> ——郎費羅
>
> （美國作家）

77 Niederhausen Schlossböckelheim, TBA
尼德豪森・史羅斯伯可汗園(枯萄精選)

產地：德國・萊茵發爾茲
面積：11公頃
年產量：250瓶

莫塞河的東方不遠處有一條與之平行的河流，向北流至萊茵溝的中心點賓根(Bingen) 匯入萊茵河，這條萊茵河的支流叫做納河 (Nahe)。與賓根隔河相對的便是著名的酒鄉，到處是酒招與酒店的綠德斯汗 (Rüdesheim) 鎮。納河流域總共四千三百公頃，僅及右鄰的萊茵黑森的五分之一，是德國第五大產酒區。但是納河位在美酒輩出的莫塞河之西，萊茵溝之南，萊茵黑森之東，名氣都被他們蓋過。所以儘管納河亦釀出不少的好酒——尤其是納河中游地區——，卻罕爲人知。本區入選「百大」僅有一園，而且是公有酒園，也是「百大」唯一的例外。

Staatliche Weinbaudomäne
Niederhausen-
Schloßböckelheim
D-55585 Oberhausen/Nahe
NAHE
1994er
Schloßböckelheimer Kupfergrube
Riesling
Trockenbeerenauslese
Gutsabfüllung
L-A. P. Nr. 7 750 053 024 95
Qualitätswein mit Prädikat
alc. 9.0% by vol. · e 375 ml
Produce of Germany

當年德意志帝國皇帝「御園」一九九四年份的枯萄精選。標籤上方即是著名的「帝國之鷹」。

一八七一年德意志帝國成立後，位於柏林的普魯士國王兼德意志帝國皇帝，其勢力終於可以正式的伸展到萊茵區邦國的領域。普魯士王可以在這些地區購置園產，包括葡萄酒園在內。這些在莫塞河、納河與阿爾河 (Ahr) 區購置的園產，隨著德意志帝國與普魯士在一九一九年的崩潰，遂被各邦政府接收，成爲邦產。至今這些公有酒園的酒瓶標籤上都印有「帝國之鷹」(與納粹德軍制服右胸上的老鷹極其類似，只是少了納粹的卐標誌)，讓人一望即知是如假包換的德國貨，而且品質多半一流。大家試想當年德意志帝國的強盛，當然可知「御園」所釀的正宗德國酒的品質

左／一九九五年份的枯萄精選。

右／一九八九年份銅礦園區所產的「小房酒」的標籤。

NAHE
1989er
Schloßböckelheimer
Kupfergrube
Riesling
Kabinett
QUALITÄTSWEIN MIT PRÄDIKAT
A. P. Nr. 1 750 053 011 90
Erzeugerabfüllung
Verwaltung der Staatlichen Weinbaudomänen
Niederhausen-Schloßböckelheim
D-6551 Niederhausen
alc. 9.5% by vol.
e 750 ml
PRODUCE OF GERMANY

絕不馬虎輕率！

一九〇二年普魯士政府決定在納河中流的一座廢銅礦處闢建爲模範葡萄園。要將礦場改頭換面變造成另一個釀製美酒的葡萄園，需花下多大的整治工夫，是可想而知了，結果普魯士人成功了！本園便在一九二〇年已成爲當地首屈一指的酒園，所生產的高品質酒反而影響所有鄰近的葡萄園，使他們的水準提高不少。這座叱咤一時的名園即是尼德豪森・史羅斯伯可汗酒園 (Niederhausen Schlossböckelheim)。

萊茵發爾茲邦邦政府擁有這個酒園，總面積達四十五公頃，由分散在十七個由一公頃到十一公頃大小不等的酒園所組成。但以尼德豪森・史羅斯伯可汗地區 (占地二十七公頃) 的「銅礦園」(Kupfergrube，十一公頃) 最爲著名。

銅礦園主要是種植利斯淩，而納河流域僅有四分之一不到的面積種植這種葡萄，納河地區開始種植利斯淩爲時不過百年左右。納河的酒一般認爲是「中庸」，介於西邊較酸、味道較清新、酒精濃度較低的莫塞河酒，與其東邊甜度較高、酒精濃度較高、口味較爲濃郁的萊茵黑森酒之間。但本園的情況則不同，基本上偏向萊茵溝，但有相當的平衡感，豐富的果香是其特色。

本園的名酒仍以精選級爲主，每個大小園區都生產兩種寶徽酒與冰酒。不過仍必須依賴天候，而每張酒瓶標籤上均註明係產自哪一塊小產區。究竟是哪一塊園區才能產得出佳釀，就要看當年的氣候與運氣。除非是年份佳，否則根本不可能產出精選級酒。即使生產，也僅在一百瓶 (700ml裝) 至二百瓶（350ml裝）之間。與此相比，欲釀冰酒還算簡單，每年多少還可生產。冰酒的收穫期大部份在十一月中左右。因此本酒園任何一個小酒園所出產的枯萄精選皆極爲珍貴，也就不一定非銅礦園不可了。

本園所產的枯萄精選的顏色是一種十分純淨的金色，芳香中夾雜著淺淺的酸味，濃得好似沾住嘴唇的蜂蜜，再摻入一點點人人說是寶黴菌的滋味——苦味，嚥下喉去口中仍會感覺到那些無可名狀的滋味，久久不散。品酒家們曾經形容那種「迴香」之長，可達數公里！那樣誇張的形容詞，大可以讓人「口齒生津」的想像其味之誘人！至於一般精選級或遲摘酒，銅礦園所釀者也是爲行家所最重視的，由於本酒園標籤很容易認，一旦看到酒店有售，絕對不要猶豫，否則日後可會後悔的！

葡萄酒與藝術

葡萄採收者

這是一幅德國十六世紀的木刻版畫。葡萄採收者腰掛小刀，背負木簍，手持登山杖，顯示採收的葡萄園是在陡峭的萊茵河流域。此採收艱困的情形，至今依舊。

78 Château d'Yquem
狄康堡

產地：法國．波爾多地區．蘇代區
面積：100公頃
年產量：150,000～200,000瓶

波爾多地區五大產酒區中最南端，也是最小一區的蘇代區 (Sauternes) 專門釀製甜白酒著稱於世。葡萄園面積廣達二千一百七十公頃的蘇代與波爾多一樣，在西元一八五五年也對本區甜白酒發佈了官方評鑑表。評鑑結果分爲三等：特等(Premier Grand Cru)一名，由狄康堡掄元；頭等 (Premiers Cru) 九名；二等 (Deuxiemes Cru) 也是九名。這個排名大致上延續到現在，只是頭等增加二名成爲十一名；二等增加三名成爲十二名。

蘇代區北有吉宏達河的支流加宏河(Garonne) 流經，加宏河帶來潮濕的水氣，有助於寶黴菌的滋長。故加宏河以南的巴沙克 (Barsac) 與蘇代兩個區域，成爲法國出產寶黴酒的主要地區。位於蘇代區正中心的狄康堡正是法國甜白酒的代表作。

狄康堡的歷史很早，十四世紀即屬於波爾多市長羅傑．戴．索瓦吉 (Roger de Sauvage) 的產業。一直到一七八五年，本園由園主的獨生女約瑟芬繼承，約瑟芬嫁給本園正東方法吉堡(Château Fargue)的園主── 另一個大園主綠沙綠斯伯爵 (Comte de Lur-Saluces)。伯爵是個上校團長，年紀甚大，狄康堡遂成爲其財產。不久新婚夫婦生了一個獨生子安東．馬利(Antoine-Marie)，婚後三年綠沙綠斯伯爵去世。隨著爆發法國大革命，本來狄康會如同其他貴族的葡萄園一樣遭到沒收的命運，但園主約瑟芬能夠提出一份一七一一年的文件，證明她的家族在當時就已合法取得狄康財產，並不是出於封建的地主關係，而是私法關係所取得，因此並未被沒收。綠沙綠斯家族也沒有像其他的貴族一樣被掃地出門、被送上斷頭台或亡命海外。一八〇七年，安東．馬利娶了另一個大園主 (de Filhot) 的女兒，使本園的聲勢如日中天。安東．馬利本人從軍，擔任拿破崙的侍從武官，一時飛黃騰達。拿破崙東征

右頁／法國甜白酒之王──狄康堡。背景為清朝親王及皇室成員所穿戴之正五爪團龍章補（作者藏品）。

MIS EN
Château d'Yquem
Lur-Saluces
1989
SAUTERNES
APPELLATION SAUTERNES CONTROLEE
MIS EN BOUTEILLE AU CHATEAU
LUR-SALUCES - SAUTERNES - FRANCE

狄康堡之園區景色。該園所種之葡萄以賽美濃占大多數，為控制品質，每公頃產量極低，僅七百公升，平均每四株葡萄才能釀製一瓶狄康酒。

俄國時，安東也隨扈，不幸被俘。一八一四年釋放返國後又成爲保皇黨，拿破崙復辟失敗，他即與一批將領流亡西班牙，後來客死馬德里。本園出了這位對拿破崙忠心耿耿的主人，並不影響園務，先由安東的太太，繼由兒子貝特朗 (Bertrand) 侯爵 (拿破崙曾加封侯爵予安東·馬利) 經營。以後本園即一直在綠沙綠斯家族手中，直到最近。

狄康堡本是釀造一般的白酒。法國在大革命前不流行釀製甜酒，雖然在路易十六時已受到匈牙利拓凱酒的影響，而產製少許，但仍不普遍。直至法國大革命以後，蘇代區才開始生產類似德國的遲摘酒。至於目前狄康堡生產之寶黴酒，有一個傳說：約瑟芬的孫子貝特朗於一八四七年赴俄打獵，因返回遲延致使葡萄過熟而生黴，但他不知此事，仍下令採收……。這與拓凱酒、約翰山堡的傳說如出一轍，並不可靠。事實上，早在一八四七年已有鄰園自德國萊茵河學會生產寶黴酒，所以本堡當亦能釀製。至少可以證明一八四七年份

photo©Youyou

的狄康堡在俄國宮廷中的名譽在當時已建立起來，因爲沙皇的哥哥康斯坦丁(Konstantin) 大公曾以兩萬金法郎購買四大桶 (一千二百瓶) 該年份的狄康堡。從此以後，狄康堡在俄國聲名大噪，由沙皇到史達林都極爲欣賞，甚至有人試過將狄康堡的葡萄樹移植到烏克蘭種植。後來擔任美國總統的傑佛遜於一七八七年任職駐法大使時，也訂購了二百五十瓶一七八四年份的狄康酒，存放在大使館地下室以備不時之需。返國前另外訂了四十箱，十箱自用，另三十箱送給華盛頓總統。至於詩人、藝術家之頌讚者更是不計其數了。

狄康的園區位在一個七十五公尺高的小丘陵頂，表面上是薄薄的一層碎石與沙子土，底下一層黏土與一些石灰岩，更深就是整層石灰岩。十九世紀末期以來，園主斥下重金，埋設一百五十公里長的陶管，使雨水能在土壤中順流而不淤積，這是被認爲狄康堡成功的「地下理由」。葡萄樹種主要爲賽美濃 (80%)，其餘是索維昂 (20%)。平均樹齡爲二十五歲，每公頃年產量約七百公升，每瓶狄康酒要用到四株葡萄樹的產量，剛好一杯一株！秋天正當葡萄成熟時，附近加宏河與西倫河 (Ciron) 帶來的濕氣與早上的霧氣，使得寶黴菌得以滋長。狄康堡的地理位置比其他附近的葡萄園稍微高些，所以也比其他蘇代區的葡萄園較早接受日曬，全天的日照時間也因此增加，藉此葡萄中的水分可以慢慢蒸發，葡萄汁液變得較爲濃密。待葡萄由白、黃色轉成灰褐色，光滑的果皮開始變黑變皺、體積縮小時，就可以收成了。所以狄康堡頗似德國的「逐粒精選」。爲了保持樹種的活力，本園總共一百五十公頃的園地中，種有葡萄達一百公頃，葡萄只要達到四十五歲就會砍掉，休耕三年，待地力恢復後再種植，等到樹齡十五歲後才將結果釀成佳釀。平均每年會有三公頃的土地是處於這種「更新計畫」之中。

整個蘇代區每年生產三百二十萬公升 (一九八八、八九年)，再加上北鄰的巴沙克區每年生產一百四十萬公升 (一九八九年；一九八八年爲一百三十萬公升) 的甜酒。爲何獨獨狄康堡能出類拔萃？訣竅在於品管的嚴格。就以採收爲例，每年十月、十一月，狄康僱用約一百五十人的採收隊伍，分成四組，每組近四十人同時進行；而採收方式是「逐粒採收」，每一粒葡萄都依感染寶黴菌的程度分到不同等級的籃子。由於一粒葡萄感染寶黴菌至「感染成熟」往往費時一至二月，所以採收的次數也隨之增加，每年約在六次至十次間；而一九七四年採收工作更曾進行十一次之多，但該年仍然未能產出狄康堡，共採收十三次的一九六四年與一九七二年亦復如此！採收後會再度進行篩汰，凡糖份集中不夠，酒精度低，或寶黴菌感染程度不佳，則一律淘汰給蘇代區其他酒商。

狄康堡一九九四年份Y酒，有極濃烈的寶黴酒香氣。

狄康堡在發酵時所使用的都是新的木桶，靜存醇化的時間長達三年，而每週都必須將木桶中的酒加滿，並經常換桶，因而會有自然蒸發的現象，其蒸發量高達二成。醇化期滿裝瓶前，另一波嚴格的檢查又開始了。狄康堡現任的園主亞歷山大伯爵 (Alexandre de Lur-Saluces) 像是一個挑剔主人在尋找合格奴隸般的淨找麻煩！在好年份如一九七五年、七六年與一九八○年淘汰率爲二成；但在的差年份如一九六八年爲九成；一九七三年爲八成八；一九七八年爲八成五；一九七九年爲六成；一九九一年爲六成；一九九二年更如同一九六四年、一九七二年及一九七四年一樣，完全不生產！狄康堡能將白花花的銀子隨手一拋，這種氣魄可謂「獨步酒壇」。狄康的金字招牌可眞是完完全全用金子打造出來的。

爲了提高產量，狄康堡開始增闢園地，故一九八九年生產十五萬瓶，一九九○年已達到二十二萬瓶。狄康堡還有一點非常性格的是：絕不參加所謂的「初售制度」。新酒釀成上市時距離採收時已達四年，在此之前並不預售出去。甚至如果市價過低，也會暫時留上一些時期才出售，所以狄康堡在市場上永遠維持一個高價位，而不虞有被「做掉」的危險。

比起入選「百大」的其他德國一流的枯葡精選或匈牙利的拓凱酒，狄康可能在清香、複雜度，特別是稍帶點誘人的酸度方面不如德國，在甜味與蜂蜜味不如拓凱酒；但它內含著一股細膩、豐滿與深沈，以及如貴婦盛裝的華麗氣息。狄康堡也是一個需要時間培養其與擁有者之間感情的酒，在當年份起算的十五年內還在形成它的魅力。自此以後，它的魅力可以持續半個至一個世紀以上，此時顏色會由黃澄色逐漸加入赭紅色澤，一副陳年的模樣！眞是一個永不遲暮的美人。

狄康堡除了生產屬於餐後甜酒寶黴酒外，也出產一種乾的白酒，稱爲狄康之Y酒(Y d'Yquem)，一般簡稱「Y酒」(唸成「依格類克」)。由於狄康堡沒有「二軍酒」，故本酒是將園中未生寶黴菌的葡萄採收釀成，其中賽美濃與索維昂種各一半，每年生產約二萬四千瓶。雖然不是甜酒，但在Y酒中可感受到狄康堡的香氣，以及更強烈的橡木桶味，果眞是強將手下無弱兵。Y酒可比喻成「大家奴」——陪侍貴婦的女婢，不是非常端莊，但活潑動人。

才在一九八五年慶祝入主狄康堡二百周年的綠沙綠斯家族，終於也免不了「宮廷政變」。總共五十三個股東中有五十個股東在一九九六年十一月將所有狄康堡五成五的股份，以一億三百萬美元的代價賣給了法國最有名，生產軒尼詩白蘭地、Louis Vuitton 皮件、迪奧香水的「木宜・軒尼詩」(LVMH) 公司 (見本書第 94 號酒，唐・裴利農)。政變的主因據說是股東不滿園主亞歷山大伯爵的獨裁作風。亞歷山大在一九六八年負責園務後，以近乎宗教熱忱的態度全神投入。本來在三十年前，狄康的價錢比一等頂級的波爾多酒低，但自從亞歷山大的勵精圖治後，狄康堡的價錢已超過一等頂級的波爾多酒了。政變的眞正原因，恐怕是亞歷山大爲維護金字招牌的高淘汰率，使得股東不能得到更多的利潤，才會把股份賣給家族成員外的木宜・軒尼詩公司。雖然綠沙綠斯家族仍擁有三成五股份，且新東主也聲稱不會把狄康堡作爲賺錢的工具，購入狄康堡只是要提高形象，且園務及釀酒班底一概不變動，但是只擁有一成股份的亞歷山大伯爵既然是六次官司的暴風雨中心，也是失敗的一方，能否繼續爲新東主賣命，恐怕也不太樂觀。葡萄酒園經常是「因人」而興衰，狄康堡如果因而淪落，恐怕是世界「葡萄酒文明」最大的損失了。讓我們馨香以禱！

79 Château Suduiraut
緒帝羅堡

- 產地：法國．波爾多地區．蘇代區
- 面積：75公頃
- 年產量：4,000瓶(夫人珍藏級)；120,000瓶(一般等級)

在狄康堡北邊過了加宏河三公里處可以看到一座像王宮的建築，這座在十七世紀由名建築師，也就是設計凡爾賽宮的諾特 (Le Notre) 所設計的府第，連同周遭的林蔭大道及處處有噴泉的公園，的確氣派不凡。這便是在一八五五年的官方評鑑表中名列九名頭等 (Premier Cru Classé) 之一，蘇代區另一個生產寶黴酒著稱的緒帝羅堡。

緒帝羅堡是本區歷史僅次於狄康堡，品質也僅次於狄康堡的另一個名園。由本堡富麗堂皇的建築，可知其以前的園主並非尋常之輩。早在路易十五之前，本園是一個名爲緒帝羅的貴族家族所有。逃過法國大革命一劫，本園當作嫁妝進入杜洛瓦(du Roy) 家族。到了十九世紀中又轉到吉洛 (Guillot) 家族，世紀末再轉到工程師弗瑞 (de Forest) 家族。一九四○年本園由一個富有的企業家雷歐波．風克呂 (Léopold Fonquernie) 接掌。雷歐波倒有志於本行，所以自四○年代起本園搞得有聲有色。可惜自從他晚年至一九七四年去世爲止，本園乏人照料，一蹶不振，連一九七六年這個難得的好年份，本園的產品也令人連呼「糟蹋了一九七六年」！幸好女兒福洛音(M. Frouin) 力圖振作，聘請名釀酒師巴斯克 (Pierre Pascaud) 大力整頓，終於振衰起弊，釀造了可以與狄康堡勉強一搏的甜酒。 八二年、八八年、八九年與九○年的寶黴酒，會使行家誤認爲是狄康酒！但風克呂家族與緒帝羅的緣份終於到了盡頭，一九九二年阿司阿 (AXA-Millesimes) 集團繼買下皮瓊．男爵園（本書第34號酒）後，又收購這座葡萄園。

本園在一個海拔二十五公尺至五十公尺的丘陵地，深層土壤爲泥灰與石灰土，表層的土壤爲黏土、石灰土、碎石和沙子。因地處潮濕，故透過挖井的方式來改善排水問題。每公頃約六千九百株葡萄樹，平均年齡爲二十五歲。其品種與比例與狄康堡同——

右頁／法國甜白酒世界中「坐二望一」的緒帝羅堡夫人珍藏級酒。兩側為清末民初木雕金漆小福獅（作者藏品）。

Château Suduiraut
1er Cru Classement de 1855
Sauternes
Appellation Sauternes Contrôlée
1989
Château Suduiraut, récoltant à Preignac (Gironde)
MIS EN BOUTEILLE AU CHATEAU
Crème de Tête
PRODUCE OF FRANCE

賽美濃(80%) 與索維昂 (20%)，年平均產量爲每公頃一千二百至一千五百公升，是狄康堡的一倍左右。也是採取分次採收的方式。靜存醇化的時間的前二年半，是在四成爲全新的小木桶中度過，而後一年的時間在大木桶中繼續醇化。

緒帝羅堡每年能出產約十二萬瓶的寶黴酒，有些年份收成特別好 (如一九八三年)，則達十八萬瓶，超過與其面積相近的狄康堡將近一倍。但是緒帝羅堡的拿手絕活則是「夫人珍藏」——「頂級乳液」(Crème de Tête-Cuvée Madame)。這是將頂好的年份的本園葡萄，挑選最好的拿來釀造，所以可稱爲精選酒。首次出現在一九八二年，甚至只限在一天：當年九月十五日的採收！精選的葡萄酒存放於二十個小木桶裡，其餘過程與一般緒帝羅堡無異。這個「夫人珍藏」的品質可以媲美狄康堡，她所表現的平衡與層次幾乎接近完美。酒中蘊含有烤水果與蜂蜜的味道，並且可以輕易的保留三十年至五十年而不失其味。但產量極少，例如一九八二年僅出產四千八百六十瓶；即使豐收的年份也不超過一萬二千瓶，可說是緒帝羅堡的驕傲之作了。其價錢和狄康堡差距不遠。例如一九八九年份在德國的市價 (一九九七年初) 是三百馬克，而狄康堡則爲三百二十馬克，只有些微差距！

緒帝羅堡的「夫人珍藏」可以輕易陳上三、五十年，其耐藏功夫令人驚嘆。

葡萄酒與藝術

踩葡萄榨汁

這是法國一四二三年出版的書籍中手繪彩色插畫。左圖一人正在一個裝滿葡萄的大木桶中踩踏葡萄榨汁。這種傳統的榨汁方式，至今仍有些地區採用。現藏倫敦大英博物館。

80 Château Climens
克里門斯堡

- 產地：法國．波爾多地區．巴沙克—蘇代區
- 面積：25公頃
- 年產量：72,000瓶

蘇代區北部有一個面積約爲本區三分之一強的平原區，名爲巴沙克（Barzac）。本區產製的寶黴酒依法令亦可標上「蘇代區產」的字樣，但一般皆將巴沙克與蘇代二詞並列。本區所產的寶黴酒不論是芳香味、甜度都較蘇代區來得淡，但品質卻不因而受影響。本區入選「百大」的是本地區最負盛名的克里門斯堡。

克里門斯堡以何種理由命名史不可考，可能以往的園主不是赫赫有名的達官貴人。首次出現是在一份一五四七年的買賣契約上，本園已使用此名稱。該契約的新買主是本地區的皇家檢察官羅伯拉（G. Roborel)，此後本園即在本家族名下。到了法國大革命時，當時的園主是一個律師，向革命法庭陳述，本園已經荒廢了，所以法庭沒有宣判沒收。到了十八世紀，本園轉了幾手，且表現不凡，一八五五年獲得「頭等」銀榜的榮銜。一八八五年本園有四分之三的園區感染根瘤蚜蟲病，必須全園剷除，本園再度易手，進入古諾伊胡家族（Henri Gounouilhou)。新園主及其繼承人在隨後近九十年的光陰，把本園經營得極好，特別在二〇年代及四〇年代足以和狄康抗衡！到了一九七一年綠東 (Lucien Lurton) 家族購買了本園。綠東先生是波爾多地區一家最有名報社的主管，本身也擁有數個酒園，最終目標是要送他十個孩子每人一座酒園。克里門斯堡在他主持的報紙——西南日報 (Sud-Ouest) ——的吹捧下，聲勢扶搖直上。成爲巴沙克地區每年出產一百四十萬公升的酒區中閃亮亮的一顆星星！

克里門斯堡位於巴沙克區最高的、但也

克里門斯堡淡雅迷人，價格適中，飲君子莫不趨之若鶩。

宛如空谷幽蘭，餘香不絕的克里門斯堡。

只有海平面約二十公尺高的平原上。園內滿佈紅沙子與碎石土，下層爲石灰岩，這裡所種全部是賽美濃 (98%)，另有微量的索維昂。這是綠東入主克里門堡後的改革措施之一，因爲他認爲由索維昂葡萄所釀成的酒，易漸漸的喪失香氣，所以特別看重濃郁持久的賽美濃。葡萄樹齡平均爲三十五歲至三十八歲，每年平均更新百分之三或百分之四，每公頃年收穫一千八百公升。採收葡萄也是十分嚴格，雖然不像狄康堡那樣分多次採收，但也分成四次至六次不等。葡萄採收、分級後，挑選出優質的進行首次壓榨，所得到最純的汁液才留下做正牌的克里門斯堡。

剩下二榨與其他次級葡萄作爲二軍酒之用，即一九八四年才推出的「克里門之柏」(Les Cypres de Climens)。 克里門斯堡會在四成至五成爲全新的木桶中醇化二年之久才裝瓶出售，以至於會有一股清新木桶與豐富的蜂蜜、香草、杏子……的香氣。名品酒家派克直言道：在所有的蘇代酒中最適合佐餐，甚至單飲的甜酒，當推克里門斯堡！克里門斯堡儘管以往的園主並不怎麼出名，但百年來釀酒重任卻由著名的雅寧 (Janin) 家族負責。雅寧家族百年來的努力，讓克里門斯堡保持了最好的蘇代酒應有的滋味。比起其他如狄康堡、緒帝羅堡的名酒，克里門斯堡雖比不上它們濃郁至極的香氣或甜稠，但反倒以其淡雅品味而凸顯其氣質。克里門斯堡年產量爲七萬二千瓶，還比狄康堡搶手，推其原因，除了較價廉外，它應該算是全球最優良的甜白酒之一，這才是飲君子趨之若鶩的理由。

81 Domaine Weinbach, Quintessence
葡萄酒溪園(寶黴酒)

- 產地：法國‧阿爾薩斯區
- 面積：25公頃
- 年產量：500瓶至1,000瓶

法國東北部與德國接壤處有一個一百公里長、數公里寬，計一萬二千八百公頃的葡萄酒產區——阿爾薩斯。阿爾薩斯與洛林兩省在兩個世紀以來成爲德、法兩國「較勁」的場所，誰的拳頭大，誰就當這裡的主人。阿爾薩斯在一八七〇年普法戰爭後，迄第一次世界大戰結束爲止，近半個世紀被劃入德國版圖。這裡的語言、建築風格都十分德國化，甚至連葡萄酒也頗受德國影響。普通級酒多半是以乾白酒爲主，特級酒則以寶黴酒出眾，本區有二家酒園入選「百大」，皆是以甜酒入選。

維恩巴哈 (Weinbach) 的德文意思爲「葡萄酒溪」，是本園的名稱。在西元八九〇年，屬於艾替瓦 (Etival) 修道院，七百年後的一六一二年，修道院將本園賣給一個聖方濟教會的支派——卡普桑 (Capucins) 教會。卡普桑在此建立了「卡普桑園」(Clos des Capucins)，繼續種植葡萄、釀酒與飼養蝸牛，以求經濟自足。法國大革命時，這裡的修士如同其他地方的修士一樣被趕走，國家接管葡萄園，但是仍秘密的保留一些財產。據傳言，修士將所有的金銀珠寶都藏起來。一位德國貴族的私生子柏克林梭 (Boecklin von Boecklinsau) 買下本園，並由其後人經營近一個世紀之久。到一八九八年才由法樂(Faller) 家族接手。本世紀中以後，園主法樂 (Théo Faller) 是位雄心萬丈的大企業家與政治家，冠上其名的本園迅速成爲阿爾薩斯的代表園之一。

深受德國萊茵河釀酒文化薰陶的葡萄酒溪園。

本園不生產一般阿爾薩斯的乾白酒，也因受到德國影響而生產較甜的遲摘酒(Vendange Tardive)，並生產昂貴的寶黴酒。另外，阿爾薩斯和布根地地區類似，實行「小農制」——九千二百位果農分割著一萬二千八百公頃的果園。扣掉一些本園代表法國天主教教士釀酒的極致，修士背馱葡萄簍是本園最出名的商標。

「豪門」級的園主，平均每位果農的園地尚不到一公頃。而豪門級的園主也鮮有完整的，都分割成幾塊，擁有二十五公頃的本園即是如此。其中有八公頃爲朝南的史羅斯堡(或「城堡山」，Schlossberg)，以花崗石與沙子爲成分的土壤是最適合種植利斯凌種，密度平均每公頃四千四百株左右。如果氣候適中，可以產出約五百瓶的「精華」(Quintessence)級寶黴酒。

另一個園區是正牌的「教會園區」，僅有五公頃大，但卻是本園最精采的園區。此園區地形並不十分陡峭，土壤成分亦不相同。黏土、石灰與板岩較適合種植「濃特拉民」種葡萄(Gewurztraminer)。遲摘酒與精華級的「枯萄精選」非常出色，但產量甚少，久久才生產一次(例如一九八八年生產過一千瓶)。它擁有像名牌香水的芳香與纖細的口感，所以普受歡迎。要想擁有本園特選之作的人雖多，但一年可有幾瓶能滿足這樣的需求？自然反映在高昂的價格上了。

儘管本園寶黴酒達到了一瓶難求的盛況，但「老園東」——位於阿爾薩斯首府史特拉斯堡的卡普桑教會修士們，每年只要有生產寶黴酒，就會獲得園方送來一桶寶黴酒來品嚐，作爲紀念他們前輩當年蓽路藍縷的開園功勞。這種和約翰山堡不忘每年供奉什一給前奧皇家族，都是令人欽佩的「古風」！不過約翰山堡是當年奧皇無償送給當今園主的前人，而法樂家族卻是花錢買來的，並無年年贈送的義務；相形之下，法樂家族的義行就更偉大感人了。

雖然寶黴酒一瓶難求，但本園廣達二十五公頃，其他白酒年產量達十五萬瓶，這些以一名修士扛著葡萄簍子爲標籤的葡萄酒溪園也都有相當的水準，也代表著法國天主教會維護葡萄酒之傳統所付出的貢獻。

82 Hugel et Fils(Selection de Grains Nobles)
忽格父子園(寶黴酒)

- 產地：法國．阿爾薩斯區
- 面積：25公頃
- 年產量：2,000瓶

整個阿爾薩斯酒中最受英美人士歡迎，且名氣最大的酒園，應是忽格父子 (Hugel et Fils) 酒園。早在一六三九年忽格家族就已遷居到本區的利克維 (Riquewihr)。由其姓氏 "Hans Ulrich Hugel " 可知其爲德裔。忽格開了一家酒園釀酒，又被選爲葡萄酒業公會會長，從此連續十二代皆固守本園，成功的度過法國大革命、拿破崙、普法戰爭與二次大戰的戰火，以及葡萄根瘤蚜蟲的侵襲，也是阿爾薩斯區最富歷史的一個家族。本園以德國的寶黴酒與冰酒爲樣本，自一八六五年起就釀造這些特級酒。英國倫敦最有名的薩伏依 (Savoy) 大飯店與美國各大飯店都有供應，所以在英語世界中這是最出名的阿爾薩斯酒。本園葡萄以濃特拉民與利斯凌爲主 (各占42%) 左右，而以後者著名；這和本區另一個入選「百大」的葡萄酒溪園係以濃特拉民種爲主不同。

以濃特拉民種葡萄釀製的寶黴酒，也是忽格父子園的名酒。

本園的拿手絕活爲寶黴酒 (Selection de Grains Nobles)，也就是與德國「逐粒精選」與「枯萄精選」類似，且較偏向「逐粒精選」。當然以本園擁有二十五公頃的規模，不能單靠每幾年才生產幾千瓶的精選酒來維持，故也生產其他較低等級的酒，例如其遲摘酒就極爲精采。這些酒的年產量達十萬瓶左右，其中約一成外銷。

能夠吸引到狄康堡主人來「換酒」的忽格園寶徽酒。

依法國法律，對寶徽酒的要求比起其他酒更爲嚴格：在釀酒前必須申報其預期的產量、最低酒精度必須相當高（比蘇代區的酒還高）、禁止摻糖、主管機關有權檢查，並且裝瓶後十六個月才決定是否核准爲寶徽酒。除非是阿爾薩斯區最好的酒園，否則根本不敢動手一試這種能否順利釀成，昂貴但困難度高的葡萄酒。

本園的平均樹齡已達四十歲，園區面朝東南，土壤上層爲砂石與碎石，下層爲泥灰土。每公頃年產量不過數百公升，以手工逐粒採收葡萄，在一年內裝瓶，然後開始爲期八年的醇化期。一九七六年生產五千瓶，一九八五年出產三百五十瓶但並未出售；一九八八年則生產二千二百瓶。一九九七年七月初我曾在香港與國畫大師歐豪年教授一起品嚐到此酒。其顏色是一種很明亮的金黃色，香味極爲細緻，其中含有檸檬、蜂蜜與淡淡的杏子香味，且微酸，這三種味道混在一起，但不會令人沈醉，反倒令人清醒。因此狄康堡主人綠沙綠斯伯爵曾經以一箱狄康堡，來交換一箱本園這支精采傑作。

83 Humbrecht,Clos Saint Urbain
洪伯利希特園，聖烏班園區(寶黴酒)

- 產地：法國·阿爾薩斯區
- 面積：4公頃
- 年產量：500瓶至1,000瓶

位於葛布史維爾 (Guebschwihr) 的洪伯利希特 (Humbrecht) 葡萄園，早於一六二〇年就已存在了。西元一九五九年後與位於維稱汗 (Witzenheim) 的信德 (Zinds) 園合併，總面積達三十八公頃，在阿爾薩斯地區是難得一見的大園。園地集中在蘭根 (Rangen)、高德特 (Goldert)、亨斯特 (Hengst) 和布蘭德 (Brand) 等四個園區。四個園區完全依當地的土壤、氣候因素決定種植的葡萄及釀酒的種類。例如布蘭德園區種植利斯凌種，產製較淡、清香的一般酒；高德特種植濃特拉民種；亨斯特以生產可久藏的「陳釀」(Vin de garde) 爲主。但最重要的則是位於唐 (Thann) 鎮的蘭根園區，該區的山坡很陡，歷史與布根地的伏舊園一樣悠久，於十二世紀即已出現。唐鎮的鎮譜記載所有在此地釀造的名酒以及任何引人注意的奇蹟，例如一一八六年記載葡萄早於八月中就已收成。產區的名稱來自山上的一座以聖烏班 (Saint-Urbain) 爲名的小教堂，該教堂在法國大革命中被燒毀後一再重建，最後一次是在一九三四年。本地的葡萄農在每年的五月二十五日會去膜拜這位聖徒，祈禱詞爲：「聖烏班，葡萄農和酒業的保護神，請保佑我們免於酗酒或醉酒之災。也請求保護我們免於暴風、閃電和冰雹！」

以利斯凌釀製的聖烏班園酒。

蘭根園區本只有四公頃，耕作坡度高達六十八度，種植利斯凌種葡萄。另外園主於一九七七年更新了十四．四公頃的地。這塊坐北朝南的園區可以擋風，使葡萄成熟後，可以有多點時間讓寶黴菌滋長。而且，此地的寶黴菌是「突然出

一九九三年份的本園寶黴酒及其標籤。

現」的，假如時間一到，所有的葡萄就同時開始長黴，通常是在十月底十一月初左右。在木桶中醇化時間約爲三到四年。聖烏班園的寶黴酒，力道十分充足，味覺芳香細膩，後勁很長。長期以來以狄康堡的價錢爲標準，價錢雖昂，但有生產的年份最多亦不過五百瓶至一千瓶，當然搶手！令人驚訝的是，台北的誠品書店居然賣有此支酒，數量不多，遲一點恐怕就買不到了！至於本酒廠其他三園年產總共三十萬瓶的各種酒(如遲摘酒)，也被列爲阿爾薩斯的「頂級酒」(Grands Cru d'Alsace)，自有一定的品質！

葡萄酒與藝術

葡萄酒農的守護神

聖烏班是中世紀以來歐洲酒農膜拜的守護神，這就像我國各行業都有一個「行業神」一樣。這尊一七〇〇年的木雕像，聖烏班身著教宗服裝，左手捧葡萄，右手持教廷權杖。歷代有幾位教宗都名烏班，包括號召進行十字軍東征的烏班二世。雕像現藏德國一私人酒園。

84 Aszú Essencia
阿素·艾森西雅(寶黴精華酒)

產地:匈牙利·拓凱區
面積:5,000公頃
年產量:不確定

若限定整個東歐(包括奧地利在內)只有一種酒能入選本書「百大」之列者,行家大概都會勾選匈牙利拓凱酒的奇葩——阿素·艾森西雅。匈牙利亦是一個產酒的國家,總計有十六萬公頃的葡萄園;不過其紅、白酒一般品質較差,只供國內消費,很少有外銷的念頭。唯一的例外是位於東北部的拓凱區 (Tokaji) 的拓凱酒。

拓凱區是一個火山岩形成的土地,總數約五千公頃的葡萄園以生產白酒爲主,通稱「拓凱酒」。如同德國白酒一樣,拓凱酒也因甜度不同,區分成幾個等級:其一爲普通級微澀的「拓凱·富民」(Tokaji Fumint),表明這是由「富民」種葡萄釀成。富民種葡萄是匈牙利土產,汁多味重、酸性強,可使葡萄酒耐藏,爲匈牙利最重要的葡萄,在拓凱地區占七成以上,就如同利斯凌在萊茵區的地位。其二爲稍甜的拓凱·沙莫洛尼 (Tokaji Szamorodni),類似德國的遲摘酒與精選酒之間。其三則是拓凱·阿素 (Tokaji Aszú),阿素就是「寶黴酒」,拓凱區的寶黴酒就是拓凱酒的代表作。

寶黴酒究竟是哪國所發明的,近百年來各國爭議未定,法國狄康堡一再堅持功勞在彼。但按照歷史考證,寶黴酒的發明應屬拓凱地區。

西元一六一七年匈牙利貴族羅可齊家族 (Rokoczi) 購得一塊拓凱的酒園,釀造一般的白酒。一六五〇年因奧圖曼土耳其帝國軍隊的侵擾,使得採收工作晚了幾個星期,結果發現葡萄全長了黴菌,爲了不使一年的收成就此付諸流水,遂勉強一試,寶黴酒因此誕生。這個說法與德國約翰山發現遲摘酒有異曲同工之妙。寶黴酒以後才傳入德、法兩國。拓凱酒自十六世紀以來風靡全歐，到了十八世紀，歐洲大部份的貴族皆欲一飲，但往往未必能得願。俄國凱瑟琳女皇最喜愛的便是拓凱酒，她甚至派了一隊的哥薩克騎兵將她的酒從匈牙利邊界一路護送到聖彼得堡的酒窖，絲毫不讓唐朝楊貴妃的「一朝紅騎妃子笑，無人知是荔枝來」專美於前！後來俄國沙皇更乾脆包了一個葡萄園爲御園，奧皇也在此設立了薩爾瓦斯(Szarvas)皇家葡萄園。羅可齊家族發明了寶黴酒百年之後，因爲有一次園主大大得罪了奧皇，小羅可齊伯爵只得亡命法國，蒙路易十五收留這位落難貴族，透過他的介紹，也因此愛上了這可作爲最佳飯後酒的拓凱・阿素。法王還賜給本酒一個著名的稱號：「酒之王，王之酒」(Le roi des vins et le vin des rois)。於是乎寶黴酒堂堂進入法國宮廷，之後狄康堡也開始釀製寶黴酒。

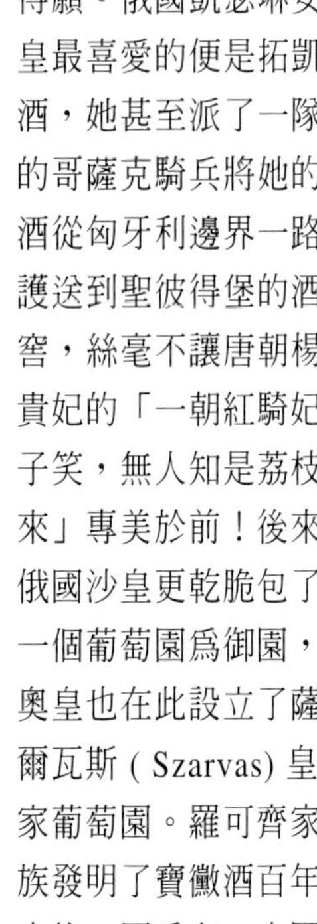

《浮士德》劇中魔鬼戲耍學生的一幕。本圖為德國蝕版畫家A.L.Mayer所繪，並於一八七八年出版（作者藏品）。

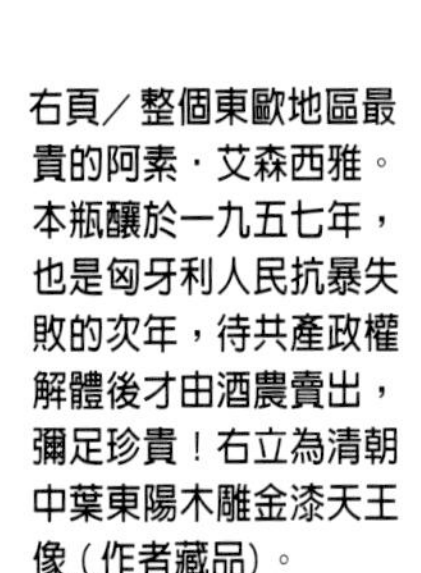

右頁／整個東歐地區最貴的阿素・艾森西雅。本瓶釀於一九五七年，也是匈牙利人民抗暴失敗的次年，待共產政權解體後才由酒農賣出，彌足珍貴！右立為清朝中葉東陽木雕金漆天王像（作者藏品）。

不僅是貴族皇室喜歡，文人雅士亦競相爭飲，大文豪伏爾泰、音樂家舒伯特都以愛飲拓凱酒而出名。德國大文豪歌德的《浮士德》，有一幕是浮士德與魔鬼梅菲斯特在萊比錫的奧爾巴哈(Auerbach)酒窖內戲耍學生，一位學生布蘭德(Brander)要求魔鬼給他一杯「眞正的好甜酒」，而魔鬼變出戲法，桶中流出的這杯酒正是拓凱酒！甚至滴酒不沾的大獨裁者希特勒在自殺身亡之後，人們發現自殺的寢室桌上也擺了一瓶拓凱酒，推測希特勒當年習畫不成，在維也納

1957
2536
Tokaji
Aszúesszencia
Múzeális, édes fehér bor
Tokaj Kereskedőház Rt.
Sátoraljaújhely
Hungary
MSZ

窮困潦倒的時代，可能已經知道拓凱酒的滋味，才會在臨死前與新婚夫人伊娃布朗啜上一口。可知一、二個世紀以來，拓凱大名在「百大」之中要算數一數二的響亮了。

拓凱酒如同匈牙利其他酒一樣，在共產政權時代都是計畫經濟下的犧牲品；雖然拓凱區尚可保留一些私人葡萄園，而未遭到公有化的命運，但這些私人葡萄園只能栽種葡萄與釀酒，至於裝瓶與銷售即由公家接手。有些葡萄園主就私底下釀製，作爲自己飲用或餽贈親友的禮物。匈牙利共產政府對拓凱酒也視爲外銷的主打產品，故在一九八九年東歐發生自由化運動之前，拓凱酒成爲整個東歐地區最珍貴的禮物。

憶及我以前在德國慕尼黑求學時，有兩年是住在一個天主教宿舍「保羅之家」(Paulinum)。宿舍中有一半以上是東歐流亡學生，每次與這些匈牙利、保加利亞、羅馬尼亞室友聚會，民族性和我們中國人頗像的他們，總會拿出老家寄來的禮物與大夥兒一同分享，其中總少不了拓凱酒。使我對這些價錢中等，但芬芳至極的拓凱酒留下深刻的印象！當然，我們這些窮學生喝的拓凱酒還只是普通的拓凱酒而已！

一九九〇年之後，匈牙利回復私有市場經濟制度，拓凱酒的釀造也由以往的每公頃三千株到四千株的種植密度，而逐漸提昇到每公頃八千株的趨勢，以增加產量。拓凱區因爲夏天十分悶熱，秋天清爽但氣溫仍高，以及附近水量豐沛的波多克河 (Bodrog) 帶來潮濕空氣等等因素，極有利於寶黴菌的滋長。此地葡萄只等到相當成熟後才予採收，且次數很少。工人採摘整串的葡萄才仔細地分類，選出已長出寶黴的葡萄，剩餘者釀成甜或乾的普通酒，也就是沙莫洛尼 級的酒。這些已經是相當於德國的遲摘酒或是精選級的原料，以很粗糙的方式來釀造低價酒，實在是暴殄天物！也因爲私有酒廠還沒有形成制度，故對於全年本地區到底產多少瓶阿素・艾森西雅即沒有一個確切的數據。

長了黴菌的葡萄 (阿素) 經過與其他地方白酒完全不同方式的壓榨、調混 (葡萄汁或酒) 與發酵程序釀製成阿素酒。經過「精選」程序者——亦即好的年份與品質特優者——則作爲艾森西雅 (Essencia)，亦名「精華酒」(essence)。 此「精華寶黴酒」釀成後必須在橡木桶中醇化十年以上才能成熟。除非特別好的年份才會單獨出酒，否則會像陳年的威士忌與XO一樣，將數種年份的拓凱酒加以調配。

拓凱的「寶黴精華酒」味道極甜，金黃色油性的液體看起來像極液化的蜂蜜汁，但嚐起來帶一點酸。酒精濃度只有百分之十一點五，比起狄康堡的百分之十三點五是較低，但又比德國平均冰酒 (七點五) 及枯萄精選 (九點五) 來得高點，算是中庸溫和。所以，一旦下喉則能立刻感到它提神的效力、多層與複雜的酒體帶著香味與淡淡酒精的感覺，無怪乎在十八世紀被視爲一種春酒，飲後讓人有飄飄然而返老還童之感。直到本世紀初，幾乎所有歐洲的藥房都賣細頸瓶包裝精美的拓凱．阿素酒。寶黴精華酒的價格甚高，一瓶〇．五公升裝，一九四七年份的市價約爲四百美元；十年後，一九五七年份的市價約爲二百五十元上下，遠非當地人所能消費。而如此昂貴的酒的包裝、標籤都十分簡陋，品管亦不理想。所以開放後，西方資本已大幅度的湧入，目前價格雖不甚理想，恐怕與其名氣在西方國家──特別是美國──不高有關；相信假以時日，拓凱的特級酒定可以在國際市場上與德國枯萄精選、法國的蘇代酒一拼高下。

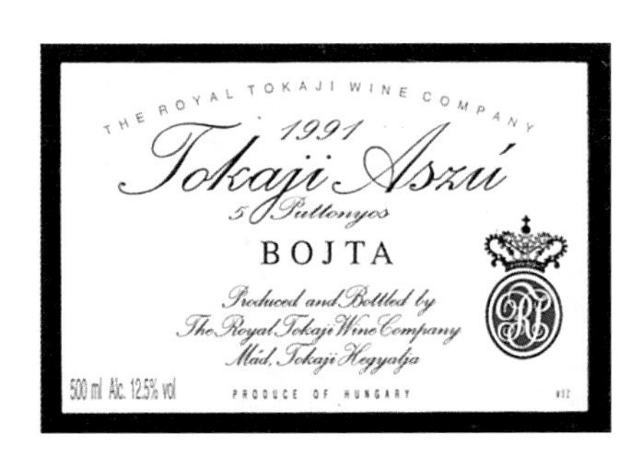

上／典型的拓凱酒。由匈牙利皇家酒廠所釀，本酒廠位於匈牙利東北方一個叫做麻德(Mád)的地方，園地廣達七十公頃，早在一七〇〇年即以釀製阿素酒聞名，現已重新引入外資，打開國際市場。

下／優質的拓凱酒。同樣是皇家酒廠釀製，等級僅次於阿素酒。

拓凱酒──特別是阿素酒──有驚人的耐貯力，有人認爲是世界上所有酒中最耐藏的了！二次世界大戰前，波蘭華沙有一個著名的酒行──富奇(Fukier)，在未被戰爭損害前，據說藏酒數量驚人，光是一六〇六年份的拓凱酒就有三百二十八瓶！至於一六六八年以後及一八一一年份就可以以「千瓶」爲計，甚至仍可以飲用，每隔六年還會更換木塞。拓凱酒這種能耐，套一句形容詞是：足使時鐘的作用失效！

85 Le Montrachet
夢拉謝

產地：法國．布根地地區
面積：8公頃
年產量：30,000瓶；其中3,000瓶產自康帝酒園

「夢拉謝」本意為「禿山」，很難相信如此荒僻的地方竟是一流白酒的產地。

金坡南坡的邦內坡中段偏下方的普里尼 (Puligny) 鎮與夏商內 (Chassagne) 鎮之間，有一片低矮的的丘陵地，遍植葡萄。這一塊面積約五百公頃的地區，稱爲普里尼．夢拉謝 (Puligny Montrachet)，這裡是法國乾 (不甜) 白酒的黃金地段。普里尼．夢拉謝酒區中，列入頂級的共有四個小酒村：夢拉謝 (Le Montrachet)、巴塔．夢拉謝 (Bâtard-Montrachet)、比文女．巴塔．夢拉謝 (Bienvenues-Bâtard-Montrachet) 及騎士．夢拉謝 (Chevalier-Montrachet)。這四個頂級酒村共有三十公頃，年產約十三萬瓶白酒；除了比文女．巴塔．夢拉謝外，都有一支酒入選「百大」。本區共有十四個小產區，共一百公頃列入「一級」酒村，其中也只出了一支極優秀的「少女」酒入選「百大」。在這些「夢拉謝族」中，既然都掛著「夢拉謝」之名，那麼正宗的「夢拉謝」酒村當然是最重要的了！我們先從夢拉謝談起。

photo©Youyou

如果讓某些對名酒園懷有虔敬心情的朝聖者到夢拉謝一訪，定會懷疑是否走錯地方。觸目盡是一片荒涼、乾枯、孤寂……，簡直像透了窮鄉僻壤、專產劣酒的地區，連狗看到生人都懶得吠上幾聲！哪裡像德國萊茵河、法國波爾多地區、隆河河谷等山靈水秀，讓人感覺酒不醇也芳。其實由夢拉謝的名稱可見端倪矣。Montracht是由拉丁文mont rachicensis轉爲古法文Mont Rachat而來，" rache "本義爲「禿」，既是「

法國大文豪小仲馬說要跪著喝的夢拉謝。本瓶為一九八四年份，康帝酒園之夢拉謝。

禿山」，夢拉謝竟能產生世界一流的白酒，若非上帝的眷顧，那麼要如何解釋？

夢拉謝酒村的總面積爲八公頃七．九九公頃)，其中一半四公頃在普里尼鎮，另一半在夏商內鎮。在法國大革命前，本園區全屬於一個克里門．孟拓松(Chermonde-Montotions)家族所有。在大革命期間園產被充公，由佃農瓜分。十九世紀經過一番轉手後，目前共有十七個小酒園。在普里尼鎮區域內共有五個小酒園，最大的酒園爲拉貴歇侯爵酒園 (Marguis de Laquiche)，擁有二．〇六公頃，年產約九千瓶。拉貴歇的祖先查理在一七七六年曾娶了原園主克里門．孟拓松的女兒，在大革命恐怖時期的一七九四年被處死。革命熱潮後家人才購回部份的園產，保有至今。有「天下第一園」之美譽的康帝酒園，也在此珍貴無比的園區擁有〇．六七六公頃的園地，這是康帝酒園七支頂級酒中，唯一一支白酒，也是唯一一個位在沃恩 (Vosne) 村外的酒園。康帝酒園對於本園的「白色傑作」自然傾其全力維持水準。其要點不外是葡萄是老株──年齡平均達三十五歲；採收晚──康帝酒園每年僱有六十名採收工人，能在八週內採完各園。本園通常等到其他園區採完後才採收，因此葡萄皆已十分成熟；產量低，每公頃生產一千五百公升至三千公升；最後是釀造過程嚴謹。所有葡萄採收後會在全新的橡木桶內進行發酵，而後才移往全新的木桶中醇化近二年。如果醇化完成後發現效果不盡理想，可能會廢棄不用。例如一九九二年的葡萄汁發酵不好，園方加入酵母後一切正常。但釀好後——即使在其他酒園仍會照常上市出貨——園方認爲此年份的酒不配掛上康帝酒的招牌，便全部不用。一九九二年份即「掛零」！

在這種嚴格的品管之下，康帝酒園的夢拉謝每年僅出產三千瓶，也成爲康帝園七大頂級酒中數量最少的一支，和年產六千瓶的羅曼尼・康帝並稱本園「紅・白雙傑」。其價錢之高——經常一上市就超過五百美金——，成爲「可羨不可買、可買不可喝」的樣板酒。名品酒家派克就曾挖苦說：「本酒在全世界最大的市場是邁阿密。因爲毒梟們最有能力買這種酒。但他們生命有限，往往等不及酒眞正成熟時就已經喝掉了」！

由於本酒太稀少、太昂貴，市面上已經出現假酒。據說一位日本收藏家以一箱五千美金的代價買了五箱，後來開瓶嚐了味道不對，才發現是假酒。其實破綻就出在標籤上，眞正的夢拉謝是在白底黑字的「夢拉謝」下有一行綠色小字「夢拉謝法定產區」(Appellation Montrachet Controlée)，但贗品卻寫成「羅曼尼・康帝法定產區」(Appellation Romanée-Conti Controlée)，把一個酒廠當作法定產區(少數的例外是葛莉葉堡，見本書第92號酒)，這個仿冒客對法國葡萄酒的行情似乎太外行了！

所有夢拉謝中最有份量的兩個王牌：羅曼尼・康帝(上)及拉貴歇侯爵園(下)。

儘管本酒賣到那麼高的價錢，遠超過本酒村其他也是生產夢拉謝的小酒園，但其品質不見得會高過這些酒多少——例如拉貴歇侯爵即可和本酒一搏——，但是誰也沒辦法否認本酒的量少及需求！所以眞正懂酒又有一點荷包的愛酒人士，可以找其他小酒園生產的夢拉謝。全年頂級夢拉謝共生產約三萬瓶，還是有不少機會找到如康帝園或拉貴歇等一級的佳釀！在寸土寸金的本地區，以一九九四年成交的一筆園地計算，每公頃售價值一億三千萬台幣，因此不可能合併園區來擴大生產，本地區將會持續小農制，其價位大概也就會居高不下了！

夢拉謝酒有很長一段時間以「沒有顏色的酒」聞名。實際上年輕的夢拉謝呈現綠綠金金的，而罩著一點點寶石黃的色澤。成熟後開始轉爲黃澄澄的黃金色澤，並帶有山楂和蜂蜜的味道。新釀出廠的夢拉謝比本區一般不列入頂級的白酒好不了多少，因此低於十年就飲用本酒會被認爲是個「罪過」。一七八七年傑佛遜就把夢拉謝酒當作自己最喜歡的四種酒中的唯一白酒。《茶花女》一書作者小仲馬也說：喝夢拉謝酒應該跪下來，一手拿帽子、一手拿酒杯！可惜小仲馬未能在《茶花女》中帶上夢拉謝幾筆，倘若能由茶花女口中娓娓敘出幾句誦揚此絕世佳釀的佳句，豈不更使「名酒、名言、名作」成爲三不朽？

葡萄酒與藝術

葡萄藤下的採收

現代歐洲葡萄酒推測起源於埃及。埃及人不但將酒當作日常飲料，還作爲殉葬品。這幅著名的壁畫出自西元前十五世紀新帝國十八王朝，一位名叫納克（Nakht）的書記兼祭師的墳墓。兩個奴隸正在結實纍纍的葡萄藤下採收。據考據，埃及人喝的酒是帶甜味、不久藏的紅葡萄酒（新酒）。

86 Bâtard-Montrachet
巴塔·夢拉謝

產地：法國·布根地地區
面積：11.8公頃
年產量：52,000瓶，其中2,000百瓶產自拉夢內園

位於夢拉謝園左下方，園址一半在普里尼鎮（六公頃），一半在夏商內鎮（五·五公頃）的巴塔·夢拉謝酒園，除土壤內腐植土及黏土較多，不似夢拉謝園佈滿了碎岩塊，並且海拔高度較低（海拔二百三十至二百五十公尺）之外，一切和夢拉謝大同小異，自然造就了生產美酒之基礎。

「巴塔」在法文中的意思是為「私生子」，故「巴塔·夢拉謝」之意即為「夢拉謝之私生子」。兩者究竟是什麼關係，史無記載。最廣為流傳的是品酒專家查拉列（Kevin Zraly）的說法：一位普里尼·夢拉謝爵士因其子參加十字軍東征而倍感寂寞，便找了一個少女陪伴，後有一私生子，巴塔·夢拉謝之名因而產生。但這個說法有其疑點，因為夢拉謝園早在羅馬時代就有其名（禿山），不是因為中古時代貴族的采邑而得名，且該貴族名為普里尼，也援用當地市鎮名字，想必是穿鑿附會。至於與十字軍東征扯上關係倒有可能。因為這個「私生子」之名開始流傳於十三世紀，而最後一次（第八次）十字軍東征也開始於一二七〇年。也許本村是因某位達官貴人的私生子之園地而得名！

莎多內種仍是本區的要角。總共十一·八公頃的酒村中，小酒園星羅棋佈，共有四十九家之多，除了拉夢內家族外，沒有超過一公頃的，大部份的葡萄園不到十五畝。這幾十家小酒園都僅出產數百、上千瓶的酒，知名度不易打響。其中只有一家拉夢內園(Domaine Ramonet)，除了在夢拉謝村有一小塊〇·二五公頃的地，以及在巴塔·夢拉謝區的〇·四公頃園地外，也在周遭各園區廣購園產，共達十四公頃，算是大酒園之一。

拉夢內園並沒有長久的歷史，由現任年輕（三十出頭）的兩兄弟諾爾（Noel）及傑·克勞德（Jean-Claude）起算，不過三

右頁／拉夢內園所生產的巴塔·夢拉謝。背景為清末民初寶藍盤金袖口梅朵蝴蝶鑲邊女袍(作者藏品)。

1991
Grand Cru
BATARD-MONTRACHET
APPELLATION CONTROLÉE
S.C.E. DOMAINE RAMONET
COTE-D'OR, FRANCE

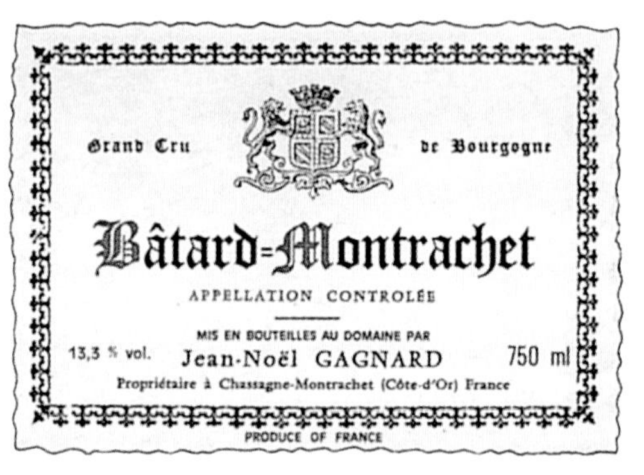

另外兩個小酒園生產的巴塔・夢拉謝也值得推薦，特別是上圖的戈那園。

代而已。祖父安德烈（André）在一九二〇年代末期才買下一塊園地，開始釀酒，但名氣是在美國打開的。一九三八年首度飄洋赴美，這批爲數二百箱、一九三四年份的酒卻遲遲到了一九四五年才銷售一空，但口碑也因此傳開。三〇年代開始，趁著法國酒業的不景氣，陸續購下不少地皮，逐漸形成今日規模。甚至在一九七八年還購入在夢拉謝區內一小塊（ 〇・二五公頃 ）園地，使其獲利不少！

拉夢內園堅持原則，收穫量極低，醇化期爲二十個月，在三分之一爲全新木桶中進行，同時樹齡極高，已達四十五歲。巴塔・夢拉謝的滋味基本上循夢拉謝的方向，挑剔的行家會認爲其「泥味」稍重（因其產自黏土區)，不過當葡萄成熟期的天氣是既乾且熱時，兩者即不分軒輊。一般而言，本酒至少要十年後才適於飲用。園主諾爾認爲本酒最好是當作開胃酒，即使要用於佐餐，一定要佐以簡便清淡的菜餚，他強烈反對在享用美食或大餐時配上本酒，以免「奪味」而不能體會出巴塔・夢拉謝細緻的品味！看來饕餮客們不太適合選用此「嬌客」了！本園每年出產約二千瓶，占整個巴塔・夢拉謝區頂級年產量（五萬二千瓶）百分之四不到。

> 酒是治癒老年孤寂的良方。
>
> ——柏拉圖（希臘哲學家）

87 Puligny-Montrachet Les Pucelles
普里尼・夢拉謝（少女）

- 產地：法國・布根地地區
- 面積：6.7 公頃
- 年產量：35,000 瓶；其中 15,000 瓶產自樂弗萊夫園

普里尼鎮夢拉謝的山坡上，就在巴塔園中的另一個也列入頂級的園區，占地僅三・五公頃的「比文女・巴塔・夢拉謝」(Bienvenues-Bâtard-Montrachet) 的上邊，有座被列爲一級 (Premiers Cru) 產區的「普塞兒」(Les Pucelles) 酒村。這個未被列爲頂級的酒村，也能釀造出符合頂級的白酒，且在一百公頃的一等酒園中無疑的是居首位。許多專家——例如派克——也認爲普塞兒的酒勝過比文女・巴塔・夢拉謝。而且幾乎所有的酒學著作都把本酒評爲頂級資格。普塞兒的的法文意義爲「少女」，酒如其名。「少女酒」十分清新，較諸夢拉謝這些「貴婦」酒的層次感少些，一下子就能讓人體會到它的淡雅素樸。

少女酒村只有六・七公頃大，村中小園密佈，其中最大、也最重要的是「樂弗萊夫園」(Domaine Leflaive)。樂弗萊夫家族於一七一七年就在此地從事釀酒業，至今已傳承八代，總共在村中擁有三公頃的園地，幾占了全村的一半，另外還有分散在十二個園區近二十二公頃的園地，當中最令人欽羨的是在四個「夢拉謝族」中都有園區。在夢拉謝只有〇・〇八公頃；在巴塔及騎士・夢拉謝各是一・九一公頃；比文女・巴塔・夢拉謝之內有一・一六公頃，算是頗具規模的酒廠。產品從一九三三年開始直銷美國，同樣的在美國市場搶灘成功。本園的成功除了天時地利皆一時之選外，也應深慶得人。本世紀初至中葉係由工程師出身的約瑟夫當家，一九五三年約瑟夫去世後，由從事保險業的喬 (Jo) 與其弟文森(Vincent) 繼承父業，文

樂弗萊夫酒園的標籤十分有意思：二隻公雞隔著盾牌相望，好一個農家景況。

DOMAINE
1994
1994
Produce of France
Puligny-Montrachet 1er Cru
LES PUCELLES
APPELLATION PULIGNY-MONTRACHET 1er CRU CONTRÔLÉE
DOMAINE LEFLAIVE
PROPRIÉTAIRE A PULIGNY-MONTRACHET (COTE-D'OR)

森有一流的企業手腕，終於使本園僅列一級的「少女」酒能躋身「百大」之列。

本園三公頃園地的坡度與夢拉謝及巴塔·夢拉謝大致相同。樹齡平均約二十六歲。樂弗萊夫家族本是由釀一般酒起家，逐步對釀出頂級酒產生心得，所以儘管騎士·夢拉謝及巴塔·夢拉謝也是行家們挑來「試酒」的對象——看看比康帝的夢拉謝如何——，但其最拿手的「少女」酒反而是口碑最好，聲名最大。少女酒年產一萬二千瓶至一萬五千瓶左右。台北的亞瑟頓公司今年剛開幕就進口此酒，本公司的眼力眞不錯！

雖說少女酒天眞無邪，但也需要略短於夢拉謝的成熟期，至少要八至十年。少女酒成熟後，在攝氏十三度 (此是地窖最佳溫度) 試啜一口，那黃澄帶綠光的液體使人彷彿漫步在楓紅滿天的秋山，不禁會想起浮士德那句話：眞美！時光請留步！

你何曾聽過酒後之人還會提及戰爭的痛苦及困乏？

——賀瑞斯（羅馬詩人）

葡萄酒與藝術

快樂的小提琴手

荷蘭烏特勒支派重要畫家洪賀斯特(Gerrit van Honthorst,)一六二四年的作品。圖中小提琴手來不及放下腋下的小提琴，就拿起酒杯端詳，並露出愉快的笑容，表情傳神至極。由琴師微紅的鼻子，可知此君也是巴庫斯的信徒。現藏西班牙馬德里泰森美術館。

左頁／沒有風韻，沒有野心，只有璞玉美質的少女酒。背景為旅法油畫名家陳英德的「秋色賦」(50×35cm,作者藏品)。

88 Chevalier-Montrachet "Les Demoiselles"

騎士・夢拉謝(小姐)

產地：法國・布根地地區

面積：7.3公頃

年產量：24,000瓶；其中5,000瓶產自路易・拉圖酒園

在法國白酒中膽敢向號稱「乾白酒之王」的夢拉謝挑戰的，僅有位於其酒村正上方的「騎士・夢拉謝」酒村。騎士村全部位於普里尼鎮，且在山坡的最頂端，評等為頂級酒村，面積只有七公頃大。共有十六個小園密佈，兩家最大的酒園，一家是布歇父子園 (Bouchard Père et Fils)，擁有二公頃，但是一般評語都不佳，認為他們釀的酒不太飽滿。另一家則是生產「少女酒」著稱的樂弗萊夫酒園，擁有一・九一公頃，本園所產的騎士・夢拉謝亦有相當水準。這二園已占了全酒村近四成土地。其他另外十四個酒園中，有兩家在偏北處的寇東 (Corton) 村。鼎鼎大名的「路易・拉圖」(Louis Latour) 與「路易・沙多」(Louis Jadot) 合股，共有一公頃的「小姐」(Les Demoiselles) 酒園，小姐園雖然不是本村最大的酒園，但品質之高儼然成為「騎士」酒之代表。

小姐園一定與小姐有關乎？一點也沒錯。本園是為紀念兩位小姐：臥蘿家族 (Voillot) 兩位終身未婚的朱莉 (Julie) 與阿德兒 (Adele) 小姐。直至一八三〇年，本園在她們二位呵護下獲得卓越名聲。其實，這兩位小姐壓根兒沒有什麼懿德流芳的事蹟，只不過兩個老小姐終其一生管理酒園。這在當時難免招人口舌，更何況附近又是「巴塔(私生子)」村、「少女」村，這裡又屬於「騎士」村，再加上一個「小姐」

釀製少女酒的樂弗萊夫酒園也生產極優秀之騎士・夢拉謝（上）；路易・沙多園也有一流品質（下）。

騎士酒村的大家閨秀：路易．拉圖酒園的小姐酒。

園也是美事一樁，遂以成名。

路易．拉圖的家族自一七九七年起就在布根地經營酒業，在布根地的名氣毫不遜於另一個叫拉圖堡在波爾多紅酒的地位，但這二個「拉圖」並無任何的關係。自一八六七年(路易．拉圖三世)起，每個主人都叫路易．拉圖，目前已到七世，此家族目前總共四十五公頃的園地，幾乎全部位於布根地。在總共所屬二十個酒園中多半是紅酒，白酒最傑出的是查理曼．寇東及騎士．夢拉謝。六支頂級中白酒就占了四支，所以本園的白酒實力頗堅強。至於另一個也是在布根地可呼風喚雨，於一八五九年成立的「路易．沙多」酒廠，以釀製寇東酒聞名，擁有布根地地區四十九公頃的園地。一九四二年購入〇．五二公頃的小姐園，一九八五年本酒廠由沙多家族轉讓到美國Kobrand財團手中。

小姐園在一九六〇年全面改植葡萄，仍爲莎多內種。葡萄精選採收後全運到北方阿洛斯．寇東 (Aloxe-Corton) 釀酒。醇化過程採兩階段：第一年在新木桶中醇化，裝瓶後再放一年。平均的年產量在五千瓶左右。小姐酒原爲一級酒，自一九三九年起才晉級「騎士酒」的行列，成爲頂級酒。由於小姐園由拉圖與沙多共有，因此這兩個酒廠都生產同樣的小姐酒，只是標籤不同。

小姐酒味道十分集中，充滿著木頭及熟透果香氣息，多層次而耐久藏，使得小姐酒在某些年份可望與夢拉謝一較長短。西方的「騎士精神」有一大半是表現在對大家閨秀小姐的殷勤之上，這小姐酒顯然獲得了騎士村特別的眷顧！

89 Corton-Charlemagne
寇東·查理曼

- 產地：法國·布根地地區
- 面積：71.8公頃
- 年產量：280,000瓶；其中50,000瓶產自馬特萊園

在邦內坡最北方的寇東區，生產極優秀的紅酒 (見本書第19號的寇東酒)，不過本區仍是以白酒的名氣較大。最著名的白酒產於「寇東·查理曼」酒村。在歐洲歷史上，繼亞歷山大、凱撒之後，被稱爲「第三個大帝」，也是護衛歐洲基督教文明貢獻最大的查理曼大帝 (742-814)，在西元七七五年將三公頃大的葡萄園送給位於本區的一小個鎮——索烈鎮(Saulieu) 的聖安多斯 (Saint Andoche) 修道院。這座皇帝御賜園此後一直操在教會手中達千年之久，直到法國大革命時才被充公拍賣。雖然千年來僅僅擴張一公頃，但索烈鎮卻不放過這個淘金的機會，不少地方都冠上響噹噹的「查理曼園」大名，藉以招攬顧客。以至於現在的寇東·查理曼的範圍包括三個頂級酒村：阿洛斯·寇東 (Aloxe- Corton)、拉度·塞希尼 (Ladoix-Serrigny) 及裴釀·維吉利 (Pernand-Vergelesses)。前二村面積有七十一·八八公頃，後一村十七·二五公頃，合計八十九公頃。原來的三公頃園地究竟所在何方，反而不可查考了！

在德國被稱為「卡爾大帝」，也是歐洲「第三個大帝」的查理曼大帝。

此園既與查理曼大帝攀得上一點關係，附會之說當然隨之而起，這點倒是不分古今中外。最著名的是：大帝喜飲紅酒，但紅酒漬往往染紅了大帝的白鬍子，顯得有失威儀，故聽從王妃建議改喝本園白酒，不料一喝成癮，從此迷上白酒。這個傳說最失眞之處乃是當大帝贈地給修道院時，年方三十二，哪來的一臉白鬍子？更何況沒有任何資料證明他喝過本園所產的酒。不過，大帝大概頗喜歡喝酒，在提及約翰山堡時 (見本書第72號酒)，大帝的「酒蹟」已在德國流行了。

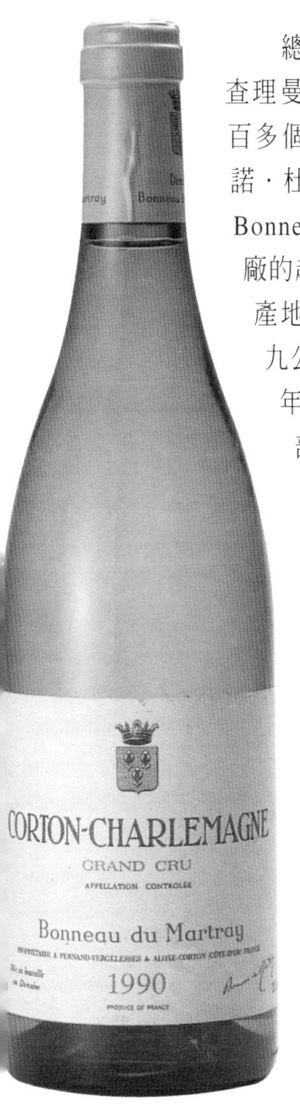

總面積近九十公頃的寇東·查理曼村也是小農制，共有一百多個小農，最重要的是「伯諾·杜·馬特萊園」(Domaine Bonneau du Martray)。這個酒廠的起源在十八世紀，現在的產地大約有十一公頃，內含九公頃的查理曼大帝村，當年查理曼大帝「御賜」的部份都有可能包括在內。

自一九六九年起，茉莉尼爾 (Jean le Bault de la Moriniere)伯爵夫人繼承葡萄園與酒廠，園主雷內·伯諾·杜·馬特萊 (Rène Bonneau du Martray)是她的伯父及教父。接掌後夫婦銳意經營，並自一九七二年開始直銷，九成左右的酒供外銷。葡萄樹的平均樹齡在五十歲，所以收穫量不大，每公頃約在四千公升以下。收穫時需僱工四十員。一九九三年丈夫去世後，長子傑·查理 (Jean-Charlie) 本是個頗成功的建築師，毅然改行，照顧起酒園。傑·查理精力充沛，鬼點子很多，一九九三年收穫時下了豪雨，雨後葡萄未乾，他不知道是否曾看過彼德綠堡的報導，居然租了一架直昇機，在葡萄樹上二公尺處盤旋，吹乾了葡萄，使葡萄榨汁後的酒精不會多稀釋了一度！此舉當然馬上引起街頭巷尾的趣談！

不同年份的馬特萊園寇東·查理曼酒。

爲了使酒的味道有深厚的層次感，榨汁後被移到木桶中發酵，三分之一的木桶爲新桶。最後在木桶中進行爲期約一年半的醇化，其中歷經二次換桶。所有的酒醇化後會經過重組混合，裝瓶後會在地窖再陳上一年半才出廠。查理曼酒出廠後至少還得擺上個八、九年才算成熟，所以與頂級的紅酒無異。成熟的查理曼是一種細膩、豐滿、芬芳持久、果味香醇的酒，把莎多內的特點表現無遺！本酒廠每年出產約五萬瓶的寇東·查理曼，數量算是中等，價錢在三千台幣上下，亦算合理！

90 Chablis Grand Cru , Les Blanchots
莎布里・頂級布蘭碩

產地：法國・布根地地區
面積：4.5公頃
年產量：25,000瓶，其中2,000瓶特藏酒產自拉羅史酒園

右頁／被法國人稱為「愛情之酒」的頂級莎布里，其中佼佼者為本圖的拉羅史酒園的布蘭碩修道院特藏。右為傳抱石扇面「松間高士」，前為明代黃楊木雕連枝松葉筆洗(作者藏品)。

肥美的生蠔，配上甘冽芳醇有「蠔酒」美稱的莎布里白酒，真是人間美味，令人不由食指大動。

布根地五大產酒區唯一只釀產白酒的是位於西北角的莎布里區。面積有五千公頃，葡萄園占了二千公頃的莎布里區，年產一千三百萬瓶四個等級的白酒：頂級莎布里(Chablis Grand Cru)、一級莎布里 (Chablis Premier Cru)、莎布里 (Chablis) 與小莎布里 (Petit Chabils)。莎布里區白酒全由莎多內葡萄釀成，其甘洌芳醇，佐食生蠔之美，可謂不作第二「酒」想，因此莎布里酒也有「蠔酒」的雅稱。

莎布里區內有一小河蜿蜒流經，即色林 (Serein) 河。當地坡度高達十五至二十度，但亦有平整的地段，整個產區在海拔一百公尺至二百五十公尺的高度。羅馬時代此地已種植葡萄，生產羅馬人喜愛的紅酒；十二世紀時西都教派修士又在此荒蕪之地開始種植莎多內延續至今。本區的地質在基層爲侏儸紀石灰岩，在此之上有一層叫做「金末力吉」的 (Kimmeridge Clay) 泥灰岩，其中還有一些黏性石灰岩，表層的土壤爲波特蘭石灰岩。金末力吉泥灰岩富含鈣，一九三八年的法國行政命令以此種泥灰岩的界線爲莎布里區註冊產區的邊界。不過這種地質十分貧瘠，這是造成莎布里酒量少的第一個原因。第二個原因在於天候不佳。莎布里區地勢偏北，部份甚至可與挪威相比；每年三月初到五月中的霜凍更是葡萄樹的殺手。爲防止這種天災，園主要採兩種策略：在園中設置電熱器或燒煤油以驅寒，或是採噴水法，即當氣溫低於零度時，立刻在園內噴水，待其結冰，氣溫回到攝氏零度以上時才停止。噴水法花費當然較生火法省些，但時間的掌控十分重要，否則會前功盡棄。所以莎布里，特別是頂級莎布里酒的產製也就格外來的辛苦了。

列爲頂級的莎布里產區約有一百公頃大，包含七個小產區，環繞在本區行政中心莎布里鎮的四周：如布蘭碩 (Blanchots) 有

Laroche
Domaine Laroche
1993
Réserve de l'Obédiencerie
CHABLIS GRAND CRU
"LES BLANCHOTS"
APPELLATION CONTROLEE
№ 1230
DOMAINE LAROCHE - L'OBEDIENCERIE DE CHABLIS - FRANCE

十二・七公頃、布格羅 (Bougros) 爲十二・六公頃、葛雷努義 (Grenouille) 爲九・三公頃、克羅 (Les Clos) 有二十六公頃、普烈斯(Preuses) 有十一・四公頃、瓦木爾 (La Valmur) 有十三・二公頃與伏德西 (Vaudesir)的十四・七公頃。另外尙有木桐恩 (La Moutonnne)區，雖然未能列入頂級，但被公認爲頂級酒。這八個產區都在色林河右岸，年產頂級酒六十六萬瓶 (一九九一年，五十萬公升)，其中則以布蘭碩園最具知名度。

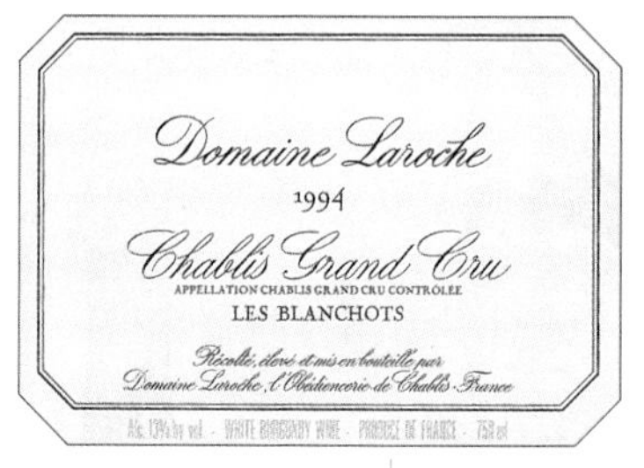

「莎布里大王」拉羅史酒園另二支頂級莎布里布蘭碩園酒。上圖為老株種頂級莎布里；下圖為修道院園區酒，但未列入修道院特藏等級。

布蘭碩園位於莎布里鎭的飛 (Fye) 村之東南部份，山坡陡峭，甚至部份無法採行機械化的耕種方式。十二・〇九公頃的布蘭碩園實際上爲十數個葡萄園組成，例如拉羅史(Laroche)、龍・德巴吉 (Long Depaquit)、傑・牟羅 (Jean Moreau)、逢雙・拉維諾 (Francois Ravenau)等。

拉羅史酒園是本區舉足輕重的酒園兼酒商，坐擁九十六公頃園地，包括六公頃專門釀製頂級酒的園地，在布蘭碩園即有四・五七公頃，占布蘭碩園區面積三成之多。至今已是第五代掌門人當家了。這個家族結合著傳統與創新的路線：釀酒時使用不同年齡、不同產地的橡木桶，使酒味產生輕微而細膩的變化。葡萄樹平均已有三十五歲，每年可產頂級的莎布里酒共二萬一千瓶至二萬六千瓶不等。但是本園的獨門絕活是「特藏酒」，稱爲「修道院特藏」(Reserve de l'Obediencerie)。這也是本園的地名，因爲以前曾爲修道院，建於十二世紀。這個特藏酒由僅僅〇・八公頃的園區釀成。每株葡萄僅留一串果實，其餘修剪掉。一串葡萄集中了整株樹的精華，使得粒粒味道密集之至，如此產量焉能不少？就以一九九二年爲例，全年只產十二瓶大號 (兩瓶裝，1500 ml)、六十瓶普通瓶與三千七百八十四瓶小瓶的特藏酒，每瓶均貼有簽名的標籤編號；

一九九三年更少，僅三十瓶大號裝，一千八百五十瓶普通瓶，可見珍貴異常。另外，本酒園以市場行銷見長，共生產十一種不同價位——其中頗多爲中價位——的莎布里，並有七個副廠，完全吃死了莎布里的市場，特別是國外市場。

冰涼的莎布里酒在入口時往往被形容爲「冰匙燙舌」，因此英文使用 " steel " 一詞。但光「燙」尚非品酒之道，頂級莎布里酒入鼻是一股橡木味，然而淡到幾無任何感覺的程度——也就不會「奪正味」了。但稍帶甘甜、勁道、複雜多層的感覺立刻飽漲您的口腔，無怪乎法國人稱莎布里酒是一種「愛情之酒」！儘管今日俗以香檳表示愛慕之酒，但比起愛情之酒的莎布里酒，香檳也只能稱爲「情愛之酒」了。

酒使任何菜色合時宜，使任何餐桌更優美，也使每天更文明。

——André L. Simon
（法國美酒作家）

葡萄酒與藝術

飲酒賞花少女

這幅柔和溫馨的作品，流露出本世紀初頗流行的復古浪漫主義風格。一位妙齡少女一面端杯品賞紅酒，一面半彎著腰，專注的欣賞著花，姿態優美迷人。是法國盧巴弟(Alide Theophile Roubaudi)一九〇八年的作品。現藏法國尼差市(Nizza)美術館。

91 Domaine de Chevalier
騎士園

- 產地：法國．波爾多地區．格拉芙區
- 面積：25公頃
- 年產量：9,000瓶

法國波爾多地區一向以紅酒出名，相形之下白酒的鋒頭就被蓋過去了。其實波爾多五大產酒區中，白酒即占二個，分別是產甜白酒的蘇代區 (Sauterns) 與乾白酒的格拉芙區 (Graves)。格拉芙區乾白酒除歐．布里昂堡 (Château Haut Brion) 有出產之外，另一個一流的產區是位於里昂南鎮 (Leognan) 西南郊外，三面被松樹林包圍的一個小酒園——騎士園 (Domaine de Chevalier)。

騎士園的乾白酒酒色澄黃清澈，味道細緻。

騎士園在十八世紀已經建立，後來因疏於管理，致淪爲一片松林。直到一位木桶商出身的傑．利卡爾 (Jean Ricard) 在一八六五年買下此地，方又開始種植葡萄。利卡爾的女婿伯馬唐 (Gabriel Beaumartin)，原爲木材批發商，由於獲得新橡木材容易，所以本園醇化酒的新木桶不虞匱乏，同時他由木材工廠調人手也方便，故能在最恰當的一兩天內採完葡萄，本園的酒品質會提高乃當然之事！他因此打響了騎士園的知名度。伯馬唐的繼承人是其外甥，也就是傑．利卡爾的孫子，名叫正好也叫傑．利卡爾。一九四八年，傑又交給了兒子克羅德 (Claude)。克羅德本身是一位職業鋼琴家、藝術家，自一九四二年接掌本園後，遂使騎士園成爲波爾多地區一流的酒園。

騎士園的土壤最上層有一層薄的碎石土，下有黑沙土，更深有一層濕石灰泥。雖然深層的灰泥柔軟到樹根可以伸展過去，但仍非建一良好的排水系統不可。騎士園花下鉅資建成的排水系統是整個波爾多地區最佳的排水系統，它不但能排除多餘的水，也可避免田地過份乾旱。在二十五公頃大的葡萄園四周還有松林。三公頃種植白葡萄，樹種種植比例爲七成的索維昂與三成的賽美濃，其他的園區種植紅葡萄，其中六成五爲卡貝耐．索維昂，三成是美洛，其他爲卡貝耐．弗蘭。

騎士園的地理環境不甚理想，整個波爾多地區沒有一個頂級酒園遭到比本園更多的冰雹與霜凍。例如一九八二年極好的年份，騎士園每公頃只收穫二千七百公升，白葡萄更慘，只有九百公升，全園三公頃，白酒只收穫二千六百瓶而已！爲保持令譽就只能從控制品管來著手。本園收成時僱請二十位工人採摘葡萄，他們在三次的採收中僅摘取全熟者，次等的貨色則委棄不用。白酒的發酵與醇化是在全新的木桶中進行，爲期一年半，這是波爾多地區唯一全程使用全新且昂貴的木桶。在此醇化期間，每四個月又需換桶，以求氣味的多層與平均。因此味道的細膩與顏色的黃澄、酒體的多層次與純潔，都讓它變得珍貴異常，年產量約九千瓶。本園白酒至少要五至十年才會成熟，其他的白酒能與騎士園的白酒一般輕易地存放二十餘年者極少。

本來經營一切順利的騎士園，到一九八三年克羅德二個兄弟及姊妹要分財產，本園持分分割後繳了巨額遺產稅，所餘不多。克羅德計算一下自己五個子女將來再一分下去，全部都沒有份，乾脆賣掉算了，於是轉手給一個大酒廠伯納爾 (Bernard) 公司。爲保持家傳名園的榮譽及品質不墜，克羅德．利卡爾仍擔任其顧問七年之久。本園年產白酒約九千至一萬瓶，紅酒約六萬瓶。紅酒也有頂級的水準，氣味、層次、飽滿都還不錯，但本區出現了超強的頂級——歐．布利昂堡，因此很難超越。不過，每種酒自有其特色，騎士園紅酒有飽滿、高貴的氣質，且五年以上就可達到適飲的成熟期，何必一定要以歐．布利昂的水準來評判？新東主既然志在追上歐．布利昂，我們且拭目以待！

品質逐年提昇的騎士園「紅兄弟」。

92 Château Grillet
葛莉葉堡

- 產地：法國．隆河區
- 面積：3公頃
- 年產量：10,000瓶

法國隆河區百分之九十五以上出產紅酒，僅百分之五生產白酒。其中佼佼者乃是位於隆河谷上游、在紅酒產地蒙帝丘陵南邊的葛莉葉堡。葛莉葉堡僅三公頃大，但卻在一九三六年起獨立成爲一個法定產區，成爲法國最小的一個法定產區。除了著眼其位於紅酒區卻能產釀出一流白酒，顯得獨樹一格外，恐怕就是其名氣太大吧！早於二百年前，愛酒的美國開國元勳傑佛遜總統，就曾稱讚葛莉葉堡的白酒「與眾不同」。

葛莉葉堡是隆河區罕見的白酒酒園，單獨成立為一個法定產區，是法國最小的法定產區。

本園地處一條河流上方一百五十公尺處的山坡。此地種植二萬二千株葡萄樹的梯田，在這兒構成一個廣大的圓形露天劇場。樹種選用維歐聶 (Viognier) 種，土壤是碎花崗石，爲防止土壤被雨水沖刷流失，四周築有防水牆。園地最大的優點是向陽，葡萄生長特別良好。由於園區不大，因此採「精工細活」式的經營法。採收葡萄的同時已經對葡萄進行篩檢，醇化期間不刻意使用全新木桶，但至少存放十八個月才出廠。因此本酒是一種講究實際的酒，不花梢亦不自縛於科技的窠臼。

葛莉葉堡是個「年少持重」的酒。二年即出廠的年輕酒，要等上幾年，才聽得到它開始「講話」！當附近所產的酒大部份都快失去原有的力量與芳香時，葛莉葉堡這才顯出其眞正不凡的身段。待那時，會發現它的葡萄酸味少，味道中找得出蜂蜜、核桃、水蜜桃、野花、紫羅蘭……等混雜的味道。知酒的訪客們常在本堡的門上看到這樣的告示牌：「停止販賣」(Vente Suspendue)，因爲

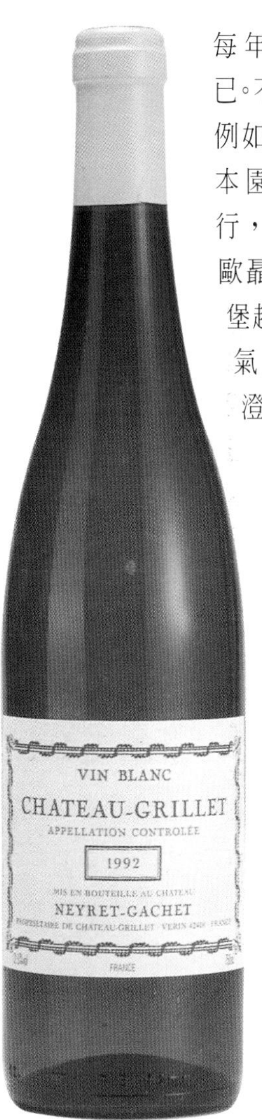

葛莉葉堡融合了蜂蜜、核桃、水蜜桃、紫羅蘭等豐富的香味，而且越陳越香。

每年僅生產一萬瓶而已。不過，也有些行家——例如休強生，並不相信本園所使用本地最流行，但品質並不好的維歐聶葡萄，會使葛莉葉堡越陳越香。但以「買氣」之旺，恐怕已能澄清這項疑慮了。

葛莉葉堡還算是屬於「行家中的行家」才知道的酒。在歐洲大陸一般頗有規模的酒行還不見得容易找得到，反而在英國就較易發現其芳蹤。在本頁圖片中之一九九二年份的葛莉葉堡即購自倫敦著名的哈洛茲 (Harrod's) 百貨公司之酒窖。

葡萄酒與藝術

元朝青花瓜竹葡萄紋菱口盤

我國唐詩有「葡萄美酒夜光杯」詩句，可見葡萄酒在唐朝時已傳入中國。葡萄做爲藝術創作的題材，歷代並不少見。上圖爲元代景德鎮燒製的青花瓜竹葡萄紋菱口盤（高7cm，口徑45cm，足徑25cm），色澤古雅，葡萄纏枝生動。此類元代青花瓷器在國外拍賣會上經常成爲各方競爭的對象。現藏上海博物館。

93 Ca'del Bosco Chardonnay
卡德・巴斯克的莎多內

- 產地：義大利・倫巴底區
- 面積：60公頃
- 年產量：20,000瓶

話說一九七二年某一義大利酒業代表團赴法參觀考察，首站到達康帝酒園。當義大利佬看到康帝園每公頃種植一萬株葡萄樹，而僅生產三千公升時，無不捧腹大笑。因爲在義大利只需每公頃種二千株葡萄樹就可獲得一萬五千公升的產量，法國酒農的力氣顯然花得太冤枉了。在這群嘻笑搖頭的訪客中，有一位四年前才被父親從米蘭抓回來，防止他沈迷於左派學生運動的青年。他花了六百法郎買了三瓶當地的法國酒品嚐後，方知法國酒享有美譽的理由。這位青年返國後，一切唯法國頂級酒園是尙。這個大徹大悟的青年查內拉 (Maurizio Zanella) 與歌雅園的安其羅一樣，重振了義大利酒的名聲。

卡德・巴斯克也釀製號稱「義大利第一」的香檳。

查內拉的葡萄園在義大利正北方近瑞士邊界，毗鄰阿爾卑斯山麓，地屬倫巴底(Lombardia) 區，一個名叫法蘭西亞科塔 (Franciacorta) 的鎭郊。倫巴底區爲義大利著名的酒產區之一，但所生產紅、白酒的水準，一般而言是比不上其西南方的皮孟與南方的托斯卡納。查內拉園的成就宛如沙礫中的鑽石，也是標準的「事在人爲」的例子。

查內拉並非出自釀酒世家，他進入釀酒這一行完全是誤打誤撞。當他由米蘭棄學返鄉後，父親交給他管理的是一個玩票性質、只有半公頃大的葡萄園。但自法國觀摩歸來後，仿效法國「密集」種植 (每公頃種植一萬株) ，並實行裁枝減芽之法，禮聘法國釀酒師襄助指導，並

有義大利第一白酒之稱的卡德·巴斯克。

且逐步擴充園區中。目前園區已有六十公頃，到了一九九八年時可望達到九十二公頃。本園同時使用全新的電腦設備，在管理方面已步入現代化之林。

本園是一個「全方位」的園區，釀造有香檳、紅酒與白酒。水準之高，在義大利可算是個中翹楚。本園香檳酒的釀酒師杜柏阿 (Andre Dubois) 來廠前已在法國香檳區工作了大半輩子，所以本園香檳酒被譽爲義大利的頭號香檳！紅酒則是引進法國的卡貝耐·索維昂、卡貝耐·弗蘭與美洛種葡萄混合釀製而成，水準已快接近波爾多頂級酒；而由皮諾娃種釀成的紅酒則常使人誤爲道地的布根地美酒。白酒則是選種本地種的莎多內。由於本園富含石灰岩、碎石、沙土，排水良好而肥沃，所以莎多內種葡萄生長情況甚佳。

莎多內樹齡平均爲十八年，每公頃密度四千株 (較紅葡萄疏鬆多了) ，每二株樹共留下十顆芽眼，每株生產不到二公斤葡萄。每公頃年產量爲五千六百至六千五百公升，每年生產名爲「卡德·巴斯克」(Ca'del Bosco) 莎多內白酒約二萬瓶。

卡德．巴斯克白酒醇化期不滿一年，全新木桶的香氣剛剛滲入酒中就被裝瓶，青綠帶黃的酒色散發出持久的花香、果香與木材香，彷彿讓人接觸到義大利太陽溫暖的滋味。在全世界葡萄酒產量最大的義大利，其白酒能入選本書「百大」的僅此一家，這個博得「義大利第一白酒」的卡德．巴斯可在裝瓶三、四年後可望攀上成熟期，爾後至少可維持十年而不墜！不過，此酒除了在德國及法國受到高度讚賞外，外國——特別是昂貴酒大市場的美國——尚未受到重視，故本酒價錢尚未如歌雅般的飆漲，也是一大幸事！

卡德．巴斯克的標籤簡潔別緻，與一般酒標籤都不同，讓人印象深刻。

葡萄酒與藝術

踩葡萄榨汁

另兩幅踩葡萄榨汁的畫面。上圖爲德國一六九八年印行的銅版畫，酒農將收成的葡萄倒入大木桶中用腳踩踏。與下圖所描繪，三千二百多年前埃及人腳踏葡萄榨汁的情形毫無二致。

第3篇

香檳與波特酒

法國香檳

葡萄牙波特酒

94 Dom Perignon (Cuvèe Dom Perignon)
唐・裴利農(精選)

產地：法國・香檳區
面積：664公頃
年產量：未公開

唐・裴利農香檳的標籤外形有如花瓣，更添浪漫氣息。下圖的粉紅香檳更是許多上流人士的定情酒。

「我在飲天上的星星」——這是一句形容飲香檳酒的名言，使得香檳酒成爲世界上最有浪漫氣息的圖騰代表了。

由巴黎向東行約一個鐘頭的車程，就到了一片共有二萬六千公頃的香檳區，每年出產約二億六千萬瓶的香檳酒。提到香檳酒，大家必然會想起唐・裴利農神父 (Dom Perignon，1638-1715)。這位聖本篤教會的神父與法王路易十四生與死都同年同日，終生幾乎都在本地區南部一個小修道院歐維樂 (Hautvillers) 管理酒窖。

唐・裴利農神父對酒情有獨鍾，當時修道院的葡萄園生產差勁的酒，於是神父就用「混酒」的方式，將附近各園紅、白葡萄拿來釀酒，改善其品質，價格也因此上漲。同時由其他西班牙修士那兒學到使用軟木塞，以使酒不致變質的技巧。唐・裴利農神父不吝惜自己的發現，樂於推廣給其他酒農，於是乎後來一切有關香檳的發明，都歸功於這位脾氣古怪的神父。

唐・裴利農神父變成傳奇性人物，甚至傳言他晚年失明，仍靠舌尖與鼻子爲香檳酒鞠躬盡瘁。這位傳奇性人物究竟是眞有其人，抑或杜撰，都因著法國大革命時期的一把火將修道院的文獻全部燒毀，後人已無法得知更多有關他的資料。目前唯一傳世的神父遺物是兩封信與幾個無關緊要契約上的簽名，這僅僅能證明有過這樣一位神父罷了。甚至在他的墓碑上毫無任何有關葡萄酒的記載，有關一切事蹟與貢獻都是後人好事添上一筆。但是在香檳區到處是他的畫像、雕像，彷彿每一種酒都非得要有一些傳奇故事才能吸引人不可。

法國香檳的代表——唐·斐利農精選，經常出現在法國國宴上。

法國香檳的代表品牌正是由木宜·商冬 (Moet et Chandon) 酒廠——海外的華人經常謔稱之爲「毛澤東」——所釀製的「唐·斐利農」香檳。本酒廠早於一七四三年由木宜家族的克勞德 (Claude de Moet) 建立，到了其孫傑·雷米 (Jean-Remy) 時結識一位青年軍官，成爲好友。這位青年軍官日後飛黃騰達，叱咤風雲一時，正是赫赫威名的拿破崙一世。也因此拿破崙除了香柏籦外，最喜歡的酒便是木宜的香檳酒。傑·雷米死後的遺產由兒子維多(Victor) 與女婿商冬 (P.G. Chandon) 繼承，遂改名爲「木宜·商冬」。

法國大革命時，唐·裴利農神父當年所住的歐維樂修道院與田產 (酒園) 被充公，木宜酒廠把握機會，將這座歷史古蹟買下，儼然成爲正統香檳的傳人。現在此修道院已被酒廠闢爲博物館。

一個在一八五八年已經建廠，也是極著名的香檳酒園美斯樂 (Mercier) 的園主，在一九二七年把女兒許給木宜·商冬的少東保羅侯爵時，將本公司註冊商標「唐·裴利農」當作嫁妝陪嫁。早已擁有歐維樂修道院的木宜·商冬立刻將出產最好的香檳命名爲「唐·裴利農」，並將一九二一年收成的葡萄釀成的香檳酒貼上了木宜·商冬香檳的標籤。

一九三六年十二月二日，首批一百箱赴美試銷，幾乎一到岸就銷售一空，自此時開始成爲美國最受歡迎的香檳酒。目前本酒廠屬於法國最大的「木宜·軒尼詩」集團所有。這個集團旗下除本園外，尚有白蘭地酒廠軒尼詩 (Hennessy)、天王級的狄康堡白葡萄酒， 全球女士最鍾愛的、以皮包著稱的「路易威登」(Louis Vuitton) 及香水的「迪奧」(Christian Dior)。包括生產香檳酒的本廠面積就有八百五十八公頃，其中園區佔六百六十四公頃，年產一千八百萬瓶各式香檳，占全法國香檳外銷總數四分之一，也包攬英、美兩國香檳酒三成市場。

木宜・商冬廠共生產十餘種各式等級與口味 (由甜至乾) 的香檳，最常見的優質香檳是「帝王乾香檳」(Brut Imperial)，是紀念拿破崙之作；但眞正代表作則是「唐・裴利農精選」(Cuvèe Dom Perignon)。這種由一半皮諾娃種與一半莎多內種釀成的香檳，都是由各園區精選葡萄釀成。至於確切的年產量，廠方一直秘而不宣，但市場上經常不虞缺貨，據保守估計每年至少在十五萬瓶，才有可能滿足各方需要。在一九五〇年代末期，法國總統府愛麗榭宮中的國宴酒單曾經安排如下：一九五三年的阿爾薩斯的利斯凌白酒、一九四五年份波爾多的歐・布利昂堡酒、一九四五年的布根地的香柏罈酒，壓軸的香檳必定是一九四九年份的唐・裴利農。伊莉沙白女王、艾森豪總統都曾是座上賓。

一般的香檳酒在五年後達到最成熟，過了十年會走下坡，唐・裴利農香檳卻得天獨厚，十年正是其巔峰期：細緻、幽雅、一點點燒烤栗子的味道、微酸帶甜的澀味……一切都是風情萬種，迷人之至！唐・裴利農另外有一種「粉紅香檳」(Rose Brut)，首批釀於一九五九年，是爲伊朗國王巴勒維慶祝波斯王朝成立二千年所用。孔雀王朝爲了點綴地上鋪著昂貴波斯手工地毯，由法國專機運送百萬朵玫瑰花的世紀大典，才特地向本園訂購特製粉紅香檳，無限量供應貴賓享用。一九六二年又爲市場需要釀造一萬瓶，遲至一九七〇年才上市，當然立刻銷售一空。此「粉紅香檳」由三分之二皮諾娃、三分之一莎多內釀成，並且不是每年都生產，自然反映到昂貴的價格之上。同年份的粉紅唐・裴利農香檳會比「白兄弟」的唐・裴利農貴上一倍。歐美上流社會男女常常將此酒當作定情酒，先看到那浪漫的粉紅色，繼而撲面而來的是清淡中帶著雋永、較飽滿濃郁果香的氣息，能不神魂顚倒者幾希？

> 沒有一樣東西比一杯香檳更能使人生變得如玫瑰般的瑰麗。
>
> ——拿破崙

95 Krug, Clos du Mesnil
克魯格(美尼爾園)

- 產地：法國・香檳區
- 面積：1.87公頃
- 年產量：15,000瓶

一八四三年，一位德國人克魯格(Johann-Joseph Krug) 由萊茵河上的曼茲(Mainz) 來到香檳區，在此設廠釀酒，日子一久竟也落地生根，至今已是第五代當家。克魯格園以釀製高品質的香檳著稱，代表作是「頂級精釀」(Grand Cuvèe)。法國釀香檳只准使用三種葡萄混釀——莎多內、皮諾娃與其變種的皮諾・莫尼 (Pinot Meunier)，三者比例則爲本園秘密。葡萄來源多至四十至五十個不同產區，年份也由六至十年不等。釀成後至少醇化六年才出廠。因此量少價昂，市價比起同樣未定年份的木宜園的「帝王乾香檳」可達三倍之多。

一九七一年兩兄弟(即創始人的曾孫)亨利(Henri)與雷米(Remy)相中了位在奧格河畔小鎮美尼爾(Mesnil-sur-Oger)上，一個四周被住宅包圍的破落小園。這個僅有一・八七公頃，本名叫「大藍園」(Clos Tarin)的葡萄園成園甚早(一六八九年)，也是聖本篤教會的產業，直到一七五〇年才易手。沒有什麼輝煌動人的歷史，園主也是泛泛無名之輩，園中老株遍地皆是，也沒有計畫性的更新栽種優質的新樹。但是克魯格兄弟客觀的分析了一切後發現：本園宛如美玉遭人棄於溝渠之中。於是以合理價格購

各式克魯格香檳。其中頂級精釀酒(上)是該園的代表作，美尼爾園(右下)則是最出類拔萃的作品，另有標有年份的優質香檳(左下)。

KRUG
1983
KRUG
Bouteille
№ 08658
75cl
Champagne Clos du Mesnil 1983
Brut Blanc de Blancs
ÉLABORÉ PAR KRUG S.A., REIMS, FRANCE

得，全力經營。他們努力的方向只有一個：釀製全新的、全部是由同一年份，並且純是莎多內的香檳。這種標上年份，而且全由莎多內釀成的香檳有一個特別的名稱「白中白」(Blanc de Blancs)，與克魯格百年來引以爲傲的多重混釀正好背道而馳。首批冠上一九七九年份的「白中白」在六年後的一九八五年上市，立刻引起大眾的廣泛迴響。每年僅生產一萬五千瓶，品質不僅居克魯格園各種香檳之冠，也是法國最昂貴的香檳之一，可以超過同年份的唐·裴利農一倍之多。

這支定名爲「美尼爾園」的香檳在二〇五公升的大木桶中發酵，並經不到一年的醇化期間，較諸一般在不鏽鋼桶內發酵的香檳要多一點橡木的香氣。純莎多內使得香檳純淨的香氣十分集中，果味迷人，並且可以存放一、二十年而不會有品質崩壞之虞。而年份欠佳時，美尼爾園便不勉強生產。例如八〇年代便有一九八四年、八六年、八七年等三年從缺，一九九一年也未生產。整個克魯格園共有十五公頃，全部是頂級園區，但僅夠每年生產五十萬瓶各式香檳酒所需葡萄的二成，其餘八成葡萄得自其他園區收購。至於酒廠未足年的「存貨」高達三百萬瓶，這些都是可預期的財富，使得克魯格園可以不計工本爲保持本園拿手的精釀「美尼爾園」的令譽而放手一搏，而毫無後顧之憂。

左頁／克魯格香檳的登峰造極之作——美尼爾園。一旁為「牧神與山林女神」，黃陶土雕，克羅迪翁(Clodion)風格，法國十九世紀作品，高30cm(作者藏品)。

葡萄酒與藝術

酒與葡萄靜物

這幅靜物畫以一瓶酒爲中心，四周環繞橙紅色的柿子、紫色葡萄及黃色的梨子，造成視覺上的奇妙組合。本油畫爲北京中央美術學院孫景波教授所繪(35×30cm，作者藏品)。

96 Salon
沙龍

產地：法國．香檳區
面積：不詳
年產量：50,000瓶

有一位美食家最喜歡上館子、旅行、找香檳酒，最後發現美尼爾鎮地方最適合釀製香檳，於是買下一個只有幾公頃大的小園，並且只種植莎多內種。「白中白」香檳於是在這位沙龍 (Eugene-Aime Salon) 先生的沙龍園問世了。一九一一年開始釀的這種「白中白」最初只是自家用的「私家酒」，但這種好酒的聲名遠播，登門求售者絡繹不絕，巴黎最好的餐廳美心 (Maxim) 在一九二〇年起獲得獨家供應此種香檳的許可。而沙龍先生乾脆在一九二一年正式設園賣酒，沙龍香檳於是在酒壇中誕生了。既然是窮極口腹之慾的老饕，沙龍對「白中白」的要求極其嚴格，不是完全滿意的年份與釀造結果，那麼唯一解決的方式便是：倒掉。每十年中最多僅三、四年有生產，前半個世紀的五十二年中也只有十七個年份釀製沙龍香檳。

沙龍香檳的標籤中央有個大大的“S”，相當醒目。

園中一切以手工進行，葡萄在採收時已經過篩選。每年可生產五萬瓶。酒窖中經常保留十種不同年份的沙龍香檳 (即五十萬瓶) 等待酒質成熟。易言之，出廠的沙龍多半已陳上十年了。

沙龍香檳色澤稍帶綠色、微酸，但清淡、回甘味甚久，其持續甚長的印象令人十分難忘。十年是沙龍香檳成熟期的最起碼要求，且存放半個世紀也不成問題。一九二八

年份的沙龍香檳甫上市就贏得「最佳香檳」的大獎，該年份的香檳至今仍可飲用，就可證明沙龍香檳「耐藏」能力之驚人。台北有先見之明的行家孔雀洋酒已進口此香檳。

一般人不喜歡香檳，無非是不喜歡其嗆鼻的氣泡，不和諧的酸度、無回香………，但在一試沙龍香檳後，頓時會對香檳的印象改觀，沙龍香檳對香檳印象維護的神效，一試便知了！

葡萄酒與藝術

遲暮的龐芭杜夫人

「香檳是唯一使女人喝過還能保持美貌的酒」，這是龐芭杜夫人後來棄喝紅酒改喝香檳酒的名言。此畫爲法國畫家杜瓦斯(Francois-Hubert Drouais 1727-1775)的傑作，繪於龐芭杜夫人逝世前一年(1763-1764)，已掩不住夫人美人遲暮的歲月痕跡。現藏倫敦國家畫廊。

沙龍的「白中白」香檳有清淡的微酸，氣泡細緻，其氣味之高雅，彷彿使人置身在讀詩論藝的藝術沙龍之中。

97 Bollinger, Vieilles Vignes
伯蘭潔(法國老株)

產地：法國・香檳區
面積：3-5公頃
年產量：3,000瓶

一位和克魯格酒廠園主同樣是德國人的伯蘭傑 (Jacqües Bollinger)，在一八二九年從德國符騰堡 (Württemburg) 來到馬恩 (Marne) 河畔的小鎮阿義 (Äy)，買下一塊葡萄園。那時正是香檳區最興旺的年代，伯蘭潔園的事業也蒸蒸日上，一座美輪美奐彷彿波爾多城堡的酒堡，把釀酒與儲酒的任務集中在此完成。目前共有一百三十八公頃的園地，提供每年所需四分之三的葡萄，每年可生產接近一百萬瓶各式香檳。而伯蘭潔的得意之作則是「法國老株」(Vieilles Vignes Francaises) 等級的香檳。法國葡萄園在一八六〇年遭到根瘤蚜蟲侵襲，大部份葡萄園均遭殃，本園亦無法倖免。但是，本園幸好有三個總共才三至五公頃的小園區紅十字園(Croix-Rouges)、聖傑克園 (Clos Saint-Jacques) 及熱土園 (Clos Chaudes Terres) 未遭感染。所以本園讓此三園採取老式栽種方法，亦即放任、密集式的，每公頃種植二萬五千株葡萄 (現代科學式爲二千五百至一萬株)，每株只長三串至四串葡萄，而一般重新種植的新種葡萄可長至十二串。所以這三個園地產量甚稀，每公頃僅產六千公升。

十九世紀香檳味道的翻版——伯蘭潔法國老株香檳(右)及其標籤(下)。

這些純正老株的葡萄長得極低，故可使香氣集中、果實早熟、糖份高，並且全為紅葡萄的皮諾娃種，故香檳名為「法國老株」。照顧這些珍貴的老株，當然不能使用機器，全憑人工，而且只能使用老式的工具整理園區。本來這些「法國老株」釀成的香檳並不銷售，而是由園主莉莉伯蘭潔夫人自己享用或招待親朋之用。後來一位英國人雷 (Cyril Ray) 說服了這位掌園達三十年，一九七七年去世的伯蘭潔夫人，才開始在一九六九年上市。

只有在極好年份才釀造的「老株」香檳與其他香檳一樣，在橡木桶中發酵，並在瓶中至少醇化三年以上才應市。年產量從不超過三千瓶，每瓶皆有編號！口味極重，飽滿、稍甜，同時也感覺到有葡萄乾與核桃的味道，基本上這是一瓶「懷舊」性質的香檳，也是十九世紀時候流行的口味。在十九世紀中葉以前香檳不是現在流行的「乾」香檳，而是稍帶甜味。「老株」香檳在細膩的酒質中使口中有如一縷細絲穿過。在本書完稿前，我和幾位朋友享用了三瓶一九八八年份的「法國老株」，這種又名「黑之白」(Blanc de Noirs)──以黑(紅)葡萄釀成的白香檳──，入口淡淡的香甜味，絕不膩人，真會令人懷疑是否香檳還是十九世紀的比較順口且更令人感覺甜蜜？

另外，本酒廠還生產一種僅在好年份才有的「好年份」香檳(Grande Année)，在伯蘭潔酒園的地位僅次於「老株」，也獲得行家們的珍視。由其價位較低，年產量可達到近二十萬瓶(一九八八年份)，可以充份滿足「香檳族」的需要。

伯蘭潔「好年份」香檳是本園最受歡迎的香檳酒(右)。另外，伯蘭潔也產粉紅香檳(左)。

98 Roederer, Cristal de Roederer
侯德樂(水晶香檳)

產地：法國・香檳區
面積：178公頃
年產量：600,000瓶

一七七六年就已設廠釀酒的路易・侯德樂 (Louis Roederer) 酒園，是到了一八二七年才開始以自己原名出售香檳。經過半世紀左右的努力，累積了聲名，也讓遠在千里之外、嗜好香檳的俄國沙皇頻下訂單。

俄國沙皇亞歷山大三世熱愛香檳酒，但又討厭旁人不知其所飲用的香檳不是一般市面有售，而是專爲俄國皇家特地產製的御酒。因此，自從一八七六年起侯德樂酒廠便設計一種獨特的香檳酒，裝在特製的水晶瓶中，以與裝在玻璃瓶中的一般香檳有別，稱爲「水晶香檳」。於是侯德樂酒廠每年收到沙皇送來的訂單及大筆綠花花的盧布鈔票。最後一支專門爲沙皇釀製的「水晶香檳」標明一九一四年份，等到年份足夠適飲，一九一八年的十月革命已經爆發。沙皇遭到罷黜，這批特製香檳當然未能交到沙皇手中。

為侯德樂香檳著迷的沙皇亞歷山大三世。

一次世界大戰後經過慘澹的六年，一九二四年水晶香檳又重現江湖，價錢也沒有太大的改變。眞正改變的只有口味：沙皇喜愛「甜味」，一般世俗則偏好「乾」香檳，因此改爲民間標準後的水晶香檳是僅有百分之一左右甜味的中庸型香檳。

水晶香檳是由五成五至六成的皮諾娃種，餘爲莎多內葡萄混合釀製，並且全由本園所屬的一百七十八公頃的頂級園中精選葡萄釀成。不管年份如何，水晶香檳始終維持一貫的水準。而

且，水晶香檳與一般香檳是盛裝在綠色或棕色玻璃瓶不同，經常是一層黃色的塑膠紙包紮，除非在飲用前，否則不應打開，這種標新立異的目的是保障其脆弱的品質。據說，在一打開這層包裝紙後，水晶香檳很可能在十五分鐘內就因紫外線而被破壞。當然任何稍有化學常識的人，都會對紫外線有如此強大的殺傷力表示懷疑！更何況一瓶可以有能力貯藏二、三十年的好酒竟會如此脆弱，亦使人百思不解。所以恐怕也只是宣傳的噱頭吧。

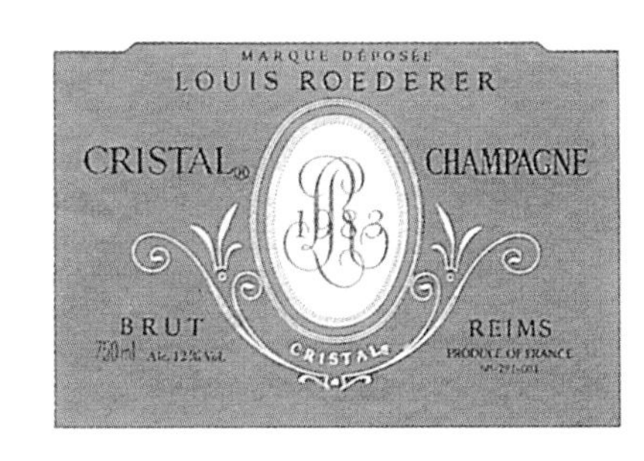

侯德樂園每年可生產一百五十萬至一百八十萬瓶各式香檳，至於水晶香檳的數目可達五萬箱，即六十萬瓶！每瓶上市價約一百美元！且公司經常有各種存貨達六百萬瓶之多，可知本園規模之龐大！除了水晶香檳外，其姊妹作粉紅水晶香檳是由更多一成的皮諾娃種葡萄釀成，產量更稀。名氣雖沒有水晶香檳大，但是香氣、雋永與耐藏性不遜於前者，且價錢往往超過之，也是行家最重視的一支香檳。

年產量是所有「百大」中最大，且已不再使用水晶酒瓶包裝，但價錢仍居高不下的水晶香檳（左）。其姊妹作粉紅香檳（右下）價錢更高。

99 Taittinger, Comtes de Champagne
泰藤傑(香檳伯爵)

- 產地：法國・香檳區
- 面積：247公頃
- 年產量：未公開

在第一次世界大戰時，一位隨扈在法國總司令霞飛將軍身旁的參謀軍官駐紮在香檳區，每日目睹香檳區山光水色，不覺下定決心，戰後要在此地種葡萄釀香檳。這位軍官退伍後便在一九三二年買下一個早在一七三四年就成立的老公司，與自十三世紀就已建成的老酒堡。這位軍官泰藤傑以自己的姓名(Pierre Taittinger)爲酒園命名，並將善於運籌帷幄的天份用在酒園的經營，逐漸建立了泰藤傑的香檳王國。

法國最大的香檳酒廠—泰藤傑的招牌酒：香檳伯爵(右)及姊妹作粉紅香檳伯爵（左）。

泰藤傑的子孫們先後出任當地的市長與法國外交部長，成爲當地顯赫的家族。而在生意方面，園區擴展到二百四十七公頃，年產量達四百萬瓶，整廠儲存量高達一千五百萬瓶的驚人紀錄。泰藤傑酒廠所在地黎恩 (Reims) 鎮，本是以前香檳區行政總督，稱爲「香檳伯爵」(Comtes de Champagne)的首府，而泰藤傑酒堡也曾是香檳伯爵的府邸。因此泰藤傑便把本園精製的「白中白」香檳取名爲「香檳伯爵」，同時將在十二世紀出任當地總督的提保四世(Thibaud)騎馬肖像作爲商標。

一般「白中白」香檳可能會有一個美中不足的瑕疵：酒質過

於「輕薄」。泰藤傑園想出了一個解決方式，儘量挑選各園區的莎多內來混釀，這些因爲天候、地質土壤結構與含水分等因素，所孕育出的各種不同的葡萄，可使「白中白」香檳產生更多層次、複雜、深度，但不失其清香淡雅的氣味。特別是自一九八八年起，酒廠會將一些極純的葡萄榨汁後放在全新的橡木桶陳上二個月，然後將這些已吸收木桶香氣的新酒注入葡萄汁內，比率在百分之五左右。藉助這種方法使得香檳可隱約透出木頭的芬芳，變成整個香檳區最好的，也是法國三大「白中白」香檳之一 (另外二支是克魯格的美尼爾園與沙龍香檳，請參閱本書第95號及第96號酒)。香檳伯爵每年出產的酒都定有年份，但是園方不公佈其數量。

繼「白中白」的香檳伯爵成名後，園方便在一九六六年開始釀造粉紅的香檳伯爵。這酒由百分之百的皮諾娃葡萄釀成，在一九七一年首次問世，以後便成本園最昂貴與最搶手的產品之一，其數量亦不公佈。粉紅香檳至少要到八年後才適合飲用。

另外，也許是受波爾多木桐堡富於藝術氣息的標籤所吸引，本園在一九七三年起，推出所謂的「大師藏品」(Collections de Maitres) 系列，瓶子的形狀並無甚特別，但瓶外多了一層塑膠套。這個塑膠套每年由一位藝術家設計圖像，例如一九七八年爲瓦薩雷力(Vasarely)、一九八一年爲阿爾曼(Arman)、一九八二年爲安迪·馬松(Andre Masson)、一九八三年爲達西瓦 (Maria-Elene Vieira da Silva)、一九八五年爲利希登斯坦(Roy Lichtenstein)、一九八六年爲哈爾東(Hartung)……。這個系列既美觀，又富新潮吸引力，難怪雅俗共賞。大師藏品酒是以皮諾娃種爲主，輔以部份的莎多內，優雅而清新。一九八一年八月英國查理王子與黛安娜王妃結婚時的喜筵酒便是選用同樣等級的一九七三年份的香檳。大師藏品酒 每年僅釀製十萬瓶，可以 說是泰藤傑最受歡迎且價格合理的代表作。

一九八五年份的「大師藏品」，由利希登斯坦擔綱設計。

100 Quinta do Noval Nacional
諾瓦酒園(國家級)

- 產地：葡萄牙．斗羅河
- 面積：2公頃
- 產量：2,400瓶至3,000瓶

提起波特酒，大家都會認爲是一種飯後的甜酒。波特酒以葡萄牙港口，也就是斗羅河(Douro) 流入海口的波特 (Oporto) 市爲名，這是傳統的以出口港 (集散地) 爲酒名。波特酒是斗羅河流域的葡萄園所釀造。斗羅河源遠流長，由西班牙一路蜿蜒而下。由波特港東行上溯一百五十公里即可到達西班牙第一名園的維加．西西利亞園 (見本書第67號酒)。

波特河谷總共有二萬四千公頃，個別的葡萄園多達八萬五千餘個。波特酒自從十八世紀至二十世紀初均以外銷英國爲主，因此每年政府都有配額制度及一套嚴格的管理措施。波特酒是一種「再製酒」，即是葡萄酒在發酵過程尚未完全結束時，加入酒精使發酵停止，並使尚未耗掉的糖份留下，因此波特酒是一種酒精程度高、且糖份重的酒。波特酒另一個特色是窖藏的方式有很多種，有最基本的、二年木桶窖藏釀成顏色寶紅色的「紅寶波特」(Ruby)；經過多年桶藏的「陳年波特」(Tawny)；在特定年份葡萄釀成的「年份波特」(Vintage Port)；以及特定年份後再隔六年左右才裝瓶的「遲裝瓶波特」(LBV)。

上述四種主要類型的波特，後三種的價錢較高，並且往往以「年份波特」的價錢看俏。陳年波特有的動輒貯上二十年，醇則醇矣，但果香盡失；遲裝瓶波特亦然，年份波特則可取其中庸。年份波特一定要在葡萄收成特別好的年份才會釀製，十年中大約有三、四年份可被酒商定爲釀製年份波特酒，其產量也只占全年波特酒百分之三而已。

波特酒和西班牙雪莉酒及法國香檳酒並稱爲三大「加工酒」，但波特酒往往是「混釀」的成果，不僅由不同葡萄、不同園區，甚至不同年份混釀，所以往往味道都是大同小異。對於講究名家氣韻、口感不同的葡萄酒愛好者，往往會排斥波特酒。因此波特酒

右頁／全世界最好的波特酒——葡萄牙諾瓦酒廠國家級波特酒。背靠為清朝中、末葉木雕金漆福獅（作者藏品）。

QUINTA DO
NOVAL
1980
VINTAGE PORT
NACIONAL
Produced in the DOURO Demarcated Region
PRODUCE OF PORTUGAL
BOTTLED IN 1982
ALC. 20.5% BY VOL.

價錢往往不能和其窖藏的年份成正比！一般「百大」並無波特酒。但是，爲數八萬五千個小葡萄園中也出現了一個異數，這便是「精工釀製」的天王巨星——諾瓦園(Quinta do Noval) 所生產的「國家級年份波特」(Nacional Vintage)。

葡萄牙的國寶——諾瓦園園景。

斗羅河流域的葡萄園和我國高山茶一樣，講究愈高處、愈險阻的山區所產釀的波特酒，水準愈高。一個在一八一三年就成立的公司諾瓦，就在此最高處的平好(Pinhao) 鎮邊擁有一個僅有二公頃大的園區，叫作「國家級」。本園葡萄樹已屆高齡，且「老病纏身」——染上根瘤蚜蟲病，但不足以致命——，所以年產量甚低。二公頃的園地只能生產二千四百瓶至三千瓶之間。葡萄採收後嚴格進行篩檢，而後由傳統的去皮方式——用腳把皮和肉踩開——，並在木桶中醇化兩年才出廠。

諾瓦園是葡萄牙最著名的波特酒廠，每十年僅有二、三年釀造年度波特，而「國家級」每次只有二千餘瓶，當然供不應求。園方只能採行「搭售」方式，每購買五十箱(六百瓶) 年度波特酒，才配售六瓶「國家級」。「供不應求」的下一步一定是價格高昂。以一九九四年份的「國家級」在一九九六年裝瓶上市後，即獲得美國《酒觀察家》滿分(一百分) 的佳評，而每瓶售價高達四百美元！這個售價對於剛上市的葡萄酒，恐怕也只有羅曼尼・康帝、彼德綠堡、樂邦及德國一流酒廠的枯萄精選可以與之匹敵了！

諾瓦園的「國家級」在國外已經不容易看到，但台北的亞舍酒窖我卻看到尚有八〇年代及七〇年代數瓶待售，台灣近幾年的葡萄酒文化已經相當程度的扎根了！

諾瓦園本來屬於范契拉 (Van Zeller) 家族所有，一九九三年也被法國著名的阿司阿 (AXA) 保險公司收購。阿司阿公司善於利用酒園財務困難時收購股權，法國波爾多的皮瓊男爵園及緒帝羅園即是其獵物（本書第34號及79號酒)。不過，本集團卻致力於保住「生蛋母雞」，並不惜花下鉅資更新設備。所以本園易主後一年的一九九四年仍能提出佳作，也是本園之福！

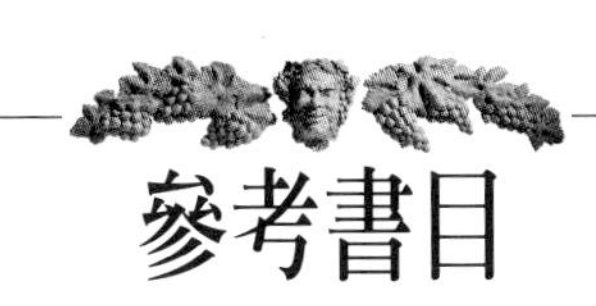

參考書目

中文

《洋酒手冊》，稻川慶子著，
出版家文化事業公司出版，1970。
《德國葡萄酒》，劉鉅堂編譯，
美璟文化公司，1989。
《美酒趣談》，李錦聯著，
香港聚賢館文化公司出版，1992年。
《進入玫瑰人生》，劉鉅堂著，
宏觀文化事業公司，1994。
《法國葡萄酒》，鍾泳麟著，
香港百樂門出版社出版，1995。
《葡萄酒入門》，Kevin Zraly 著，
劉鉅堂譯，聯經出版公司，1996。
《法國葡萄酒品賞》，顏慶章著，
鴻禧文化公司，1997。
《葡萄酒全書》，林裕森著，
宏觀文化事業公司，1997。

英文

The Wines of Burgundy, P. Poupon/P. Forgeot, 4th Editions, 1972.
The Wines of Germany, P. Sichel, Hastings House Publishers(N.Y.), 1980.
How to Enjoy Your Wine, H. Johnson, Chancellor Press, 1985.
Wines and Spirits of France, Sopexa(Paris), 1989.
Burgundy, R. Parker, Dorling Kindersley, London, 1990.
Classic Wines and Their Labels, D. Molyneux-Berry, Dorling Kindersley (London), 1990.
Bordeaux, R. M. Parker, Simon & Schuster(N.Y.), 1991.
Wine Atlas of Australia and New Zealand, J. Halliday, Harper Collins Publishers, 1991.
The Wines of Burgundy, S. Sutcliffe/M. Schuster, Michell Beazley International Ltd. 1992.
In Praise of Wine, J. G. McNutt,Capra Press, 1993.
Essential Wine Book, O. Clarke, Michell Beazley, 1994.
New Classic Wines, O. Clarke, Michell Beazley, 1994.
Discovering Wine. J. Simon, Michell Beazley, 1994.
Wine Course, K. Zraly, Sterling Publishing Co.(N. Y.), 1995.
The Art and Science of Wine, J. Halliday/H. Johnson, Michell Beazley, 1995.
Grands Vins, C.Coates,Weidenfeld/Nicolson (London), 1995.
Understanding Wine, M. Schuster, M. Beazley, 1995.
Wine Spectator's California Wine, J. Laube, Wine Spectator press, 1995.
Passions,the Wines and Travels of Thomas Jefferson, J. N. Gabler, Bacchus Press, 1995.
The Great Domaines of Burgundy, R. Norman, 2nd Edition, Kyle Cathie Limited, 1996.
The Champagne Campanion, M. Edwards, The Apple Press, 1997.
Drink French, Speak French, (CD), M.Tango (H.K.), 1996. 這是一張在香港出版，專門教人如何對250個與葡萄酒有關的法國酒廠、葡萄種類及產區，正確法文發音的雷射唱片，值得鄭重向讀者推薦。

德文

Bacchus Lacht, R. König, Bechtle Verlag,1964.
Das Grosse Buch vom Deutschen Wein, B. Seewald, 1977.
Edle Tropfen, Casamayor/Dovaz/Bazin, M.Ruschlikon Verlag, 1994.
Der Grosse Johnson, H. Johnson, Hallwag Verlag, 1994.
Wein, Die Kleine Schule, J. Priewe, Z. Sandmann Verlag, 1994.

國家圖書館出版品預行編目資料

稀世珍釀——世界百大葡萄酒=
Vinum Summus——The Top 100 Wines of the World
陳新民著. 修訂一版—台北市：陳新民發行
紅螞蟻圖書總經銷，2003〔民92〕面： 公分.
參考書目：面
ISBW 957-41-0754-X（平裝）
1. 葡萄酒

463.814 91024137

稀世珍釀——世界百大葡萄酒

Vinum Summus —— The Top 100 Wines of the World

著　　者／陳新民
攝　　影／張世宗
發 行 人／陳新民
地　　址／台北市中山北路七段219巷3弄135號4樓
印　　刷／瑞明彩色印刷有限公司
電　　話／(02)29917529
傳　　眞／(02)29919113
總 經 銷／紅螞蟻圖書有限公司
地　　址／台北市內湖區舊宗路二段121巷28號4樓
電　　話／(02)27953656(代表號)
傳　　眞／(02)27954100
郵　　撥／16046211紅螞蟻圖書有限公司
1997年8月初版
2003年1月修訂一版
定　　價／**平裝新台幣600元**
ISBW 957-41-0754-X（平裝）

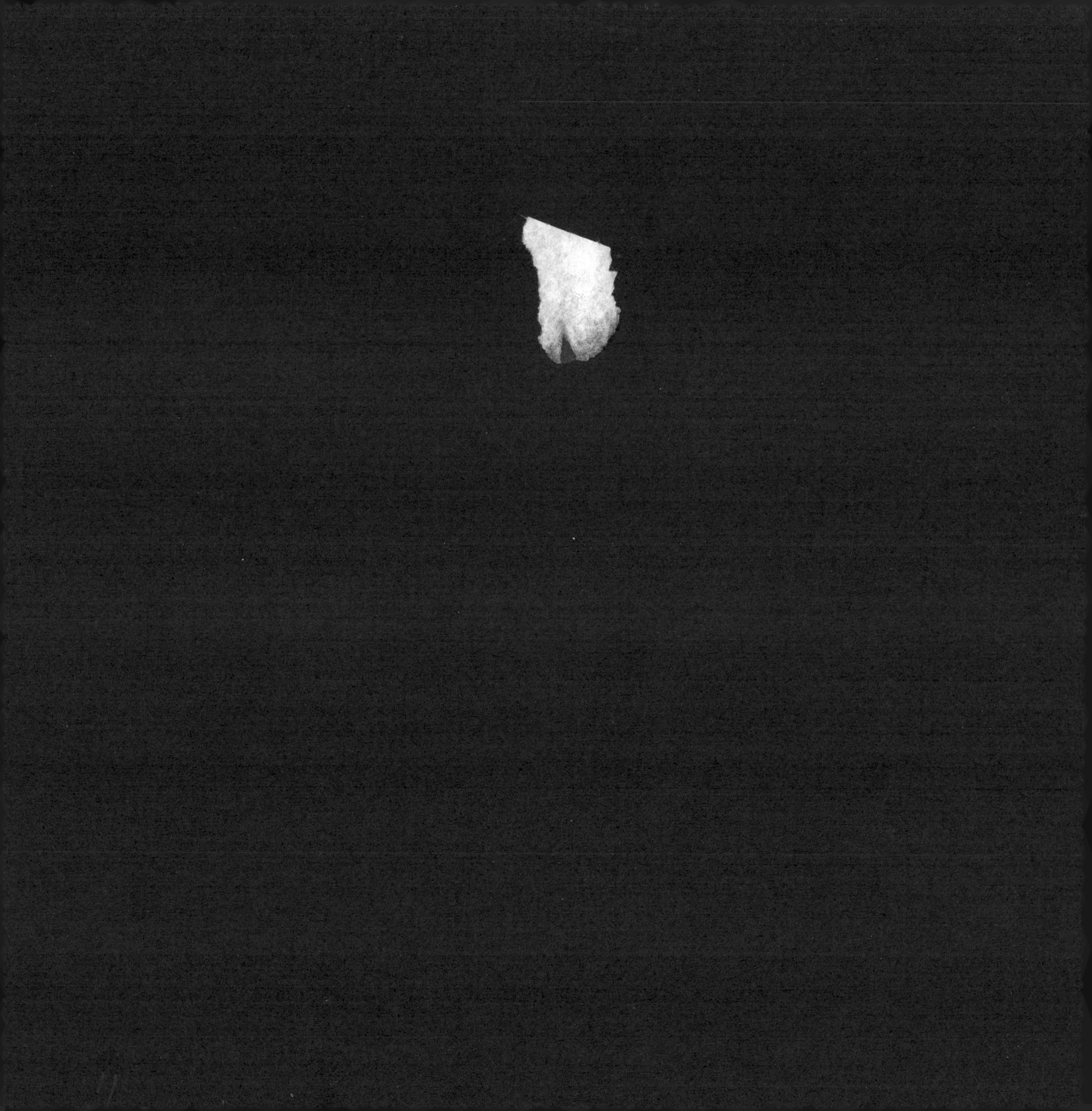